凸优化目标定位理论与方法

闫永胜　王海燕　申晓红　著

電子工業出版社
Publishing House of Electronics Industry
北京 · BEIJING

内 容 简 介

传感器网络目标定位理论与方法是多传感器信息融合理论研究和应用的重要组成部分，本书围绕传感器网络目标定位问题展开研究和讨论，内容侧重于传感器网络目标定位中的凸优化新理论、新方法、新进展、新方向。全书共9章，其中，第1章主要介绍了多传感器信息融合、传感器网络目标定位的理论与研究现状；第2~3章分别介绍了参数估计和凸优化的基本理论；第4~7章给出了基于TOA、基于TDOA、基于TOF，以及基于RSS的凸优化目标定位方法等方面的最新研究成果，尤其给出了适应于传感器网络带宽、传感器节点能量有限的TOA量测量化方法；第8~9章分别给出了水声传感器网络目标定位系统、超宽带传感器网络目标定位系统的实现方法，并开展了定位实验，进一步验证本书所提出方法的有效性。

本书可供通信工程、电子工程、信息工程等专业的研究生学习参考，也可作为从事相关领域研究的科研人员的参考资料。

图书在版编目（CIP）数据

凸优化目标定位理论与方法/闫永胜，王海燕，申晓红著. —北京：电子工业出版社，2022.12
ISBN 978-7-121-44774-7

I. ①凸… II. ①闫… ②王… ③申… III. ①无线电通信-传感器-无线电定位法-研究 IV. ①TP212

中国版本图书馆CIP数据核字(2022)第245887号

责任编辑：宁浩洛　　文字编辑：杜强
印　　刷：北京七彩京通数码快印有限公司
装　　订：北京七彩京通数码快印有限公司
出版发行：电子工业出版社
　　　　　北京市海淀区万寿路173信箱　　　　邮编：100036
开　　本：720×1000　1/16　　印张：12.25　　字数：252千字
版　　次：2022年12月第1版
印　　次：2024年6月第4次印刷
定　　价：79.00元

凡所购买电子工业出版社图书有缺损问题，请向购买书店调换。若书店售缺，请与本社发行部联系，联系及邮购电话：（010）88254888，88258888。

质量投诉请发邮件至zlts@phei.com.cn，盗版侵权举报请发邮件至dbqq@phei.com.cn。

本书咨询联系方式：（010）88254465，ninghl@phei.com.cn。

前　言

现代战争环境日趋复杂，且战争手段正朝着多维度、全方位、立体式方向发展，基于单传感器或单系统的对抗、反对抗已经无法满足现代战争需要。为此，20世纪 70 年代，美国海军通过融合多个声呐信息估计敌方潜艇的位置，诞生了多传感器信息融合（Multi-Sensor Information Fusion）技术。该技术在指挥、控制、通信、信号处理、计算机等领域得到了广泛应用和长足发展，逐渐成为信号处理领域的一个重要分支。传感器网络目标定位作为多传感器信息融合技术的一个重要分支，广泛应用于：军事领域，如水面舰船、潜艇、无人潜航器、鱼雷、战机、导弹等军事目标的定位；民用领域，如海洋生物、民航客机、车辆等目标的定位。

本书研究的传感器网络目标定位理论与方法是多传感器信息融合理论研究和应用的重要组成部分，通过建立某种拓扑结构下网络内的可靠通信链路，形成一种能够协同感知周围环境和目标信息的网络化感知新手段。从凸优化角度出发解决最小二乘优化在低信噪比条件下定位精度差、最大似然优化算法复杂度高的问题，有效利用了凸优化的突出优势，即在多项式时间内优化求解得到问题的全局最优解。本书聚焦凸优化目标定位领域的新进展、新方向，立足于传感器网络凸优化目标定位理论与方法研究，突出凸优化目标定位理论的系统性、前瞻性，注重凸优化目标定位方法与应用系统的有机融合。本书的特色是理论、方法、实践相结合，以理论知识体系为框架，以方法实践为主线，内容丰富全面，方法独到新颖。

本书是笔者在传感器网络目标定位领域十余年科学研究与成果的积累，融入了笔者在西北工业大学、新加坡南洋理工大学学习与工作期间的部分研究成果，纳入了笔者在国内外重要刊物上发表的数十篇论文、专利和博士学位论文。

全书共 9 章，其中，第 1 章介绍传感器网络目标定位的背景及研究现状；第 2~3 章分别介绍了参数估计和凸优化的基本理论，为第 4~7 章提供了理论基础；第 4~7 章介绍了四种凸优化目标定位方法；第 8~9 章分别给出了水声传感器网络（Underwater Acoustic Sensor Networks，UASN）目标定位系统、超宽带（Ultra Wide Band，UWB）传感器网络目标定位系统的实现方法，并开展了定位实验，进一步验证本书所提出方法的有效性。

本书涉及的相关研究工作得到了笔者的博士指导教师王海燕教授、申晓红教授，博士后合作导师 Tay Wee Peng 教授的指导。本书的完成还离不开笔者几位优秀学生的通力合作。西安电子科技大学的贾天一副教授贡献了第 3 章凸优化基本理论的内容；西北工业大学的杨舸研究生提出了第 4 章中“对节点位置误差项单独处理”的创新点，并对第 6 章所提出的基于 TOF 的目标定位方法进行了理论分析；西北工业大学的陈梦然研究生对全书的内容进行了校核和勘误。同时，感谢西北工业大学精品学术著作培育项目，以及某国防科技计划资助本书出版。

在本书出版之际，谨向参与本书撰写和审稿的老师们表示衷心感谢。由于作者水平有限，书中难免出现一些疏漏，恳请读者批评指正。

闫永胜

2022 年 8 月于西北工业大学

目　录

第 1 章 绪　　论

1.1 多传感器信息融合概述

现代战争环境日趋复杂，且战争手段正朝着多维度、全方位、立体式方向发展，基于单传感器或单系统的对抗、反对抗已经无法满足现代战争需要。为此，20 世纪 70 年代，美国海军通过融合多个声呐信息估计敌方潜艇的位置，诞生了多传感器信息融合（Multi-Sensor Information Fusion）技术 [1]。该技术在指挥、控制、通信、信号处理、计算机等领域得到了广泛应用和长足发展，逐渐成为信号处理领域的一个重要分支。

多传感器信息融合是对传感器的观测信息、感知系统的输出信息在一定准则下加以分析、综合优化以完成所需的决策和估计任务而进行的一种多层次、多方面和多级别的处理过程，可获得具有相关和集成特性的融合信息（如决策信息、估计和识别结果等）。这一过程主要包括信息的获取、信息的传输和信息的融合三部分 [1-3]。可以看出，多传感器信息融合的对象是来自传感器的多源信息，核心是对对象的分析和综合优化，分析角度有多个层次，其中每个层次都是对传感器原始观测信息的不同级别表征。

相比于单传感器系统，具备信息融合能力的多传感器系统具有诸多优势：① 提升系统的生存能力。当多传感器信息融合系统中某些传感器受干扰或破坏后，一般总有部分传感器会收到信息，使信息融合系统不受干扰继续运行。② 扩展系统的时空覆盖范围。当部分空间分布传感器在某些时候不能探测目标时，其余传感器可探测目标，协同工作模式下的多传感器信息融合系统可提高目标监视的时间覆盖范围，同时，当多个传感器存在交叠的作用区域时，在固定性能评价准则下，多传感器信息融合系统可提高空间覆盖范围。③ 提高系统对目标的协同感知性能。通过空间分布传感器多层次信息融合，可提高系统对目标的感知性能，尤其是针对多源异构传感器的信息融合。例如，将具备多种物理场（如声、地震波、磁等）感知能力的多传感器信息融合后，可提高水中兵器对目标探测的有效性。

一般地，多传感器信息融合系统多用于军事领域，主要包括军事目标（如水面舰船、潜艇、无人潜航器、鱼雷、战机、导弹等）的检测、识别、定位、跟踪。例如，由多个水中无人潜航器、水面浮标、水中潜标组成的水声传感器信息融合系统，通过建立某种拓扑结构下的通信链路，以协同方式对敌方潜艇进行检测、识别、定位和跟踪，完成重点海域的作战任务。近年来，多传感器信息融合系统也用于民用领域，并取得了较快发展，主要包括无人驾驶汽车、图像融合、遥感、故障诊断、工业机器人等。例如，无人驾驶汽车中，为了获取所有场景下车辆的高精度位置信息，需要融合激光雷达、毫米波雷达、摄像头、惯性导航单元、全球卫星定位系统等输出的多种信息。

在多传感器信息融合系统中，按信息的抽象程度，信息融合可分为三个层次：数据级融合、特征级融合和决策级融合，如图 1.1所示。

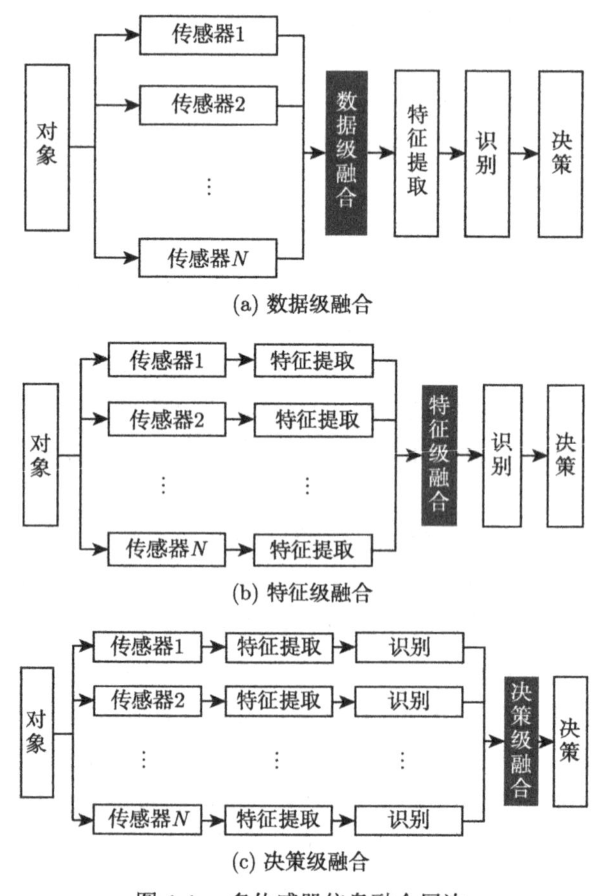

图 1.1　多传感器信息融合层次

数据级融合是最底层次的融合，直接对原始观测数据进行融合处理，主要优点是：仅损失少量信息，即可提供精度最高的融合效果。缺点也比较明显：融合处理的数据量大，实时性差；多传感器间数据通信量大，所需通信带宽高，抗干扰能力差。特征级融合属于中间层次的融合，先由每个传感器抽象出自己的特征向量，可以是目标的方向、速度等信息，再由融合中心完成特征向量的融合处理。主要优点是：实现了数据的可观压缩，降低了对传感器间通信带宽的要求。缺点是：损失了部分有用信息，较数据级融合而言，融合精度较差。特征级融合包括目标状态信息融合和目标特征信息融合，目标状态信息融合主要用于传感器网络目标定位和目标跟踪，包括对目标点迹状态和目标航迹状态的估计；目标特征信息融合属于模式识别领域，常用于属性分类或者身份估计。决策级融合是一种高层次的融合，先由每个传感器基于自身数据做出决策，然后由融合中心完成局部决策的融合处理。主要优点是：传感器间通信量最小，通信带宽要求低，抗干扰能力强，不依赖同质传感器。缺点是：信息损失量最大，相对来说融合精度最差。

本书讨论的传感器网络目标定位是一种针对目标状态的特征级融合，每个传感器抽象出关于目标状态的统计量信息，融合中心获取到这些信息后，给出目标位置的准确估计。本书所讨论的研究成果对进一步提高多传感器信息融合系统目标定位性能以及对抗低噪声目标的威胁有着重要的理论意义，为未来高智能网络化探测发展提供重要的技术积累，对新时期条件下的战术监测模式演进具有重要的应用价值。

1.2 传感器网络目标定位基本理论

无线定位是指利用一些坐标位置已知的基站观测点及其观测量来求解目标位置。随着现代科技的高速发展，对定位的需求已经不仅仅局限于航空、航天、航海等领域，无线定位在声呐、雷达探测和定位服务中也有着广泛的应用，它是从事军事活动和为目标提供各种可靠服务的基础 [4]。如在电子战中，对辐射源位置的准确估计是使用高精度制导武器的基础 [5]；在蜂窝网络中，很多基于移动终端位置的服务（如导航、紧急报警、车辆和交通管理、基于移动终端位置的计费、网络规划设计及无线资源管理等）都需要一种可靠、简单的定位方法 [6,7]。

目前较为成熟的无线定位系统主要是卫星定位系统，如全球定位系统（Global Positioning System，GPS）、全球卫星导航系统（Global Navigation Satellite System，GNSS）、北斗等 [7]，其利用卫星系统中的多个卫星实现移动目标的三维定位。其中，GPS 是当前技术最成熟且已实用的导航定位系统。尽管直接使用 GPS 可以达到较高的定位精度，但是 GPS 的使用仍然受到很多因素和环境的制约，比如不适合用于室内和建筑物较密集的市区、实时性能差、不利于系统对用户进行监护、受政府许可限制等[8]。因此有必要研究其他形式的定位系统以适应不同的定位需求。特别是随着移动网络和互联网的发展，移动终端服务成了人们日常生活中的必需品，这对无线定位技术也提出了更高的需求。因此发展一个定位性能优、成本低廉且易部署的定位方法是非常有必要的。为了满足这种需求，传感器网络目标定位技术应运而生。

无线通信和低功耗嵌入式技术的飞速发展孕育出了无线传感器网络（Wireless Sensor Network，WSN），其以低功耗、低成本、分布式和自组织的特点带来了一场信息感知的变革。正因为如此，美国的 *Business Week* 杂志在预测未来技术发展的报告中宣布了无线传感器网络为 21 世纪最有影响的 21 项技术之一[9]。无线传感器网络简称传感器网络，是由一系列分布于不同空间位置的大量低成本传感器节点组成，并通过无线通信方式形成的一个多跳的自组织的网络系统。其作用是协同感知、采集和处理网络覆盖区域中感知对象的信息，并发送给观察者。相比于单节点系统，传感器网络可以覆盖更大空间，感知更广区域；同时，传感器节点通过协同信号处理可以显著提高网络系统的感知和处理能力，且传感器节点可以通过灵活选择所搭载传感器的类型，使其应用于不同场景，如动物迁徙活动监测、大气污染监测、温度/盐度监测等。在军事应用中，基于传感器网络的系统可以感知到更远的目标，这对武器系统做到“先敌发现、先敌打击”有着重要的意义；在民用领域中，传感器网络可以用来执行常见的信号处理任务，如探测、定位以及目标跟踪和目标状态变化监测。在这些任务中，目标定位[10-12]对于信号处理任务的实现非常重要，目标定位的目的在于估计发射信号的目标的准确位置信息，这是无线传感器网络中最重要的信号处理任务之一[13-15]。同时，利用无线传感器网络进行目标定位成本低廉、易部署且定位精度高，满足如今的定位需求。因此，我们在本书中重点研究传感器网络目标定位问题。

在传感器网络中，位置已知的节点称为锚节点，需要通过定位获得其位置的节点称为目标节点。传感器网络目标定位就是利用锚节点及目标节点之间的通信量测去确定目标节点的位置。接下来的小节将从目标定位模型、目标定位结构、目标定位方法对传感器网络目标定位进行更全面的介绍。

1.2.1 目标定位模型

目标定位模型按照量测的不同可以分为以下四类：到达时间（Time of Arrival，TOA）定位模型、到达时间差（Time Differential of Arrival，TDOA）定位模型、接收信号强度（Received Signal Strength，RSS）定位模型、到达角度（Angle of Arrival，AOA）定位模型。常用的四种目标定位模型的原理图如图 1.2所示。

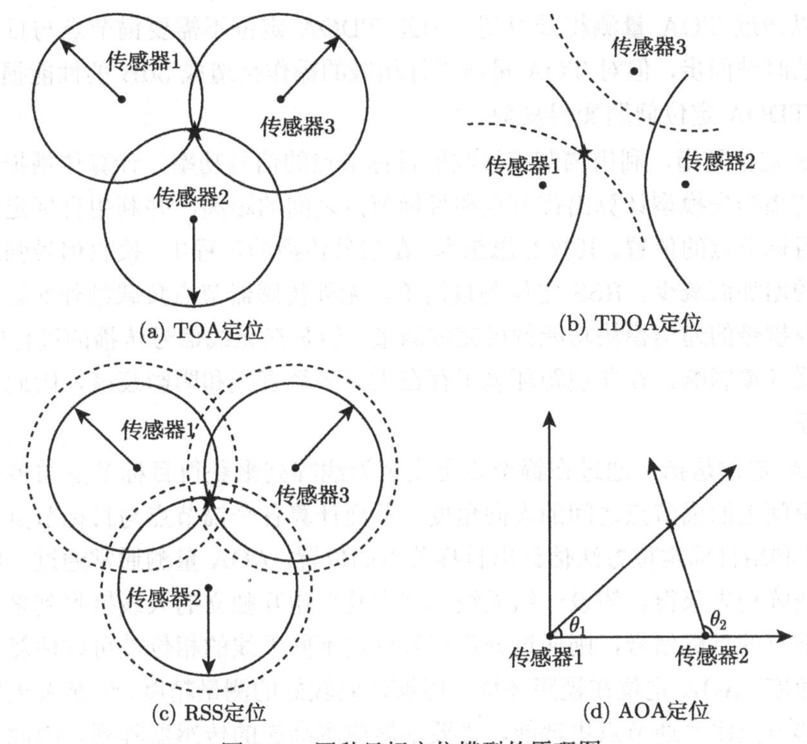

图 1.2　四种目标定位模型的原理图

TOA 定位是指，通过多个在空间上分开的锚节点测量信号从目标节点传播到各个锚节点的飞行时间，然后通过多个锚节点的 TOA 量测和锚节点的位置坐标来估计目标节点的位置。每一个锚节点的 TOA 量测对应一个圆，圆心是锚节点的位置，圆的半径是飞行距离（等于飞行时间乘以信号的传播速度）。目标位于圆上，多个锚节点对应多个不同的圆，因此多个圆的交点就是目标的位置。实际中，每个锚节点的 TOA 量测都含有量测噪声，因此，多个圆的交点并不是唯一的。此外，TOA 定位要求目标节点与所有的锚节点都保持精确的时钟同步，然而在实际应用中可能会出现时钟同步误差，这也使得 TOA 定位问题变得复杂。

TDOA 定位是指，通过多个在空间上分开的锚节点测量信号从目标节点传播到两个锚节点对之间的时间差（其中有一个锚节点被设置为参考节点），然后通过多个锚节点对的 TDOA 量测和锚节点的位置坐标来估计目标节点的位置。每一对锚节点的 TDOA 量测对应一个双曲线，双曲线的焦点是锚节点对的位置，目标到两个焦点的距离差等于时间差乘以信号的传播速度，目标位于双曲线上，多个锚节点对对应多个不同的双曲线，多个双曲线的交点就是目标的位置。实际中，锚节点的 TDOA 量测含有量测噪声，因此，多个双曲线的交点并不是唯一的。TDOA

量测可以通过 TOA 量测相减得到，因此 TDOA 定位不需要锚节点与目标节点间严格的时钟同步，但对 TOA 量测进行相减的操作会造成 3dB 的性能损失。这也使得 TDOA 定位问题变得复杂。

RSS 定位是指，利用锚节点接收的目标节点的信号功率，计算传播损失，使用信号传播损失模型计算出锚节点和目标节点之间的距离，并利用目标定位方法估计出目标节点的位置。其核心思想为：在信号传播的过程中，接收信号强度会随着距离的增加而减少。RSS 定位测量简单，无须传感器节点负载额外的设备，仅节点自身携带的通信模块功能就可完成测量。但是在无线信号传播的过程中 RSS 量测易受环境影响，在非视距环境下存在大量多径衰减和阴影衰减，因此会造成量测误差。

AOA 定位是指，通过在锚节点上安装天线阵列来获得目标节点与多个分布在不同空间上的锚节点之间的方向角度，从而计算各个锚节点与目标节点之间的距离，并利用目标定位方法估计出目标节点的位置。AOA 量测通常通过一组无线信号天线阵列来获得。假设一组天线阵列中几个相互独立的天线接收到来自同一个目标节点的目标信号，则通过分析信号到达不同天线的相位差可以估算出信号的到达角度。AOA 定位在视距环境下能够达到较好的测量精度，但装有天线阵列的传感器节点比普通节点更耗能，需要部署成本高昂的传感器阵列，因此实用性较差，限制大规模网络的发展。

在这四种模型中，基于 TOA、TDOA 和 RSS 的传感器网络目标定位方法利用了目标节点和锚节点之间的距离信息，基于 AOA 的传感器网络目标定位方法利用了各个节点获得的方向信息。RSS 定位模型对其周围的环境非常敏感，这会导致定位性能出现较明显的下降；基于 AOA 的目标定位方法需要部署昂贵的传感器，这也限制了 WSN 的规模；基于 TOA 和 TDOA 的目标定位方法在定位性能和计算复杂度之间取得了良好的平衡，这两种定位方法可以有效地避免像基于 AOA 的定位方法那样部署成本高昂的传感器，也可以有效减小基于 RSS 的定位方法导致的较大的定位误差。表 1.1总结了这四种不同模型下的目标定位方法的优缺点，总的来说，不同模型对传感器网络中单个节点的要求不同，在进行目标定位时，可以根据传感器网络的配置以及待定位目标的信号特性来选择不同的模型。

1.2.2 目标定位结构

目标定位按结构可分为集中式定位和分布式定位。前者从传感器网络中的所有锚节点收集量测后将结果传输到融合中心，融合中心结合锚节点的位置与获取到的量测信息，运行某种算法，将目标位置估计出来。后者则是将网络分割成若干个子区域，在每个子区域内定位，然后将区域内的信息与邻近区域的节点进行共享。在集中式定位中，目标节点通常在任务结束后被定位，在提高定位精度的同时，会增加通信开销和信息处理量。相比于集中式定位，分布式定位具有易扩展的特点，且对于链路中断和融合中心崩溃等问题有着更强的稳健性 [16]；同时，分布式定位避免了传感器节点向融合中心传输数据带来的多跳传输和较高的通信负载。

表 1.1 四种目标定位模型对比

模型	优点	缺点
RSS	① 传感器节点间不需要精确的时钟同步； ② 计算 RSS 过程简单，消耗节点能量少	对多径效应非常敏感
TOA/TDOA	① 适合于宽带信号定位； ② 定位精度较高	① 传感器节点间需要精确的时钟同步； ② 节点计算 TOA/TDOA 过程复杂
AOA	① 适合于窄带信号定位； ② 定位精度较高	① 单个阵列型节点布放代价大； ② 单个节点目标定向过程复杂，计算量大

现有的分布式定位方法大多为自适应迭代的算法。基于 TDOA 量测，文献 [17] 提出了一种集中式自适应的 DPD（Direct Position Determination）算法，文献 [18] 将其拓展到了分布式的框架下，称为分布式自适应目标直接定位（Distributed Adaptive DPD，DADPD）算法。在 DADPD 算法中，目标节点的位置估计值是通过最小化相邻观测平台间接收信号与经时延滤波器处理后的接收信号的误差得到的。除 DADPD 算法外，文献 [19] 提出了一种基于互相关函数的分布式 DPD 算法；文献 [20] 提出了一种基于重要采样方法的分布式 DPD 算法。之后，基于扩散策略的分布式算法也得到了国内外学者的广泛研究。以 Sayed 为主的国外研究团队，相继提出了扩散最小均方误差算法 [21]、扩散递归最小二乘算法 [22]、扩散共轭梯度算法 [23] 等分布式算法。扩散策略无须定义网络中的环路，更能发挥分布式定位机动灵活的优点。文献 [24] 提出了一种基于 TOA 的分布式最大似然估计方法，并且通过让每个节点根据其邻居节点的位置估计和距离量测来更新其位置，然后采用经典的梯度下降算法来迭代更新每个节点的位置。文献 [25] 针对锚节点位置已知的情况提出将锚节点纳入局部子问题求解的分布式算法，传感器节点首先执行一个局部二阶锥规划来估计目标节点的位置，然后锚节点使用这些估计来细化位置信息，最后传感器节点根据精确的锚节点位置执行新一轮的局部二阶锥规划。文献 [26] 将文献 [25] 中的分布式算法推广到锚节点位置不确定的情况下。本书主要讨论集中式定位结构。

1.2.3 目标定位方法

由于目标的位置坐标与不同量测之间是高度的非线性非凸关系，因此很难直接处理。对此，国内外研究学者针对不同的量测相继提出了大量的目标定位方法，主要可分为以下三类：最大似然估计类方法（Maximum Likelihood Estimation，MLE）、最小二乘估计类方法（Least Squares Estimation，LSE）和凸优化类方法（Convex Optimization）。其中凸优化类方法具有较大优势，是本书的研究重点。

（1）最大似然估计类方法 [10,27] 是指在假设高斯噪声下，目标定位问题可构造出关于目标位置的似然函数，然后通过最大化该似然函数求解目标位置。但是由于该函数是高度的非线性非凸函数，通常情况下很难获得最大似然估计的闭式解或者闭式解根本不存在，不过可借助数值方法来求解似然方程。一般来讲，当 MLE 的闭式解很难求解时，可以采用网格搜索法或者似然函数最大化的梯度下降类迭代法求解 [28]。网格搜索法即对目标可能存在的区域剖分二维或者三维网格，搜索似然函数值最大的网格点。该方法操作简单，但是需要已知目标所在区域并且具有很高的计算复杂度。似然函数最大化的梯度下降类迭代法则利用 Newton 迭代法、Gauss-Newton 迭代法和 Newton-Raphson 迭代法等方法对 MLE 问题构造估计量的迭代式。然而该类迭代法一般需要接近于真实值的初始值，当初始值选取不合理时，很容易使最大似然函数陷入局部最优值。只有当似然函数是凸函数时，迭代式方可收敛到最优解，否则很难保证全局收敛性和计算时间。

（2）最小二乘估计类方法 [29-34] 因具有明确的闭式表达形式，并且计算复杂度小而易于实现，因此也被广泛应用。具体可分为经典的一般最小二乘（Ordinary Least Squares，OLS）类方法、约束最小二乘（Constrained Least Squares，CLS）类方法和总体最小二乘（Total Least Squares，TLS）类方法。最小二乘法的估计方差在噪声较小时可以达到克拉美–罗下界（Cramer-Rao Lower Bound，CRLB）。然而在噪声比较大时，最小二乘法由于线性化近似可能会出现较大偏差。定位问题中的最小二乘法最早起源于应用了 LS 解的 Taylor 序列法 [35,36]，通过将非线性量测进行 Taylor 展开线性化近似，并构造伪线性方程，然后应用 LS 法求解，最终形成一种迭代的求解方法。但是该方法仍然需要初始值。因此在 Taylor 序列法的基础上一种两步加权最小二乘（Weighted Least Squares，WLS）方法 [37] 被提出。该方法不需要初始值，只需要两步 WLS 计算，并且计算复杂度更低。但是在观测误差较大时，这种两步 WLS 方法由于使用了线性化近似可能会出现较大偏差。CLS 同样利用线性化近似非线性方程，并且对非线性二次项构造中间变量约束，最终转化为具有一个或多个二次约束的 CLS 问题。CLS 可通过 Lagrange

乘子法求解，单个二次约束的 CLS 问题具有全局最优的闭式解 [38-40]，而两个或两个以上的 CLS 问题可通过非线性方程求根 [41] 法求解。此外，CLS 问题通常也可转化为凸优化类问题进行求解。当线性方程的观测矩阵和观测向量同时存在噪声时，TLS 方法是对经典 LS 方法的自然推广 [42]。

（3）凸优化类方法 [43-46] 是根据观测量通过数学技巧构造关于目标位置的凸优化问题，然后运用已有的凸优化方法求解，从而有效估计出目标位置。可以通过半正定松弛（Semidefinite Relaxation，SDR）和二阶锥松弛（Second-Order Cone Relaxation，SOCR）等方法，将原始非凸的定位问题转化为凸问题。凸优化类方法可以保证收敛到全局最优解，而且不需要选取初始点，在高噪声条件下可以得到比迭代法更好的定位性能。然而凸优化类方法仍具有如下缺点。首先，凸优化求解的执行算法（如内点法）具有很高的计算复杂度。其次，在一些情况下，由于凸优化类方法松弛了原始问题的可行域，导致原问题被转化为了一个次优化问题而得到次优解，有时并不能保证该次优解就是原始非凸问题的最优解，所以凸优化类方法可能会由于过度松弛产生很差的位置估计 [39]。尤其是在噪声量级较小时，这种松弛误差带来的定位偏差会变得尤为明显。针对该问题，可以通过增加二阶锥约束来进一步约束原有松弛的可行集，并提高求解方法的鲁棒性。

1.3 传感器网络目标定位研究现状

基于 TOA 或 TDOA 的目标定位方法对传感器节点的要求较高（如节点间精确的时间同步等），但对远场目标定位精度高，已被广泛应用于传感器网络目标定位中 [37,39,44,45,47-53]。主动工作方式下，可以采用相关运算获得 TOA 量测信息，即采用存储于每个传感器节点内相同的复本信号与节点接收到的信号进行相关运算，得到 TOA 量测。在此模型下，可以有三种信号处理方式得到目标位置的估计：① 联合估计法，即联合估计信号发送时刻和目标位置 [44,54]；② 两步法，即第一步将信号发送时刻作为一个未知变量，得到其最小二乘或最大似然估计，第二步将得到的估计代入原问题，估计出目标位置；③ 相减消元法，即通过相减消去未知的信号发送时刻信息得到相应的 TDOA 量测，进而通过最小二乘或最大似然估计出目标位置。尽管这种相减会造成 TDOA 量测噪声具有相关性，且相比于原始的 TOA 方法会导致 3dB 的性能损失 [44]，但是，由于基于 TDOA 的目标定位方法具有适中的运算复杂度且定位性能可观，已被广泛应用于目标定位中。此外，需要注意的是，这里的 TDOA 量测获取方式与阵列信号处理中 TDOA 量测获取方式不同，阵列信号处理中 TDOA 量测是通过两通道数据相关获得的，这种原始的信号获取方法不适合带宽、能量有限的传感器网络。基于 TOA 和 TDOA 的目标定位方法均需传感器节点间保持较为精确的时间同步，在水声传感器网络目标定位中，较长的时间延迟、有限的通信带宽、有限的水声节点能量导致精确的时间同步以及大量数据的传输比较困难。

基于 RSS 的目标定位方法中，节点在采集能量序列时不需要节点间保持精确的时间同步，且目标辐射的能量信息仅随时间缓慢变化，因此，节点工作时可以使用较低采样率 [10]，降低了系统整体功耗，无疑为能量优先的水声传感器节点带来了很大好处。基于 RSS 的目标定位方法可以利用多个传感器节点 RSS 能量衰减与节点到融合中心距离之间的关系，协同估计出目标位置，但是该方法是建立在一定的能量衰减模型基础上的，实际中这种准确建模的要求不易实现，因此基于 RSS 的目标定位方法相对于 TOA、TDOA 等方法定位误差较大，适合于存在直达路径的近距离目标定位。

基于 AOA 的目标定位方法需要各个传感器节点配置测向装置以估计出目标信号的波达方向，即每个节点都具有定向能力，依据每个节点估计的目标方向，融合估计目标位置。建模过程中，Niaz 等人采取线性模型，使用全局最小二乘方法融合各个节点定向结果进而获取目标位置信息 [55]，当节点多于两个时，可以利用 MLE 估计出目标位置 [56,57]。基于 AOA 的目标定位方法具有定位精度高、对频带比较敏感的特点，适用于目标信号为窄带信号的情形。

目前，考虑不可抗误差的水声传感器网络目标稳健定位方法得到了越来越多的关注，并且已经取得了一些研究进展，但是大多数文献未考虑节点漂移带来的位置误差这一关键的干扰因素。例如，文献 [58] 提出了一系列对于水下目标的定位中由测距误差及时间同步误差等干扰因素导致定位精度较差等问题的解决方法，但是没有考虑水声传感器网络中的节点漂移带来的位置误差。同样地，文献 [59] 针对声速的时变和空变特性，提出了一系列基于水下即时声速的联合估计方法，旨在实现对水下目标的精确定位。但是遗憾的是，文章仍然没有考虑节点漂移带来的位置误差这一因素。文献 [60] 从提高稳健性的角度出发，针对环境失配问题，提出了一系列压缩自适应匹配场定位方法，其方法采用了凸优化理论与随机投影，在存在表面干扰和模型参数未知的情况下可以取得很好的估计，但是也没有考虑节点漂移引起的位置误差。

在基于水声传感器网络的节点自定位与单目标定位的情况下，由于环境影响，传感器网络中的节点会发生漂移，从而导致其真实位置与通过量测得到的位置存在误差。为了增强方法的稳健性，需要对节点漂移引起的位置误差进行处理。在处理过程中，首先需要对传感器节点位置误差项进行建模。目前，绝大多数研究都假设传感器节点漂移带来的位置误差向量服从零均值的多维高斯分布。这种建模方法的优点是形式简单，且易于将节点位置误差项与目标位置估计的主体部分表达式分离，有利于理论分析和推导。在自定位问题方面，文献 [61] 提出了一种传感器节点位置存在漂移情况下的节点自定位方法。该方法利用了锚节点与目标节点之间及不同的目标节点之间的双程 TOA 量测，在引入高斯分布的节点位置误差项的同时，将定位问题表示为一个最大似然估计问题，然后利用半正定松弛技术将该问题转化为一个凸问题。文献 [26] 提出了一种基于二阶锥松弛的自定位方法，该方法只考虑锚节点与目标节点之间的量测，其余假设与文献 [61] 提出的模型相似，该方法形式较文献 [61] 简单，约束条件少，与基于半正定松弛的优化方法相比，具有更少的运行时间，但不足之处是，由于过度松弛，方法性能不如基于 SDR 的优化方法。在单目标定位问题方面，文献 [62] 为了解决时间非同步的单目标定位问题，提出了一种基于 TOA 并考虑传感器节点位置误差的单目标定位方法，该方法使用半正定松弛技术对原始问题进行松弛，且为了提升方法性能，引入了惩罚项。仿真结果表明，该方法在所假设的场景下的位置估计方差十分接近 CRLB，但是该方法假设传感器节点位置误差向量的协方差矩阵是对角矩阵，对于先验信息的要求比较苛刻。文献 [63] 提出了一种基于 TDOA 的单目标定位方法，将文献 [62] 提出的基于 TOA 的方法进一步扩展，但是仍然存在对传感器节点位置误差项的先验信息要求苛刻的问题。同时在这两篇文献所提出方法的每次运行过程中，都要从 5 个惩罚因子中选择最优的一个，这大大增加了计算复杂度。文献 [64] 提出了一系列基于凸优化的水声传感器网络的自定位方法，并且考虑了高斯分布的节点位置误差；王领等人为解决在水声目标定位问题中存在的节点漂移带来的位置误差及量测误差，提出一种加权整体最小二乘方法，该方法使用了双误差模型，其中的传感器节点位置误差服从高斯分布 [65]；哈尔滨工程大学的学者提出了一种高精度水声传感器网络 TDOA 目标定位方法，该方法使用了噪声向量模值最小的建模方法，考虑了由于水声传感器节点漂移导致的自定位误差和 TDOA 测距误差，所假设的节点位置误差模型仍然是服从高斯分布的 [66]。

然而，在实际情况下，由于洋流与风的影响，在某一时刻的节点真实位置相对于通过量测得到的位置之间的误差并不符合严格的零均值高斯分布。同时，想要获取传感器节点位置误差向量的协方差矩阵有时并不是一件容易的事。因此，需要寻找并建立更符合实际的模型。一个比较实际的模型是不假设传感器节点漂移带来的位置误差服从任何先验分布，而是只假设传感器节点位置误差向量模的最大值已知，如图 1.3所示，其中 ε 即为已知的模的最大值，该最大值可以通过计算的方式进行估计。以被锚链牵引的水下节点为例，如果已知锚链的长度以及端点与水底的距离，就可以通过三角公式计算出节点能够活动的最大范围，从而确定节点位置误差的上界。

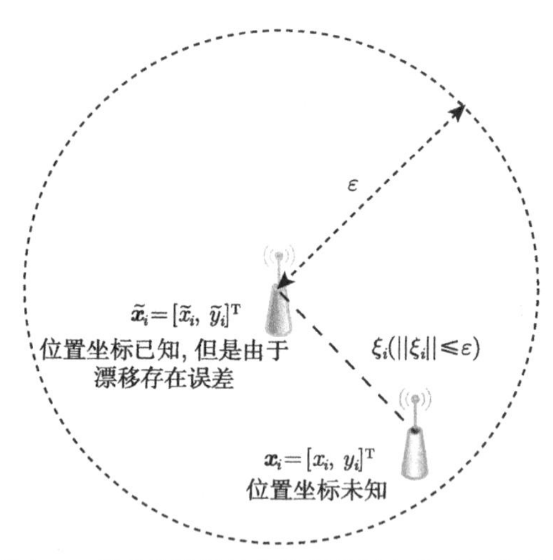

图 1.3　节点位置误差向量模的最大值已知模型

目前，只有少部分的研究是基于传感器节点位置误差向量模的最大值已知的定位方法。文献 [44] 提出了两种基于 TOA 的目标定位方法，分别是稳健两步最小二乘（Robust Two-Step Least Square，R2LS）方法和稳健极小极大化准则算法（Robust Min-Max Algorithm，RMMA）。这两种方法考虑了传感器节点位置误差最大值已知的情况。然而 R2LS 方法也具有惩罚项，从而陷入了烦琐的惩罚因子选择过程，且在目标位于传感器节点组成的凸包外时，性能急剧下降。RMMA 方法由于形式过于简单，松弛过度，导致方法性能并不理想。文献 [45] 基于此模型提出了一种基于 TDOA 的目标定位方法，该方法首先假设传感器节点的位置准确已知，又扩展到传感器节点位置误差向量模的最大值已知的情况。然而该方法假设 TDOA 的量测噪声服从零均值高斯分布，与实际不符，同时为了提升方法性能，加入了惩罚项，增加了计算复杂度。文献 [67] 提出了一种基于 TDOA 的目标定位方法，该方法与文献 [45] 所提出方法的不同之处在于其考虑了非视距误差带来的影响，并给出了更符合实际的噪声分布，然而该方法也加入了惩罚项，需要进行惩罚因子的选择。

综上所述，在以上两种节点漂移的位置误差模型中，后一种模型假设更符合水声环境的实际情况。因为相比于高斯分布需要获取协方差矩阵而言，传感器节点位置误差向量模的最大值可通过实际情况实现较容易的估计。因此，在水声环境下，只假设传感器节点位置误差向量模的最大值已知更为合理。同时可以看到，在基于传感器网络的目标定位方法的相关研究中，所假设的节点漂移位置误差模型均为高斯分布，而考虑将节点漂移位置误差建模为误差向量模的最大值的定位方法却鲜有研究，而且都缺少对于方法的理论分析；在假设节点漂移带来的位置误差向量模的最大值的单目标定位方法的相关研究中，所采取的方法都具有一个共同点，即对传感器节点位置误差项进行向量化，再进行后续的处理。这种处理方法带来的问题是，将传感器节点位置误差项进行向量化会不可避免地导致过度松弛。因为这种转化并非充要条件的转化。如果每个传感器节点的位置误差向量模的最大值均小于一个特定的值，将所有节点的位置误差项合并为一个向量后，向量的 L_2 范数的最大值就会有较大程度的扩大。同时，上述文献中所提出的单目标定位方法为了提升性能，都会在目标函数中加入惩罚项，即选取某个待优化的矩阵变量乘以一个较小的惩罚因子，再与目标函数相加。通过这种处理方式，定位方法的性能会出现一定的提升，然而这种方式会带来很大的问题：首先，定位方法的性能严重依赖惩罚因子的选取，如果无法确定合适的惩罚因子，就不能保证定位方法具有良好的性能，而惩罚因子的最佳取值无法通过理论推导得出，只能预设一些值代入验证；其次，惩罚因子的选取严重依赖定位场景条件的设置，在不同的定位场景条件下，惩罚因子的最佳取值一般不一样，这就需要在每次更换定位场景时都尝试选取最佳的惩罚因子，带来极大的计算负担。所以，惩罚项的存在会导致方法陷入烦琐的惩罚因子选择过程，使问题变得更复杂，降低了方法的实用性，不适合在传感器网络中应用。而对节点漂移带来的位置误差项进行逐个处理，避免过度松弛，同时又不添加惩罚项的稳健定位方法则鲜有研究。因此，本书重点对上述问题进行进一步研究。

1.4 本书主要内容

凸优化目标定位理论与方法是多传感器信息融合理论研究和应用的重要组成部分。本书结合传感器网络目标定位模型、结构、方法，以及参数估计理论和凸优化理论，以提高目标定位精度为目的，围绕传感器网络目标凸优化定位问题展开研究和讨论，内容侧重于传感器网络目标定位中的凸优化新理论、新方法、新进展、新方向。全书共 9 章，其中，第 1 章主要介绍了多传感器信息融合、传感器网络目标定位的理论和研究现状，尤其是传感器网络目标定位的模型、结构和方法；第 2 ~ 3 章分别介绍了参数估计和凸优化的基本理论；第 4 ~ 7 章主要给出了基于 TOA 的凸优化目标定位方法、基于 TDOA 的凸优化目标定位方法、基于 TOF 的凸优化目标定位方法，以及基于 RSS 的凸优化目标定位方法等方面的最新研究方法和成果，同时也给出了适应于锚节点位置存在误差的目标定位方法，以及传感器网络带宽、传感器节点能量有限的量化 TOA 目标定位方法；第 8 ~ 9 章分别给出了水声传感器网络目标定位系统、超宽带传感器网络目标定位系统的实现方法，并开展了定位实验，进一步验证本书中第 4 ~ 7 章新方法的实用性及有效性。本书的研究成果对进一步提高传感器网络目标定位性能有着重要的理论意义和应用前景。

第 2 章　参数估计基本理论

基于传感器网络的目标定位是一个信号处理中典型的估计问题，本章主要对参数估计的基本理论做一个简单回顾。首先介绍估计性能评估的标准，包括最小方差准则、线性无偏估计准则；其次介绍 Cramer-Rao 下界，它为比较无偏估计量的性能提供了一个标准；最后介绍两种不同的经典估计方法，分别是最小二乘估计与最大似然估计。

2.1　引言

现代估计理论在各种电子信息处理系统中都有广泛应用，这些系统包括但不限于雷达、声呐、语音、通信、自动控制、传感器网络等。所有这些领域都有一个共同的问题，那就是必须估计一组参数的值。例如，在基于传感器网络的目标定位系统中，我们感兴趣的是怎样确定未知节点的位置。为了确定位置，就需要借助未知节点与已知节点之间的通信，来获取某种量测信息，并依据已知节点的位置和获得到的量测信息来估计目标的位置。具体地，在被动目标定位中，未知的目标会辐射出某种特定类型的信号，这种信号就是我们所关注的。信号在介质中传播，并被已知位置的节点所接收。我们通过接收到的信号，可以提取出信号的到达时间、到达角度以及能量等量测信息，再利用已知位置的节点坐标得到未知节点坐标的估计值。因此，为了解决类似的估计问题，有必要对估计的基本理论进行相应的介绍，使读者对估计理论有一个基本的了解。

2.2　估计性能评估

本节讨论估计性能的评估标准，包括最小方差准则和线性无偏估计准则。

2.2.1　最小方差准则

在介绍最小方差准则之前，有必要先介绍一下无偏估计的概念。无偏估计意味着估计量的平均值为未知参数的真值。如果估计量是一个标量，一般情况下，对

于待估计参数 θ，无偏性是指无论 θ 的真值是多少，估计量的平均值都等于真值。即如果

$$E(\hat{\theta}) = \theta, a \leqslant \theta \leqslant b \tag{2.1}$$

那么估计量是无偏的，其中 (a, b) 表示 θ 可能的取值范围。

将标量参数扩展到矢量，上述定理仍然适用。对于未知矢量参数 $\boldsymbol{\theta} = [\theta_1, \theta_2, \cdots, \theta_p]^{\mathrm{T}}$，一旦它的估计量 $\hat{\boldsymbol{\theta}} = [\hat{\theta}_1, \hat{\theta}_2, \cdots, \hat{\theta}_p]^{\mathrm{T}}$ 满足

$$E(\hat{\theta}_i) = \theta_i, a_i \leqslant \theta_i \leqslant b_i \tag{2.2}$$

我们就说它是无偏的。上述定义等效于

$$E(\hat{\boldsymbol{\theta}}) = \boldsymbol{\theta} \tag{2.3}$$

在寻找最佳估计量的时候，我们需要采取某些最佳准则。其中最主要的准则为均方误差（Mean Square Error，MSE）准则。均方误差定义为

$$\mathrm{mse}(\hat{\theta}) = E[(\hat{\theta} - \theta)^2] \tag{2.4}$$

它度量了估计量偏离真值的平方偏差的统计平均值。但是这种自然准则的采用导致了不可实现的估计量，这个估计量不能写成数据的唯一函数。因为 MSE 是由估计量的方差以及偏差引起的误差组成的，而几乎任何与偏差有关的准则都将导出不可实现的估计量。因此，从实际来看，需要使约束偏差为零，从而求出使方差最小的估计量。这样的估计量称为最小方差无偏（Minimum Variance Unbiased，MVU）估计量。而对于无偏估计而言，它的 MSE 正好是方差。

但是并不是所有的 MVU 估计量都存在，因此直接求解 MVU 估计量是不现实的。对此，可能的方法有：

（1）确定 Cramer-Rao 下界（Cramer-Rao Lower Bound，CRLB），然后检查是否有某些估计量满足 CRLB;

（2）进一步限制估计不仅是无偏的，而且是线性的，然后在这些限制中找出最小方差无偏估计。

CRLB 允许我们确定对于任意的无偏估计量，它的方差肯定大于或者等于一个给定的值。如果存在一个估计量，对于这个估计量内的每个参数，它的方差都等于 CRLB，那么这个估计量一定等于 MVU 估计量。关于 CRLB 的基本知识，将在 2.3 节进行介绍。下面介绍线性无偏估计准则，即上述方法中的第二点。

2.2.2 线性无偏估计准则

由前一小节可知，MVU 估计量经常无法求出。例如，当数据的概率密度函数（Probability Density Function，PDF）很难求出时，根据 CRLB 评估估计性能的方法就不再适用。在这种情况下，一种常用的方法是限制估计量为数据线性函数，并求无偏且具有最小方差的线性估计量，这个估计量被称为最佳线性无偏估计量（Best Linear Unbiased Estimator，BLUE）。该方法的优点是利用 PDF 的一、二阶矩知识就可以确定 BLUE，不需要 PDF 的完整知识。

设我们已经观察到的数据集为 $x[0], x[1], \cdots, x[N-1]$，它的 PDF $p(\boldsymbol{x};\boldsymbol{\theta})$ 与待估计的参数 $\boldsymbol{\theta}$ 有关，这里 $\boldsymbol{x} = [x[0], x[1], \cdots, x[N-1]]^{\mathrm{T}}, \boldsymbol{\theta} = [\theta_1, \theta_2, \cdots, \theta_p]^{\mathrm{T}}$。为了使估计量与数据呈线性关系，要求

$$\hat{\theta}_i = \sum_{n=0}^{N-1} a_{in} x[n], \qquad i = 1, 2, \cdots, p \tag{2.5}$$

其中 a_{in} 是加权系数。上式用矩阵形式表示为

$$\hat{\boldsymbol{\theta}} = \boldsymbol{A}\boldsymbol{x} \tag{2.6}$$

其中 $\boldsymbol{A}$ 是 $p \times N$ 矩阵。为了使 $\hat{\boldsymbol{\theta}}$ 是无偏的，要求

$$E(\hat{\theta}_i) = \sum_{n=0}^{N-1} a_{in} E(x[n]) = \theta_i, \qquad i = 1, 2, \cdots, p \tag{2.7}$$

用矩阵形式表示为

$$E(\hat{\boldsymbol{\theta}}) = \boldsymbol{A}E(\boldsymbol{x}) = \boldsymbol{\theta} \tag{2.8}$$

在这里，需要假定 $E(\boldsymbol{x})$ 的某些形式。为了满足无偏约束，$E(\boldsymbol{x})$ 必须与 $\boldsymbol{\theta}$ 呈线性关系，即

$$E(\boldsymbol{x}) = \boldsymbol{H}\boldsymbol{\theta} \tag{2.9}$$

其中 $\boldsymbol{H}$ 是已知的 $N \times p$ 矩阵。将式(2.9)代入式(2.8)，得无偏约束为

$$\boldsymbol{A}\boldsymbol{H} = \boldsymbol{I} \tag{2.10}$$

如果我们定义 $\boldsymbol{a}_i = [a_{i0}, a_{i1}, \cdots, a_{i(N-1)}]^{\mathrm{T}}$，那么 $\hat{\theta}_i = \boldsymbol{a}_i^{\mathrm{T}}\boldsymbol{x}$。同时定义 $\boldsymbol{A} = [\boldsymbol{a}_1, \boldsymbol{a}_2, \cdots, \boldsymbol{a}_p]^{\mathrm{T}}$，$\boldsymbol{H} = [\boldsymbol{h}_1, \boldsymbol{h}_2, \cdots, \boldsymbol{h}_p]$。利用这些定义，式(2.10)的无偏约束可以简化为

$$\boldsymbol{a}_i^{\mathrm{T}}\boldsymbol{h}_j = \delta_{ij}, \quad i = 1, 2, \cdots, p; \quad j = 1, 2, \cdots, p \tag{2.11}$$

另外，我们有

$$\begin{aligned}\operatorname{var}(\hat{\theta}_i) &= E[(\boldsymbol{a}_i^{\mathrm{T}}\boldsymbol{x} - \boldsymbol{a}_i^{\mathrm{T}}E(\boldsymbol{x}))^2] \\ &= E[(\boldsymbol{a}_i^{\mathrm{T}}(\boldsymbol{x} - E(\boldsymbol{x})))^2] \\ &= E[\boldsymbol{a}_i^{\mathrm{T}}(\boldsymbol{x} - E(\boldsymbol{x}))(\boldsymbol{x} - E(\boldsymbol{x}))^{\mathrm{T}}\boldsymbol{a}_i] \\ &= \boldsymbol{a}_i^{\mathrm{T}}\boldsymbol{C}\boldsymbol{a}_i\end{aligned} \tag{2.12}$$

其中 $\boldsymbol{C} = E[(\boldsymbol{x} - E(\boldsymbol{x}))(\boldsymbol{x} - E(\boldsymbol{x}))^{\mathrm{T}}]$ 是协方差矩阵。

为了推导矢量参数的 BLUE，需要在约束 $\boldsymbol{a}_i^{\mathrm{T}}\boldsymbol{h}_j = \delta_{ij}(i = 1, 2, \cdots, p; j = 1, 2, \cdots, p)$ 成立的情况下使 $\operatorname{var}(\hat{\theta}_i) = \boldsymbol{a}_i^T\boldsymbol{C}\boldsymbol{a}_i$ 最小。这里直接给出结论，证明过程从略。最终得到的 BLUE 为

$$\hat{\boldsymbol{\theta}} = (\boldsymbol{H}^{\mathrm{T}}\boldsymbol{C}^{-1}\boldsymbol{H})^{-1}\boldsymbol{H}^{\mathrm{T}}\boldsymbol{C}^{-1}\boldsymbol{x} \tag{2.13}$$

协方差矩阵为

$$\boldsymbol{C}_{\hat{\boldsymbol{\theta}}} = (\boldsymbol{H}^{\mathrm{T}}\boldsymbol{C}^{-1}\boldsymbol{H})^{-1} \tag{2.14}$$

值得注意的是，对于一般线性模型

$$\boldsymbol{x} = \boldsymbol{H}\boldsymbol{\theta} + \boldsymbol{w} \tag{2.15}$$

若 $\boldsymbol{w}$ 是均值为零、协方差矩阵为 $\boldsymbol{C}$ 的噪声矢量，那么 $\boldsymbol{\theta}$ 的 BLUE 就是 MVU 估计。

2.3 Cramer-Rao 下界

为了评价估计性能的好坏，对于任何无偏估计量的方差，都有必要确定一个下限。如果对于未知参数的所有取值，估计量都达到了这个下限，那么它就是 MVU 估计量。这样的估计达到了所有无偏估计中的最小均方误差，因此是 MVU 估计。同时，这个下限的存在也说明了不可能求得方差小于这个下界的无偏估计量。Cramer-Rao 下界就是这样一个下限，它易于确定，而且求得 Cramer-Rao 下界也会帮助我们判断估计量是否到达了这个下限。如果 MVU 估计量不存在，那么由于无偏估计量可以渐近到达这个下限，因此所有的无偏估计量都不会丢弃。本小节将讨论矢量参数、矢量参数变换以及一般高斯情况下的 Cramer-Rao 下界与它的求解。

2.3.1 矢量参数的 Cramer-Rao 下界

假定未知矢量参数为 $\boldsymbol{\theta}=[\theta_1,\theta_2,\cdots,\theta_p]^{\mathrm{T}}$，它的无偏估计为 $\hat{\boldsymbol{\theta}}$，它的 PDF 为 $p(\boldsymbol{x};\boldsymbol{\theta})$。这里我们不加证明地给出结论，即矢量参数的 CRLB 由每个元素的方差的下限所组成，它可以通过一个矩阵 $\boldsymbol{I}$ 的逆的对角线元素得到，即

$$\operatorname{var}(\hat{\theta}_i)\geqslant[\boldsymbol{I}^{-1}(\boldsymbol{\theta})]_{ii} \tag{2.16}$$

其中 $\boldsymbol{I}(\boldsymbol{\theta})$ 是 $p\times p$ 的 Fisher 信息矩阵。Fisher 信息矩阵的定义为

$$[\boldsymbol{I}(\boldsymbol{\theta})]_{ij}=-E\left[\frac{\partial^2\ln p(\boldsymbol{x};\boldsymbol{\theta})}{\partial\theta_i\partial\theta_j}\right],i=1,2,\cdots,p;j=1,2,\cdots,p \tag{2.17}$$

下面给出矢量参数下的 CRLB 定理的正式表达。

定理 2.1　假设 $\boldsymbol{\theta}$ 的 PDF 为 $p(\boldsymbol{x};\boldsymbol{\theta})$，且对于 $\boldsymbol{\theta}$ 中的所有元素，都有

$$E\left[\frac{\partial\ln p(\boldsymbol{x};\boldsymbol{\theta})}{\partial\boldsymbol{\theta}}\right]=0 \tag{2.18}$$

那么对于任何无偏估计量 $\hat{\boldsymbol{\theta}}$ 的协方差矩阵满足

$$\boldsymbol{C}_{\hat{\boldsymbol{\theta}}}-\boldsymbol{I}^{-1}(\boldsymbol{\theta})\succeq\boldsymbol{0} \tag{2.19}$$

其中 $\boldsymbol{I}(\boldsymbol{\theta})$ 是 Fisher 信息矩阵，它的表达式为

$$[\boldsymbol{I}(\boldsymbol{\theta})]_{ij}=-E\left[\frac{\partial^2\ln p(\boldsymbol{x};\boldsymbol{\theta})}{\partial\theta_i\partial\theta_j}\right],i=1,2,\cdots,p;j=1,2,\cdots,p \tag{2.20}$$

其中的导数是在 $\boldsymbol{\theta}$ 的真值上计算的，数学期望是针对 $p(\boldsymbol{x};\boldsymbol{\theta})$ 求出的。而且，对于某个 p 维函数 $\boldsymbol{g}$ 和某个 $p\times p$ 的矩阵 $\boldsymbol{I}$，当且仅当

$$\frac{\partial\ln p(\boldsymbol{x};\boldsymbol{\theta})}{\partial\boldsymbol{\theta}}=\boldsymbol{I}(\boldsymbol{\theta})(\boldsymbol{g}(\boldsymbol{x})-\boldsymbol{\theta}) \tag{2.21}$$

可以求得达到下限 $\boldsymbol{C}_{\hat{\boldsymbol{\theta}}}=\boldsymbol{I}^{-1}(\boldsymbol{\theta})$ 的无偏估计量。这个估计量是 $\hat{\boldsymbol{\theta}}=\boldsymbol{g}(\boldsymbol{x})$，它是 MVU 估计量，它的协方差矩阵为 $\boldsymbol{I}^{-1}(\boldsymbol{\theta})$。特别地，对于线性模型，矢量参数的 CRLB 定理提供了一个有效工具，可以对线性模型求取 MVU 估计量。当然，这里需要指出的是，在节点定位问题中，很难建立关于目标位置的线性模型，所以不可能求得其 MVU 估计量。但是使用 CRLB 仍然能够为评估定位方法的性能提供有效的参考。定位方法的位置估计方差越接近 CRLB，它的性能就越优异。

2.3.2 矢量参数变换的 Cramer-Rao 下界

上一小节讨论了矢量参数的 CRLB，在实际应用过程中，我们有时希望估计 $\boldsymbol{\alpha}=\boldsymbol{g}(\boldsymbol{\theta})$，其中 $\boldsymbol{g}$ 是 r 维的函数。那么，$\boldsymbol{\alpha}$ 满足如下性质

$$\boldsymbol{C}_{\hat{\boldsymbol{\alpha}}} \succeq \frac{\partial \boldsymbol{g}(\boldsymbol{\theta})}{\partial \boldsymbol{\theta}} \boldsymbol{I}^{-1}(\boldsymbol{\theta}) \frac{\partial \boldsymbol{g}(\boldsymbol{\theta})}{\partial \boldsymbol{\theta}}^{\mathrm{T}} \tag{2.22}$$

其中 $\dfrac{\partial \boldsymbol{g}(\boldsymbol{\theta})}{\partial \boldsymbol{\theta}}$ 是 $r \times p$ 雅克比（Jacobian）矩阵，它定义为

$$\frac{\partial \boldsymbol{g}(\boldsymbol{\theta})}{\partial \boldsymbol{\theta}} = \begin{bmatrix} \dfrac{\partial g_1(\boldsymbol{\theta})}{\partial \theta_1} & \dfrac{\partial g_1(\boldsymbol{\theta})}{\partial \theta_2} & \cdots & \dfrac{\partial g_1(\boldsymbol{\theta})}{\partial \theta_p} \\ \dfrac{\partial g_2(\boldsymbol{\theta})}{\partial \theta_1} & \dfrac{\partial g_2(\boldsymbol{\theta})}{\partial \theta_2} & \cdots & \dfrac{\partial g_2(\boldsymbol{\theta})}{\partial \theta_p} \\ \vdots & \vdots & \ddots & \vdots \\ \dfrac{\partial g_r(\boldsymbol{\theta})}{\partial \theta_1} & \dfrac{\partial g_r(\boldsymbol{\theta})}{\partial \theta_2} & \cdots & \dfrac{\partial g_r(\boldsymbol{\theta})}{\partial \theta_p} \end{bmatrix}$$

$\dfrac{\partial \boldsymbol{g}(\boldsymbol{\theta})}{\partial \boldsymbol{\theta}} \boldsymbol{I}^{-1}(\boldsymbol{\theta}) \dfrac{\partial \boldsymbol{g}(\boldsymbol{\theta})}{\partial \boldsymbol{\theta}}^{\mathrm{T}}$ 是 CRLB。由于证明过程较复杂，这里证明过程从略。值得注意的是，对于非线性变换，有效性只在样本数据 $N \to \infty$ 时保持。这个结论成立的条件是当 $N \to \infty$ 时，$\hat{\boldsymbol{\theta}}$ 的 PDF 变成了集中在 $\boldsymbol{\theta}$ 附近，即 $\hat{\boldsymbol{\theta}}$ 是一致估计量。

2.3.3 一般高斯情况的 Cramer-Rao 下界

在前面的讨论中，我们一般假设信号的加性噪声服从均值为零、方差为定值的高斯分布。这种形式可以继续推广到更一般情况，即均值与方差均为 $\boldsymbol{\theta}$ 的函数。下面不加证明地给出结论。在这种情况下，Fisher 信息矩阵的表达式为

$$[\boldsymbol{I}(\boldsymbol{\theta})]_{ij} = \left[\frac{\partial \boldsymbol{\mu}(\boldsymbol{\theta})}{\partial \theta_i}\right]^{\mathrm{T}} \boldsymbol{C}^{-1}(\boldsymbol{\theta}) \left[\frac{\partial \boldsymbol{\mu}(\boldsymbol{\theta})}{\partial \theta_j}\right] + \frac{1}{2}\mathrm{Tr}\left[\boldsymbol{C}^{-1}(\boldsymbol{\theta}) \frac{\partial \boldsymbol{C}(\boldsymbol{\theta})}{\partial \theta_i} \boldsymbol{C}^{-1}(\boldsymbol{\theta}) \frac{\partial \boldsymbol{C}(\boldsymbol{\theta})}{\partial \theta_j}\right] \tag{2.23}$$

其中

$$\frac{\partial \boldsymbol{\mu}(\boldsymbol{\theta})}{\partial \theta_i} = \begin{bmatrix} \dfrac{\partial [\boldsymbol{\mu}(\boldsymbol{\theta})]_1}{\partial \theta_i} & \dfrac{\partial [\boldsymbol{\mu}(\boldsymbol{\theta})]_2}{\partial \theta_i} & \cdots & \dfrac{\partial [\boldsymbol{\mu}(\boldsymbol{\theta})]_p}{\partial \theta_i} \end{bmatrix}^{\mathrm{T}}$$

$$\frac{\partial \boldsymbol{C}(\boldsymbol{\theta})}{\partial \theta_i} = \begin{bmatrix} \dfrac{\partial [\boldsymbol{C}(\boldsymbol{\theta})]_{11}}{\partial \theta_i} & \dfrac{\partial [\boldsymbol{C}(\boldsymbol{\theta})]_{12}}{\partial \theta_i} & \cdots & \dfrac{\partial [\boldsymbol{C}(\boldsymbol{\theta})]_{1p}}{\partial \theta_i} \\ \dfrac{\partial [\boldsymbol{C}(\boldsymbol{\theta})]_{21}}{\partial \theta_i} & \dfrac{\partial [\boldsymbol{C}(\boldsymbol{\theta})]_{22}}{\partial \theta_i} & \cdots & \dfrac{\partial [\boldsymbol{C}(\boldsymbol{\theta})]_{2p}}{\partial \theta_i} \\ \vdots & \vdots & \ddots & \vdots \\ \dfrac{\partial [\boldsymbol{C}(\boldsymbol{\theta})]_{p1}}{\partial \theta_i} & \dfrac{\partial [\boldsymbol{C}(\boldsymbol{\theta})]_{p2}}{\partial \theta_i} & \cdots & \dfrac{\partial [\boldsymbol{C}(\boldsymbol{\theta})]_{pp}}{\partial \theta_i} \end{bmatrix}$$

对 Fisher 信息矩阵求逆，根据它的对角线元素就可以求得 CRLB。

2.4　最小二乘估计

在前面几小节中，我们考虑的都是使用无偏且具有最小方差的一类估计来求得最佳的估计量，即 MVU 估计量。现在我们讨论另外一类估计量，虽然它不是最佳的，但是仍然有较高的应用价值，它就是最小二乘估计量。它的突出特点是对观测数据没有做任何概率假设，只需假设一个信号模型；它的不足之处在于它不是最佳的。尽管如此，最小二乘估计仍被广泛应用于实际的估计问题中，因为它比 MVU 估计量更易于实现。下面将介绍几种常见的最小二乘估计方法。

2.4.1　线性最小二乘估计

对于 $p\times 1$ 维的未知参数 $\boldsymbol{\theta}$ 和与未知参数呈线性关系的信号 $\boldsymbol{s}=[s[0],s[1],\cdots,s[N-1]]^{\mathrm{T}}$，信号与未知参数的线性关系可以表示为

$$\boldsymbol{s}=\boldsymbol{H\theta} \tag{2.24}$$

其中 $\boldsymbol{H}$ 是一个满秩为 p 的 $N\times p$ 矩阵，且 $N>p$。矩阵 $\boldsymbol{H}$ 称为观测矩阵。同时，假设观测到的带噪信号为 $\boldsymbol{x}$，注意到这里没有对通常的噪声 PDF 做出假设。

线性最小二乘估计量的求解可以通过使 $J(\boldsymbol{\theta})=\sum\limits_{n=0}^{N-1}(x[n]-s[n])^2=(\boldsymbol{x}-\boldsymbol{H\theta})^{\mathrm{T}}(\boldsymbol{x}-\boldsymbol{H\theta})$ 最小来求得。由于 $J(\boldsymbol{\theta})$ 是 $\boldsymbol{\theta}$ 的二次型函数，因此它的最小值较易求得。首先，求得函数 $J(\boldsymbol{\theta})$ 对于 $\boldsymbol{\theta}$ 的梯度，其梯度为

$$\frac{\partial J(\boldsymbol{\theta})}{\partial\boldsymbol{\theta}}=-2\boldsymbol{H}^{\mathrm{T}}\boldsymbol{x}+2\boldsymbol{H}^{\mathrm{T}}\boldsymbol{H\theta} \tag{2.25}$$

令梯度等于 0，得线性最小二乘估计量为

$$\hat{\boldsymbol{\theta}}=(\boldsymbol{H}^{\mathrm{T}}\boldsymbol{H})^{-1}\boldsymbol{H}^{\mathrm{T}}\boldsymbol{x} \tag{2.26}$$

注意到 $\boldsymbol{H}$ 满秩可以保证 $\boldsymbol{H}^{\mathrm{T}}\boldsymbol{H}$ 是可逆的。根据上式，可以求得最小二乘估计的最小误差为

$$J(\hat{\boldsymbol{\theta}})=(\boldsymbol{x}-\boldsymbol{H}\hat{\boldsymbol{\theta}})^{\mathrm{T}}(\boldsymbol{x}-\boldsymbol{H}\hat{\boldsymbol{\theta}})=\boldsymbol{x}^{\mathrm{T}}(\boldsymbol{I}-\boldsymbol{H}(\boldsymbol{H}^{\mathrm{T}}\boldsymbol{H})^{-1}\boldsymbol{H}^{\mathrm{T}})\boldsymbol{x} \tag{2.27}$$

线性最小二乘估计问题的一种扩展形式是加权线性最小二乘。它的操作方法是，在函数 $J(\boldsymbol{\theta})$ 中加入一个 $N\times N$ 维的、正定的加权矩阵 $\boldsymbol{W}$，于是 $J(\boldsymbol{\theta})=(\boldsymbol{x}-$

$\boldsymbol{H\theta})^{\mathrm{T}}\boldsymbol{W}(\boldsymbol{x}-\boldsymbol{H\theta})$。引入加权矩阵到误差指标函数的原因是为了强调那些被认为是更可靠的样本数据的贡献。重复上述操作，可得

$$\hat{\boldsymbol{\theta}} = (\boldsymbol{H}^{\mathrm{T}}\boldsymbol{W}\boldsymbol{H})^{-1}\boldsymbol{H}^{\mathrm{T}}\boldsymbol{W}\boldsymbol{x} \tag{2.28}$$

$$J(\hat{\boldsymbol{\theta}}) = \boldsymbol{x}^{\mathrm{T}}(\boldsymbol{W} - \boldsymbol{W}\boldsymbol{H}(\boldsymbol{H}^{\mathrm{T}}\boldsymbol{W}\boldsymbol{H})^{-1}\boldsymbol{H}^{\mathrm{T}}\boldsymbol{W})\boldsymbol{x} \tag{2.29}$$

2.4.2 约束最小二乘估计

上一小节讨论的最小二乘估计方法没有考虑未知参数受到的约束，也就是说，未知参数的先验知识是没有被考虑在内的。但是如果我们根据实际问题获取到了未知参数的一些先验知识，那么就可以用这些先验知识作为约束，使估计更为准确。这就是约束最小二乘估计。为了方便，我们只假设未知参数 $\boldsymbol{\theta}$ 受到 r 个线性约束，且 $r<p$，即约束数量小于未知参数的个数。

假设参数 $\boldsymbol{\theta}$ 受到 r 个线性约束，且 $r<p$，约束条件必须是相互独立的，则可以将所有的线性约束归纳为

$$\boldsymbol{A\theta} = \boldsymbol{b} \tag{2.30}$$

其中 $\boldsymbol{A}$ 是一个 $r\times p$ 矩阵，而 $\boldsymbol{b}$ 是一个 $r\times 1$ 矢量。矩阵 $\boldsymbol{A}$ 是满秩的，因为这对约束条件相互独立是必要的。

为了求出线性约束存在情况下的最小二乘估计，使用拉格朗日法。通过引入拉格朗日乘子，然后使该乘子最小从而确定最小二乘估计值 $\hat{\boldsymbol{\theta}}_c$。注意到这里为了和前面区别，引入了下角标 c。

待优化的最小二乘目标函数为

$$J_c(\boldsymbol{\theta}) = (\boldsymbol{x}-\boldsymbol{H\theta})^{\mathrm{T}}(\boldsymbol{x}-\boldsymbol{H\theta}) + \boldsymbol{\lambda}^{\mathrm{T}}(\boldsymbol{A\theta}-\boldsymbol{b}) \tag{2.31}$$

其中 $\boldsymbol{\lambda}$ 是拉格朗日乘子，是一个 $r\times 1$ 矢量。将该函数对 $\boldsymbol{\theta}$ 取梯度，得

$$\frac{\partial J_c(\boldsymbol{\theta})}{\partial\boldsymbol{\theta}} = -2\boldsymbol{H}^{\mathrm{T}}\boldsymbol{x} + 2\boldsymbol{H}^{\mathrm{T}}\boldsymbol{H\theta} + \boldsymbol{A}^{\mathrm{T}}\boldsymbol{\lambda} \tag{2.32}$$

令上式等于 0，可得

$$\hat{\boldsymbol{\theta}}_c = (\boldsymbol{H}^{\mathrm{T}}\boldsymbol{H})^{-1}\boldsymbol{H}^{\mathrm{T}}\boldsymbol{x} - \frac{1}{2}(\boldsymbol{H}^{\mathrm{T}}\boldsymbol{H})^{-1}\boldsymbol{A}^{\mathrm{T}}\boldsymbol{\lambda} = \hat{\boldsymbol{\theta}} - \frac{1}{2}(\boldsymbol{H}^{\mathrm{T}}\boldsymbol{H})^{-1}\boldsymbol{A}^{\mathrm{T}}\boldsymbol{\lambda} \tag{2.33}$$

其中 $\hat{\boldsymbol{\theta}}$ 是无约束情况下的最小二乘估计量，它的表达式为 $\hat{\boldsymbol{\theta}} = (\boldsymbol{H}^{\mathrm{T}}\boldsymbol{H})^{-1}\boldsymbol{H}^{-1}\boldsymbol{x}$。为了求得 $\hat{\boldsymbol{\theta}}_c$，需要先求出 $\boldsymbol{\lambda}$。将上式代入 $\boldsymbol{A\theta}=\boldsymbol{b}$ 中，得

$$\boldsymbol{A}\boldsymbol{\theta}_c = \boldsymbol{A}\hat{\boldsymbol{\theta}} - \frac{1}{2}\boldsymbol{A}(\boldsymbol{H}^{\mathrm{T}}\boldsymbol{H})^{-1}\boldsymbol{A}^{\mathrm{T}}\boldsymbol{\lambda} = \boldsymbol{b} \tag{2.34}$$

因此

$$\boldsymbol{\lambda} = 2[\boldsymbol{A}(\boldsymbol{H}^{\mathrm{T}}\boldsymbol{H})^{-1}\boldsymbol{A}^{\mathrm{T}}]^{-1}(\boldsymbol{A}\hat{\boldsymbol{\theta}} - \boldsymbol{b}) \tag{2.35}$$

因此，可得最终的解 $\hat{\boldsymbol{\theta}}_c$ 为

$$\hat{\boldsymbol{\theta}}_c = \hat{\boldsymbol{\theta}} - (\boldsymbol{H}^{\mathrm{T}}\boldsymbol{H})^{-1}\boldsymbol{A}^{\mathrm{T}}[\boldsymbol{A}(\boldsymbol{H}^{\mathrm{T}}\boldsymbol{H})^{-1}\boldsymbol{A}^{\mathrm{T}}]^{-1}(\boldsymbol{A}\hat{\boldsymbol{\theta}} - \boldsymbol{b}) \tag{2.36}$$

约束条件下的最小二乘估计是无约束最小二乘估计的修正形式。一般情况下，无约束最小二乘估计量与约束条件下的最小二乘估计量是不相等的，除非 $\boldsymbol{A}\hat{\boldsymbol{\theta}} = \boldsymbol{b}$。但是这种情况极为少见。

2.4.3　非线性最小二乘估计

前面所介绍的最小二乘估计问题都是线性的，但是在实际中，许多模型都是非线性的，如后面章节所要探讨的定位问题。在非线性模型中，信号模型为 $\boldsymbol{s}(\boldsymbol{\theta})$，它是 $\boldsymbol{\theta}$ 的一个 N 维非线性函数。它的待优化目标函数为 $J = (\boldsymbol{x} - \boldsymbol{s}(\boldsymbol{\theta}))^{\mathrm{T}}(\boldsymbol{x} - \boldsymbol{s}(\boldsymbol{\theta}))$。在这种情况下，求解 J 的最小值就会变得十分困难。一般情况下，求解非线性最小二乘估计问题必须基于迭代法。迭代法可以是网格搜索法、拟牛顿搜索法和凸优化法等。网格搜索法要求 $\boldsymbol{\theta}$ 的维数较小，不然会带来较高的计算复杂度；拟牛顿搜索法需要给定迭代初值，如果初值不合适，则很容易陷入局部最优，从而使问题求解失败；而凸优化法不需要给定迭代初值，只需要将问题转化成一个凸问题，然后使用内点法就可以解决，具有其他两种方法所无法比拟的优势。因此，凸优化法也是本书讨论的重点，将在后面的章节进行详细论述。在本小节，我们只讨论两种能降低问题复杂度的经典方法，供读者了解。

第一种方法是参数变换法。我们试图寻找一个有关 $\boldsymbol{\theta}$ 的一对一变换，从而得到新空间中的一个线性信号模型。因此，令

$$\boldsymbol{\alpha} = \boldsymbol{g}(\boldsymbol{\theta}) \tag{2.37}$$

其中 $\boldsymbol{g}$ 是 $\boldsymbol{\theta}$ 的一个 p 维函数，它的反函数存在。如果能找到这样一个 $\boldsymbol{g}$ 满足

$$\boldsymbol{s}(\boldsymbol{\theta}(\boldsymbol{\alpha})) = \boldsymbol{s}(\boldsymbol{g}^{-1}(\boldsymbol{\alpha})) = \boldsymbol{H}\boldsymbol{\alpha} \tag{2.38}$$

那么，信号模型 $\boldsymbol{s}(\boldsymbol{\theta})$ 和 $\boldsymbol{\alpha}$ 呈线性关系。这时就较易求得 $\boldsymbol{\alpha}$ 的线性最小二乘估计，而 $\boldsymbol{\theta}$ 的非线性最小二乘估计可通过下式求出

$$\hat{\boldsymbol{\theta}} = \boldsymbol{g}^{-1}(\hat{\boldsymbol{\alpha}}) \tag{2.39}$$

其中 $\hat{\boldsymbol{\alpha}} = (\boldsymbol{H}^{\mathrm{T}}\boldsymbol{H})^{-1}\boldsymbol{H}^{\mathrm{T}}\boldsymbol{x}$。

这种方法之所以可行，是因为它可以通过一对一映射得到一个变换空间，最小化是在这个变换空间中进行的，得到最小值之后再变换回原始空间。然而，这种方法只适用于一小部分非线性最小二乘估计问题，因为变换函数 $\boldsymbol{g}$ 非常难确定，而且很有可能根本不存在。

第二种方法是参数分离法。它的复杂度低于一般方法。虽然信号模型是非线性的，但是其中的一些参数可能是线性的。一般而言，如果信号模型是可分离的，那么它会具有以下形式

$$\boldsymbol{s}(\boldsymbol{\theta}) = \boldsymbol{H}(\boldsymbol{\alpha})\boldsymbol{\beta} \tag{2.40}$$

其中 $\boldsymbol{\theta} = [\boldsymbol{\alpha}^{\mathrm{T}}, \boldsymbol{\beta}^{\mathrm{T}}]^{\mathrm{T}}$。$\boldsymbol{\beta}$ 是 q 维向量，代表有 q 个参数是线性的。$\boldsymbol{H}(\boldsymbol{\alpha})$ 是一个与 $\boldsymbol{\alpha}$ 有关的 $N \times q$ 矩阵。这个模型与 $\boldsymbol{\beta}$ 呈线性关系但是与 $\boldsymbol{\alpha}$ 呈非线性关系。因此，使用最小二乘误差函数可以求 $\boldsymbol{\beta}$ 的最小值，并将其化简成为 $\boldsymbol{\alpha}$ 的一个函数，即

$$J(\boldsymbol{\alpha}, \boldsymbol{\beta}) = (\boldsymbol{x} - \boldsymbol{H}(\boldsymbol{\alpha})\boldsymbol{\beta})^{\mathrm{T}}(\boldsymbol{x} - \boldsymbol{H}(\boldsymbol{\alpha})\boldsymbol{\beta}) \tag{2.41}$$

对于给定的 $\boldsymbol{\alpha}$，使 J 达到最小的 $\boldsymbol{\beta}$ 为

$$\hat{\boldsymbol{\beta}} = (\boldsymbol{H}^{\mathrm{T}}(\boldsymbol{\alpha})\boldsymbol{H}(\boldsymbol{\alpha}))^{-1}\boldsymbol{H}^{\mathrm{T}}(\boldsymbol{\alpha})\boldsymbol{x} \tag{2.42}$$

经过与前面类似的推导，可得最小二乘误差为

$$J(\boldsymbol{\alpha}, \hat{\boldsymbol{\beta}}) = \boldsymbol{x}^{\mathrm{T}}[\boldsymbol{I} - \boldsymbol{H}(\boldsymbol{\alpha})(\boldsymbol{H}^{\mathrm{T}}(\boldsymbol{\alpha})\boldsymbol{H}(\boldsymbol{\alpha}))^{-1}\boldsymbol{H}^{\mathrm{T}}(\boldsymbol{\alpha})]\boldsymbol{x} \tag{2.43}$$

这个问题现在已经化简成了在 $\boldsymbol{\alpha}$ 上求 $\boldsymbol{x}^{\mathrm{T}}\boldsymbol{H}(\boldsymbol{\alpha})(\boldsymbol{H}^{\mathrm{T}}(\boldsymbol{\alpha})\boldsymbol{H}(\boldsymbol{\alpha}))^{-1}\boldsymbol{H}^{\mathrm{T}}(\boldsymbol{\alpha})\boldsymbol{x}$ 的最大值，这样就降低了待求变量的维数。如果 $\boldsymbol{\alpha}$ 的维数较低，那么就可以用网格搜索法来求解。当然这里需要指出的是，在一个估计问题中有可能所有的参数都是非线性的，那么这个方法也不再适用。因此，上述两种方法都有其局限性。如果上述方法都行不通，那么就只能利用迭代法求解。常用的迭代法有很多，大多数需要给定初值，初值选择不合适，算法就很可能不收敛。正像本小节开头所强调的，凸优化方法解决了常规迭代法的缺点。由于后文主要论述凸优化方法，因此对于常规的迭代法，本书不再赘述。感兴趣的读者可以参考相关文献。

2.4.4 序贯最小二乘估计

在许多信号处理应用中，接收的数据是通过对连续时间信号波形进行采样而得到的。随着时间的向前推移，数据源源不断地被采集，可供使用的数据越来越多。对于这种情况，可以采用两种方法进行处理：要么等到所有数据采样完毕后

再进行处理，又称批处理方法；要么按照时间顺序进行处理，就是本小节所介绍的序贯最小二乘估计方法。

假设我们已经获取了观测数据 $x[0], x[1], \cdots, x[N-1]$ 并已经基于这些数据求出了最小二乘估计 $\hat{\boldsymbol{\theta}}$，现在如果观测到了 $x[N]$，若使用批处理方法，就要重新解方程得到 $\hat{\boldsymbol{\theta}}$。但是序贯最小二乘估计不需要，它可以在以前观测数据的基础上对 $\hat{\boldsymbol{\theta}}$ 进行更新。为了方便，本小节仅以线性模型为例进行讨论。

假设线性模型为 $\boldsymbol{s} = \boldsymbol{H}\boldsymbol{\theta}$，考虑当加权矩阵 $\boldsymbol{W} = \boldsymbol{C}^{-1}$ 时，加权最小二乘估计问题的误差函数 J 的最小化问题，其中 $\boldsymbol{C}$ 表示零均值噪声的协方差矩阵，有

$$J = (\boldsymbol{x} - \boldsymbol{H}\boldsymbol{\theta})^{\mathrm{T}} \boldsymbol{C}^{-1} (\boldsymbol{x} - \boldsymbol{H}\boldsymbol{\theta}) \tag{2.44}$$

根据 2.4.1 节的结论，加权最小二乘估计量 $\hat{\boldsymbol{\theta}}$ 为

$$\hat{\boldsymbol{\theta}} = (\boldsymbol{H}^{\mathrm{T}} \boldsymbol{C}^{-1} \boldsymbol{H})^{-1} \boldsymbol{H}^{\mathrm{T}} \boldsymbol{C}^{-1} \boldsymbol{x} \tag{2.45}$$

根据线性模型的有关结论，可得 $\hat{\boldsymbol{\theta}}$ 的协方差矩阵为

$$\boldsymbol{C}_{\hat{\boldsymbol{\theta}}} = (\boldsymbol{H}^{\mathrm{T}} \boldsymbol{C}^{-1} \boldsymbol{H})^{-1} \tag{2.46}$$

如果 $\boldsymbol{C}$ 是对角矩阵，或者噪声是不相关的，那么 $\hat{\boldsymbol{\theta}}$ 可以按照时间顺序计算。假设这个条件满足，令

$$\begin{aligned} \boldsymbol{C}[n] &= \mathrm{diag}(\sigma_0^2, \sigma_1^2, \cdots, \sigma_n^2) \\ \boldsymbol{H}[n] &= \begin{bmatrix} \boldsymbol{H}[n-1] \\ \boldsymbol{h}^{\mathrm{T}}[n] \end{bmatrix} = \begin{bmatrix} n \times p \\ 1 \times p \end{bmatrix} \\ \boldsymbol{x}[n] &= [x[0], x[1], \cdots, x[n]]^{\mathrm{T}} \end{aligned} \tag{2.47}$$

并且用 $\hat{\boldsymbol{\theta}}[n]$ 表示 $\boldsymbol{\theta}$ 基于 $\boldsymbol{x}[n]$ 的加权最小二乘估计，那么，批估计量为

$$\hat{\boldsymbol{\theta}}[n] = (\boldsymbol{H}^{\mathrm{T}}[n] \boldsymbol{C}^{-1}[n] \boldsymbol{H}[n])^{-1} \boldsymbol{H}^{\mathrm{T}}[n] \boldsymbol{C}^{-1}[n] \boldsymbol{x}[n] \tag{2.48}$$

协方差矩阵为

$$\boldsymbol{C}_{\hat{\boldsymbol{\theta}}} = \boldsymbol{\Sigma}[n] = (\boldsymbol{H}^{\mathrm{T}}[n] \boldsymbol{C}^{-1}[n] \boldsymbol{H}[n])^{-1} \tag{2.49}$$

现在，给出序贯最小二乘估计的迭代公式，详细证明过程从略。

（1）为 $\hat{\boldsymbol{\theta}}[n-1]$ 和 $\boldsymbol{\Sigma}[n-1]$ 给定初值；

（2）估计量更新：

$$\hat{\boldsymbol{\theta}}[n] = \hat{\boldsymbol{\theta}}[n-1] + \boldsymbol{K}[n](x[n] - \boldsymbol{h}^{\mathrm{T}}[n]\hat{\boldsymbol{\theta}}[n-1]) \tag{2.50}$$

其中

$$\boldsymbol{K}[n]=\frac{\boldsymbol{\Sigma}[n-1]\boldsymbol{h}[n]}{\sigma_n^2+\boldsymbol{h}^{\mathrm{T}}[n]\boldsymbol{\Sigma}[n-1]\boldsymbol{h}[n]} \tag{2.51}$$

（3）协方差更新：

$$\boldsymbol{\Sigma}[n]=(\boldsymbol{I}-\boldsymbol{K}[n]\boldsymbol{h}^{\mathrm{T}}[n])\boldsymbol{\Sigma}[n-1] \tag{2.52}$$

注意到增益因子 $\boldsymbol{K}[n]$ 是一个 $p\times 1$ 矢量，而协方差矩阵 $\boldsymbol{\Sigma}[n]$ 是一个 $p\times p$ 的矩阵，而且上述迭代过程不用进行矩阵求逆运算。

2.5 最大似然估计

如前所述，MVU 估计量并不总是存在的，或者即使 MVU 估计量存在，但是也不能求解。同最小二乘估计一样，最大似然估计也是求 MVU 估计量的一种替代形式。最大似然估计法的优点是，当观测数据足够多时，它的性能是最优的，特别是由于它近似效率高，因此非常接近 MVU 估计。当观测数据足够多时，或者当数据样本 $N\to\infty$ 时，最大似然估计是渐近有效的，它同时满足

$$E(\hat{\boldsymbol{\theta}})\to\boldsymbol{\theta}$$

$$\mathrm{var}(\hat{\boldsymbol{\theta}})\to\mathrm{CRLB}$$

其中 $\hat{\boldsymbol{\theta}}$ 是最大似然估计量。

2.5.1 最大似然估计的定义

矢量参数 $\boldsymbol{\theta}$ 的最大似然估计定义为，在 $\boldsymbol{\theta}$ 允许的范围内使似然函数 $p(\boldsymbol{x};\boldsymbol{\theta})$ 达到最大所对应的 $\boldsymbol{\theta}$ 值。假设似然函数可导，则最大似然估计可从下式导出：

$$\frac{\partial\ln p(\boldsymbol{x};\boldsymbol{\theta})}{\partial\boldsymbol{\theta}}=0 \tag{2.53}$$

如果存在多个解，那么使似然函数最大的那个解就是最大似然估计值。

2.5.2 最大似然估计的性质

1. 渐近特性

如果观测数据 $\boldsymbol{x}$ 的 PDF $p(\boldsymbol{x};\boldsymbol{\theta})$ 满足：

（1）对数似然函数的一阶、二阶导数都有定义；

（2）

$$\frac{\partial\ln p(\boldsymbol{x};\boldsymbol{\theta})}{\partial\boldsymbol{\theta}}=0 \tag{2.54}$$

那么，未知参数的最大似然估计渐近服从多维正态分布，有

$$\hat{\boldsymbol{\theta}} \sim \mathcal{N}(\boldsymbol{\theta}, \boldsymbol{I}^{-1}(\boldsymbol{\theta}))$$

其中 $\boldsymbol{I}(\boldsymbol{\theta})$ 是在未知参数的真值处计算出来的 Fisher 信息矩阵。该定理证明从略。

2. 不变性

设函数 $\boldsymbol{g}$ 是 $p \times 1$ 维未知参数 $\boldsymbol{\theta}$ 的 r 维函数，$p(\boldsymbol{x};\boldsymbol{\theta})$ 是参数 $\boldsymbol{\theta}$ 的 PDF。则参数 $\boldsymbol{\alpha} = \boldsymbol{g}(\boldsymbol{\theta})$ 的最大似然估计满足：

$$\hat{\boldsymbol{\alpha}} = \boldsymbol{g}(\hat{\boldsymbol{\theta}}) \tag{2.55}$$

其中 $\hat{\boldsymbol{\theta}}$ 是 $\boldsymbol{\theta}$ 的最大似然估计。如果 $\boldsymbol{g}$ 不是一个可逆函数，那么 $\hat{\boldsymbol{\alpha}}$ 使修正似然函数 $\bar{p}_T(\boldsymbol{x};\boldsymbol{\alpha})$ 达到最大，即

$$\bar{p}_T(\boldsymbol{x};\boldsymbol{\alpha}) = \max_{\{\boldsymbol{\theta}:\boldsymbol{\alpha}=\boldsymbol{g}(\boldsymbol{\theta})\}} p(\boldsymbol{x};\boldsymbol{\theta}) \tag{2.56}$$

3. 线性模型的最佳最大似然估计

如果观测数据 $\boldsymbol{x}$ 可以由一般线性模型 $\boldsymbol{x} = \boldsymbol{H}\boldsymbol{\theta} + \boldsymbol{w}$ 表示，其中，$\boldsymbol{H}$ 是一个秩为 p 的 $N \times p$ 矩阵，且 $N > p$；$\boldsymbol{\theta}$ 是待估计的 $p \times 1$ 矢量参数；$\boldsymbol{w}$ 是噪声矢量，服从均值为零、协方差矩阵为 $\boldsymbol{C}$ 的高斯分布，那么 $\boldsymbol{\theta}$ 的最大似然估计为

$$\hat{\boldsymbol{\theta}} = (\boldsymbol{H}^{\mathrm{T}}\boldsymbol{C}^{-1}\boldsymbol{H})^{-1}\boldsymbol{H}^{\mathrm{T}}\boldsymbol{C}^{-1}\boldsymbol{x} \tag{2.57}$$

$\hat{\boldsymbol{\theta}}$ 同时也是一个有效估计量，它达到了 CRLB，所以它是 MVU 估计量。$\hat{\boldsymbol{\theta}}$ 服从多维正态分布，有

$$\hat{\boldsymbol{\theta}} \sim \mathcal{N}(\boldsymbol{\theta}, (\boldsymbol{H}^{\mathrm{T}}\boldsymbol{C}^{-1}\boldsymbol{H})^{-1}) \tag{2.58}$$

2.5.3 最大似然估计的求解

最大似然估计是高度非线性问题，很难求得闭式解，常用数值法求解。例如，Newton-Raphson 迭代法、得分法、EM 算法、凸优化方法等。其中前三种方法都需要指定迭代初值，如果初值选取不合适，就会导致求解失败。一般而言，前三种方法要求设定的初值接近于真实值，否则迭代不会收敛，或者只会收敛到局部最大值。因此，使用这些方法的困难是，通常我们事先不知道它们是否收敛，或者即使收敛，也不知道所求得的值是否是最大似然估计值。凸优化方法的基本思想是将非凸问题转化为凸问题，再用内点法解决。它的好处是不需要给定迭代初值，且能够达到最优解。凸优化方法求解最大似然估计问题是本书后面所要重点讨论的对象，在此不详细展开。本节只对 Newton-Raphson 迭代法、得分法和 EM 算法进行简单的介绍，感兴趣的读者可以参考相关文献。

1. Newton-Raphson 迭代法与得分法

假设我们有一个初始的迭代值 $\boldsymbol{\theta}_0$，同时令 $\boldsymbol{g}(\boldsymbol{\theta})=\dfrac{\partial \ln p(\boldsymbol{x};\boldsymbol{\theta})}{\partial \boldsymbol{\theta}}$。我们假设 $\boldsymbol{g}(\boldsymbol{\theta})$ 在 $\boldsymbol{\theta}_0$ 附近是线性的，那么我们能将其表示为

$$\boldsymbol{g}(\boldsymbol{\theta}) \approx \boldsymbol{g}(\boldsymbol{\theta}_0)+\left.\frac{\partial \boldsymbol{g}(\boldsymbol{\theta})}{\partial \boldsymbol{\theta}}\right|_{\boldsymbol{\theta}=\boldsymbol{\theta}_0}(\boldsymbol{\theta}-\boldsymbol{\theta}_0) \tag{2.59}$$

令 $\boldsymbol{g}(\boldsymbol{\theta})=0$，可以求解出 $\boldsymbol{\theta}_1$，得

$$\boldsymbol{\theta}_1=\boldsymbol{\theta}_0-\frac{\boldsymbol{g}(\boldsymbol{\theta}_0)}{\left.\dfrac{\partial \boldsymbol{g}(\boldsymbol{\theta})}{\partial \boldsymbol{\theta}}\right|_{\boldsymbol{\theta}=\boldsymbol{\theta}_0}} \tag{2.60}$$

然后利用这个新的猜测值 $\boldsymbol{\theta}_1$ 作为新的线性化点，对函数 $\boldsymbol{g}$ 再次进行线性化，并重复前面的方法来求新的零值。也就是说，Newton-Raphson 迭代法是根据前一个猜测值 $\boldsymbol{\theta}_k$，求出新的猜测值 $\boldsymbol{\theta}_{k+1}$。它的迭代公式为

$$\boldsymbol{\theta}_{k+1}=\boldsymbol{\theta}_k-\frac{\boldsymbol{g}(\boldsymbol{\theta}_k)}{\left.\dfrac{\partial \boldsymbol{g}(\boldsymbol{\theta})}{\partial \boldsymbol{\theta}}\right|_{\boldsymbol{\theta}=\boldsymbol{\theta}_k}} \tag{2.61}$$

算法收敛的条件是 $\boldsymbol{\theta}_{k+1}=\boldsymbol{\theta}_k$，且 $\boldsymbol{g}(\boldsymbol{\theta}_k)=0$。于是，Newton-Raphson 迭代法可以变为

$$\boldsymbol{\theta}_{k+1}=\boldsymbol{\theta}_k-\left[\frac{\partial^2 \ln p(\boldsymbol{x};\boldsymbol{\theta})}{\partial \boldsymbol{\theta}\partial \boldsymbol{\theta}^{\mathrm{T}}}\right]^{-1}\left.\frac{\partial \ln p(\boldsymbol{x};\boldsymbol{\theta})}{\partial \boldsymbol{\theta}}\right|_{\boldsymbol{\theta}=\boldsymbol{\theta}_k} \tag{2.62}$$

其中

$$\left[\frac{\partial^2 \ln p(\boldsymbol{x};\boldsymbol{\theta})}{\partial \boldsymbol{\theta}\partial \boldsymbol{\theta}^{\mathrm{T}}}\right]_{ij}=\frac{\partial^2 \ln p(\boldsymbol{x};\boldsymbol{\theta})}{\partial \theta_i \partial \theta_j}, \quad i,j=1,2,\cdots,p \tag{2.63}$$

为了减少运算量，在实现上述运算时，其实不需要求逆矩阵。式 (2.62) 可重写为

$$\left.\frac{\partial^2 \ln p(\boldsymbol{x};\boldsymbol{\theta})}{\partial \boldsymbol{\theta}\partial \boldsymbol{\theta}^{\mathrm{T}}}\right|_{\boldsymbol{\theta}=\boldsymbol{\theta}_k}\boldsymbol{\theta}_{k+1}=\left.\frac{\partial^2 \ln p(\boldsymbol{x};\boldsymbol{\theta})}{\partial \boldsymbol{\theta}\partial \boldsymbol{\theta}^{\mathrm{T}}}\right|_{\boldsymbol{\theta}=\boldsymbol{\theta}_k}\boldsymbol{\theta}_k-\left.\frac{\partial \ln p(\boldsymbol{x};\boldsymbol{\theta})}{\partial \boldsymbol{\theta}}\right|_{\boldsymbol{\theta}=\boldsymbol{\theta}_k} \tag{2.64}$$

从上式可以看出，通过同时求解 p 个联立的线性方程组，新的迭代值 $\boldsymbol{\theta}_{k+1}$ 可由前一个迭代值 $\boldsymbol{\theta}_k$ 求出。

值得注意的是，如果用 Fisher 信息矩阵代替对数似然函数的 Hessian 矩阵，可从 Newton-Raphson 迭代法推导得到另外一种迭代方法——得分法。它的迭代形式为

$$\boldsymbol{\theta}_{k+1} = \boldsymbol{\theta}_k - \boldsymbol{I}^{-1}(\boldsymbol{\theta}) \left.\frac{\partial \ln p(\boldsymbol{x};\boldsymbol{\theta})}{\partial \boldsymbol{\theta}}\right|_{\boldsymbol{\theta}=\boldsymbol{\theta}_k} \tag{2.65}$$

2. EM 算法

EM 算法的本质仍然是迭代运算，但是它在某些条件下可以保证收敛，而且在收敛处可以至少求出一个局部最大值。

在介绍 EM 算法之前，首先介绍完备数据集的概念。如果数据是相互独立的，那么初始数据集的 PDF 将可以因式分解为每一个数据集的 PDF，即最初的 p 维最小化问题可以被简化为 p 个单独的一维最小化问题，而一维的问题更易于求解。这时新的数据集 $y_1[n], y_2[n], \cdots, y_p[n]$ 就被称为完备数据集。

我们假设存在一个完备数据到不完备数据的变换，这个变换为

$$\boldsymbol{x} = \boldsymbol{g}(\boldsymbol{y}_1, \boldsymbol{y}_2, \cdots, \boldsymbol{y}_M) = \boldsymbol{g}(\boldsymbol{y})$$

函数 $\boldsymbol{g}$ 是一个多对一的变换。我们希望通过使 $\ln p_x(\boldsymbol{x};\boldsymbol{\theta})$ 最大来求得 $\boldsymbol{\theta}$ 的最大似然估计。求这个最大值很困难，因此我们可以求 $\ln p_y(\boldsymbol{y};\boldsymbol{\theta})$ 的最大值来代替。因为 $\boldsymbol{y}$ 无法求得，因此我们使用对数似然函数的条件数学期望来代替对数似然函数，即

$$E_{y|x}[\ln p_y(\boldsymbol{y};\boldsymbol{\theta})] = \int \ln p_y(\boldsymbol{y};\boldsymbol{\theta}) p(\boldsymbol{y}|\boldsymbol{x};\boldsymbol{\theta}) \mathrm{d}\boldsymbol{y} \tag{2.66}$$

注意到必须知道 $\boldsymbol{\theta}$ 才能确定 $p(\boldsymbol{y}|\boldsymbol{x};\boldsymbol{\theta})$，因此，对数似然函数的数学期望将作为当前的猜测。令 $\boldsymbol{\theta}_k$ 表示 $\boldsymbol{\theta}$ 的第 k 次猜测，于是就有了下面的 EM 算法：

E 步：确定完备数据的平均对数似然函数

$$\boldsymbol{U}(\boldsymbol{\theta}, \boldsymbol{\theta}_k) = \int \ln p_y(\boldsymbol{y};\boldsymbol{\theta}) p(\boldsymbol{y}|\boldsymbol{x};\boldsymbol{\theta}_k) \mathrm{d}\boldsymbol{y} \tag{2.67}$$

M 步：求使完备数据的平均对数似然函数最大的 $\boldsymbol{\theta}$ 值

$$\boldsymbol{\theta}_{k+1} = \arg\max_{\boldsymbol{\theta}} \boldsymbol{U}(\boldsymbol{\theta}, \boldsymbol{\theta}_k) \tag{2.68}$$

在收敛处很有可能就是最大似然估计。

2.6　本章小结

本章讨论了估计理论的基础知识。首先给出了估计性能的两个评估标准，分别是最小方差准则和线性无偏估计准则。如果估计量是无偏估计，那么最小方差

准则所对应的估计量被称为 MVU 估计量。如果估计量是数据的线性函数，那么这个估计量就是 BLUE。然而一般情况下，MVU 估计量很难求出，且数据与估计量并不一定呈线性关系。因此，一种常用的方法是确定估计量的 Cramer-Rao 下界，并且用 CRLB 作为估计性能评价的标准。本章中讨论了矢量参数及其变换与一般高斯情况下的 CRLB。由于 MVU 估计量并不是很容易求出，因此引入了最小二乘与最大似然估计量。它们尽管不是最佳的，但是仍然有着很高的应用价值。最小二乘估计的一个突出特点是它没有对观测数据进行任何概率假设，只需要假设一个信号模型。本章讨论了线性最小二乘估计、约束最小二乘估计、非线性最小二乘估计与序贯最小二乘估计，并简要给出了最小二乘估计问题的解法。最大似然估计虽然不是最优的，但是当观测数据足够多时，由于它的近似效率较高，因此在数据量大时是渐近有效的。本章讨论了它的定义和性质，并给出了几种求解最大似然估计量的方法。需要指出的是，求解非线性最小二乘估计与最大似然估计量都需要使用数值迭代方法，然而传统的迭代方法需要给定初值，而且迭代方法受初值的影响非常大。初值应该尽可能地接近真值，如果初值设置得不合适，就会导致原始问题陷入局部最优，从而导致问题求解失败。而下一章将要介绍的凸优化方法则有效地解决了该问题。通过将原始问题转化成一个凸问题，再用内点法就可以有效地收敛到全局最优解，且不用设定初值。定位问题是一个高度非线性的问题，它的 MVU 估计量不可解，而且不论是最小二乘估计模型还是最大似然估计模型，用传统的数值迭代方法求解都可能会导致求解失败。因此，在下一章将着重介绍凸优化理论，它也是求解定位问题的基础。

第 3 章　凸优化基本理论

针对后几章传感器网络目标定位问题中出现的各种凸优化问题，本章主要对凸优化理论做一个简单的回顾。首先介绍了凸优化中常用的基本术语和基本概念；然后分别给出了凸集和凸函数的定义、常用示例和保凸运算；接着通过引入 Lagrange 对偶给出了优化问题求解的最优性条件，即 KKT 条件；最后重点介绍了传感器网络目标定位问题中广泛使用的广义不等式约束及其相关的凸优化问题，主要包括半正定规划和二阶锥规划。

3.1　一般优化问题和凸优化问题

首先给出一般优化问题的表示形式和基本术语，然后给出凸优化问题的定义，最后给出两个简单线性约束的凸优化问题。

3.1.1　一般优化问题

数学优化问题或优化问题可以写为如下形式

$$\min_{\boldsymbol{x}} \quad f_0(\boldsymbol{x}) \tag{3.1a}$$

$$\text{s.t.} \quad f_i(\boldsymbol{x}) \leqslant b_i,\ i=1,2,\cdots,m \tag{3.1b}$$

其中，向量 $\boldsymbol{x}=[x_1,x_2,\cdots,x_n]^{\mathrm{T}}$ 称为问题的优化变量；函数 $f_0:\mathbb{R}^n\to\mathbb{R}$ 称为目标函数或代价函数；函数 $f_i:\mathbb{R}^n\to\mathbb{R}, i=1,2,\cdots,m$，称为约束函数；常数 $b_1,b_2,\cdots,b_m$ 称为约束上界或者约束边界。约束式 (3.1b) 包括等式约束以及后面章节提到的广义不等式约束。如果没有约束，我们称问题式 (3.1) 为无约束问题。如果目标函数不存在或恒等于常数，我们称问题式 (3.1) 为可行性问题。可行性问题可以用来判断约束是否一致，在目标定位问题中不常见，因此不做介绍。

对目标和所有约束函数定义点的集合

$$\mathcal{D}=\bigcap_{i=0}^{m}\mathrm{dom} f_i \tag{3.2}$$

称为优化问题式 (3.1) 的定义域。当点 $\boldsymbol{x}\in\mathcal{D}$ 满足约束 $f_i(\boldsymbol{x})\leqslant b_i(i=1,2,\cdots,m)$ 时，$\boldsymbol{x}$ 是可行的。当问题式 (3.1) 至少有一个可行点时，我们称问题可行，否则称不可行。所有可行点的集合称为可行集或约束集。

问题式 (3.1) 的最优值 p^* 定义为

$$p^*=\inf\{f_0(\boldsymbol{x})|f_i(\boldsymbol{x})\leqslant b_i,\quad i=1,2,\cdots,m\} \tag{3.3}$$

广义上来讲，我们允许 p^* 取值为 $\pm\infty$。如果问题不可行，我们有 $p^*=\infty$（空集的下确界为 ∞ ）。如果存在可行解 $\boldsymbol{x}_k$ 满足：当 $k\to\infty$ 时，$f_0(\boldsymbol{x}_k)\to-\infty$，那么 $p^*=-\infty$ 并且我们称问题无下界。

如果 $\boldsymbol{x}^*$ 是可行的，并且 $f_0(\boldsymbol{x}^*)=p^*$，我们称之为最优点，或 $\boldsymbol{x}^*$ 解决了问题式 (3.1)。所有最优解的集合称为最优集，记为

$$\mathcal{X}_{\text{opt}}=\{\boldsymbol{x}^*|f_i(\boldsymbol{x}^*)\leqslant b_i,\quad i=1,2,\cdots,m,\quad f_0(\boldsymbol{x}^*)=p^*\} \tag{3.4}$$

如果问题式 (3.1) 存在最优解，我们称最优解是可得或可达的，并称问题可解。如果 $\mathcal{X}_{\text{opt}}$ 是空集，我们称最优解是不可得或不可达的，这种情况下通常问题无下界。满足 $f_0(\boldsymbol{x})\leqslant p^*+\epsilon$（其中 $\epsilon>0$）的可行解 $\boldsymbol{x}$ 称为问题式 (3.1) 的 ϵ 次优解。所有 ϵ 次优解的集合称为问题式 (3.1) 的 ϵ 次优集。如果 $\boldsymbol{x}$ 在可行集内一个点周围极小化了 $f_0(\boldsymbol{x})$，称可行解 $\boldsymbol{x}$ 为局部最优解。

如果 $\boldsymbol{x}$ 可行且 $f_i(\boldsymbol{x})=b_i$，我们称约束的第 i 个不等式 $(f_i(\boldsymbol{x})\leqslant b_i)$ 在 $\boldsymbol{x}$ 处起作用；如果 $f_i(\boldsymbol{x})<b_i$，则约束 $f_i(\boldsymbol{x})\leqslant b_i$ 不起作用。因此对于所有可行解，等式约束总是起作用的。如果去掉某个约束而不改变可行集，我们称约束是冗余的。

通过对约束函数进行变形，可以将问题式 (3.1) 转换为优化问题的标准形式

$$\min_{\boldsymbol{x}}\quad f_0(\boldsymbol{x}) \tag{3.5a}$$

$$\text{s.t.}\quad f_i(\boldsymbol{x})\leqslant 0,\ i=1,2,\cdots,m \tag{3.5b}$$

$$h_i(\boldsymbol{x})=0,\ i=1,2,\cdots,p \tag{3.5c}$$

不等式 $f_i(\boldsymbol{x})\leqslant 0$ 称为不等式约束，相应的函数 $f_i:\mathbb{R}^n\to\mathbb{R}$ 被称为不等式约束函数。方程组 $h_i(\boldsymbol{x})\leqslant 0$ 称为等式约束，相应的函数 $h_i:\mathbb{R}^n\to\mathbb{R}$ 被称为等式约束函数。

3.1.2 凸优化问题

凸优化问题是指形如

$$\min_{\boldsymbol{x}}\quad f_0(\boldsymbol{x}) \tag{3.6a}$$

$$\begin{aligned} \text{s.t.} \quad & f_i(\boldsymbol{x}) \leqslant 0, \ i=1,2,\cdots,m & (3.6\text{b}) \\ & \boldsymbol{a}_i^{\mathrm{T}}\boldsymbol{x} = b_i, \ i=1,2,\cdots,p & (3.6\text{c}) \end{aligned}$$

的问题，其中 $f_0(\boldsymbol{x}), f_1(\boldsymbol{x}), \cdots, f_m(\boldsymbol{x})$ 为凸函数。对比问题式 (3.6) 和一般优化问题的标准形式 (3.5)，凸优化问题有三个附加的要求：

- 目标函数必须是凸的；
- 不等式约束必须是凸的；
- 等式约束函数 $h_i(\boldsymbol{x}) = \boldsymbol{a}_i^{\mathrm{T}}\boldsymbol{x} - b_i$ 必须是线性的（仿射的）。

凸优化问题的可行集是凸的，因为它是问题定义域 $\mathcal{D} = \bigcap_{i=0}^{m} \mathrm{dom} f_i$（凸集）、$m$ 个下水平集 $\{\boldsymbol{x}|f_i(\boldsymbol{x}) \leqslant 0\}$ 以及 p 个超平面 $\{\boldsymbol{x}|\boldsymbol{a}_i^{\mathrm{T}}\boldsymbol{x} = b_i\}$ 的交集。因此，在一个凸优化问题中，我们是在一个凸集上极小化一个凸的目标函数。相比于一般的优化问题，凸优化问题有众多优点：不仅任意局部最优解等于全局最优解，而且求解算法相对完善可靠。

如果稍作改变，我们也称

$$\begin{aligned} \max_{\boldsymbol{x}} \quad & f_0(\boldsymbol{x}) & (3.7\text{a}) \\ \text{s.t.} \quad & f_i(\boldsymbol{x}) \leqslant 0, \ i=1,2,\cdots,m & (3.7\text{b}) \\ & \boldsymbol{a}_i^{\mathrm{T}}\boldsymbol{x} = b_i, \ i=1,2,\cdots,p & (3.7\text{c}) \end{aligned}$$

这种凹函数的最大化问题也称为凸优化问题。如果目标函数 $f_0(\boldsymbol{x})$ 是凹的而不等式约束函数 $f_1(\boldsymbol{x}), f_2(\boldsymbol{x}), \cdots, f_m(\boldsymbol{x})$ 是凸的，这种凹函数最大化问题可以简单地通过极小化凸目标函数 $-f_0(\boldsymbol{x})$ 得以求解。

如果从一个问题的解很容易得到另一个问题的解，并且反之亦然，我们称这两个问题是等价的。下面给出一些常用的凸优化问题的等价变形技巧。

（1）消除等式约束：一个凸优化问题的等式约束必须是线性的，即具有 $\boldsymbol{A}\boldsymbol{x} = \boldsymbol{b}$ 的形式。在这种情况下，可以通过寻找 $\boldsymbol{A}\boldsymbol{x} = \boldsymbol{b}$ 的一个特解 $\boldsymbol{x}_0$ 和域为 $\boldsymbol{A}$ 的零空间的矩阵 $\boldsymbol{F}$ 来消除这些等式约束，即自变量 $\boldsymbol{x}$ 可以表示为 $\boldsymbol{x} = \boldsymbol{F}\boldsymbol{z} + \boldsymbol{x}_0$，从而得到关于自变量 $\boldsymbol{z}$ 的等价问题

$$\begin{aligned} \min_{\boldsymbol{z}} \quad & f_0(\boldsymbol{F}\boldsymbol{z} + \boldsymbol{x}_0) & (3.8\text{a}) \\ \text{s.t.} \quad & f_i(\boldsymbol{F}\boldsymbol{z} + \boldsymbol{x}_0) \leqslant 0, \ i=1,2,\cdots,m & (3.8\text{b}) \end{aligned}$$

上述问题中，关于问题式 (3.6) 的等式约束式 (3.6c) 已经被消除。因为凸函数和线性函数的复合函数依然是凸的，因此消除等式约束可以保持问题的凸性，而消除等式约束的过程只需利用标准的线性代数运算。消除等式约束在理论上意味着

可以集中注意力于不含有等式约束的凸优化问题。但是在很多情况下，由于消除等式约束会使问题变得更难以理解和求解，甚至使得求解算法失效，因此最好在问题中保留等式约束。例如，当自变量 $\boldsymbol{x}$ 维度很高时，消除等式约束可能破坏问题的稀疏性或其他有用的结构。

（2）引入等式约束：我们可以在凸优化问题中引入新的变量和等式约束，前提是等式约束是线性的，所得的优化问题仍然是凸的。例如，类似于上述消除等式约束的逆变换，如果目标函数或约束函数具有 $f_i(\boldsymbol{A}_i\boldsymbol{x}+\boldsymbol{b}_i)$ 的形式，其中 $\boldsymbol{A}_i \in \mathbb{R}^{k_i\times n}$。我们可以引入新的变量 $\boldsymbol{y}_i \in \mathbb{R}^{k_i}$，用 $f_i(\boldsymbol{y}_i)$ 替换 $f_i(\boldsymbol{A}_i\boldsymbol{x}+\boldsymbol{b}_i)$ 并添加新的线性等式约束 $\boldsymbol{y}_i = \boldsymbol{A}_i\boldsymbol{x}+\boldsymbol{b}_i$。

（3）引入松弛变量：通过对 $f_i(\boldsymbol{x}) \leqslant 0$ 引入松弛变量 s_i，我们可以得到新的等式约束 $f_i(\boldsymbol{x})+s_i=0$。因为凸优化问题中的等式约束必须是线性的，所以 $f_i(\boldsymbol{x})$ 须为自变量的线性函数。换言之，为线性不等式引入松弛变量可以保持问题的凸性不变。

（4）上境图形式：凸优化问题式 (3.6) 的上境图形式为

$$\min_{\boldsymbol{x},t} \quad t \tag{3.9a}$$

$$\text{s.t.} \quad f_0(\boldsymbol{x})-t \leqslant 0 \tag{3.9b}$$

$$f_i(\boldsymbol{x}) \leqslant 0,\ i=1,2,\cdots,m \tag{3.9c}$$

$$\boldsymbol{a}_i^{\mathrm{T}}\boldsymbol{x}=b_i,\ i=1,2,\cdots,p \tag{3.9d}$$

目标函数是线性的，并且新的约束函数 $f_0(\boldsymbol{x})-t$ 也是 $(\boldsymbol{x},t)$ 上的凸函数，所以上境图问题也是凸的。由于任何凸优化问题都可以轻易地转化为具有线性目标函数的凸问题，因此也称线性目标函数对凸优化问题是普适的。凸优化问题的上境图形式具有一些实际的用途，通过假设凸优化问题的目标函数为线性的，既可以简化理论分析，也可以简化算法。

凸优化问题的解并非一个解析表达式，但是和线性规划问题类似，存在很多有效的算法求解凸优化问题。在实际应用中，内点法较为有效。在一些情况下，可以证明内点法可以在多项式时间内以给定精度求解凸优化问题。

从应用角度来讲，使用凸优化和使用线性规划类似。如果将某个问题表述为凸优化问题，我们就能迅速有效地进行求解。事实上，优化问题的分水岭不是线性和非线性，而是凸性和非凸性。可以夸张一点讲，如果某个问题可以表述为凸优化问题，那么事实上已经解决了这个问题。然而，一般凸优化问题和线性规划问题还有很大差异，如判断线性规划问题非常直接，而凸优化问题的识别却比较困难。因此，判断某个问题是否属于凸优化问题或识别哪些问题可以转换为凸优化问题不仅非常重要，而且具有挑战性。凸优化问题由约束函数和定义域形成的凸集合和一个凸的目标函数组成，所以如何判定凸集合和凸函数是转化和求解凸优化问题的基础。

3.1.3　常见线性约束的凸优化问题

（1）线性规划问题： 一类比较重要的优化问题是线性规划（Linear Programming，LP）问题，也是凸优化问题的一种特殊情况，其中目标函数和所有的约束函数均为线性函数，线性规划问题可以表述如下

$$\min_{\boldsymbol{x}} \quad \boldsymbol{c}^{\mathrm{T}}\boldsymbol{x} \tag{3.10a}$$

$$\text{s.t.} \quad \boldsymbol{a}_i^{\mathrm{T}}\boldsymbol{x} \leqslant b_i,\ i=1,2,\cdots,m \tag{3.10b}$$

其中，向量 $\boldsymbol{c},\boldsymbol{a}_1,\boldsymbol{a}_2,\cdots,\boldsymbol{a}_n \in \mathbb{R}^n$, $b_1,b_2,\cdots,b_m \in \mathbb{R}$ 是问题参数。它们决定了目标函数和约束函数。同一个凸优化问题，其表达形式可进行等价变形且不唯一。式(3.10) 称为不等式形式的线性规划。可通过引入松弛变量和定义非负变量等技巧转化为如下标准形式的线性规划问题

$$\min_{\boldsymbol{x}} \quad \boldsymbol{c}^{\mathrm{T}}\boldsymbol{x} \tag{3.11a}$$

$$\text{s.t.} \quad \boldsymbol{A}\boldsymbol{x}=\boldsymbol{b} \tag{3.11b}$$

$$\boldsymbol{x} \succeq \boldsymbol{0} \tag{3.11c}$$

虽然线性规划问题的解并非一个简单的解析表达式，但存在很多非常有效的求解线性规划问题的方法，包括 Dantzig 的单纯形法和最近几十年发展起来的内点法。尽管不能给出求解线性规划问题所需算术运算的确切次数，但对于给定求解精度，内点法可以给出所需要的算术运算次数的严格上界，其求解复杂度正比于 n^2m（假设 $n \geqslant m$），但是比例系数不好确定。可以说，求解绝大部分线性规划问题是一项成熟的技术，线性规划的求解程序已嵌入很多工具箱和应用软件中。

（2）二次规划问题： 当凸优化问题的目标函数是凸二次型的并且约束函数是线性的时，该问题称为二次规划（Quadratic Programming，QP）问题。二次规划问题可以表示为

$$\min_{\boldsymbol{x}} \quad \frac{1}{2}\boldsymbol{x}^{\mathrm{T}}\boldsymbol{P}\boldsymbol{x}+\boldsymbol{q}^{\mathrm{T}}\boldsymbol{x}+r \tag{3.12a}$$

$$\text{s.t.} \quad \boldsymbol{G}\boldsymbol{x} \succeq \boldsymbol{h} \tag{3.12b}$$

$$\boldsymbol{A}\boldsymbol{x}=\boldsymbol{b} \tag{3.12c}$$

其中，$\boldsymbol{P} \in \mathbb{S}^n, \boldsymbol{G} \in \mathbb{R}^{m\times n}, \boldsymbol{A} \in \mathbb{R}^{p\times n}$。二次规划问题可以从几何角度理解为在多面体上极小化一个二次函数。如果 Hessian 矩阵 $\boldsymbol{P}$ 是半正定矩阵，我们称式(3.12) 是凸二次规划，此时二次规划的求解难度与线性规划相当。对于非凸的二次规划，即 Hessian 矩阵非半正定，那么可能会因为存在许多局部最优解而导致求解难度增加。

3.2 凸集

3.2.1 凸集定义

若集合 $\mathcal{C}$ 被称为凸集，则其中任意两点间的线段仍然在 $\mathcal{C}$ 中，即对任意 x_1, $x_2 \in \mathcal{C}$ 和 $0 \leqslant \theta \leqslant 1$ 都有

$$\theta x_1 + (1-\theta)x_2 \in \mathcal{C}$$

直观讲，如果集合中的每一点都可以被其他点沿着它们之间一条无阻碍的路径看见，那么这个集合就是凸集。无阻碍是指整条路径都在集合中。显然，空集 $\varnothing$、任意一个点 x_0 和全空间 $\mathbb{R}^n$ 都是凸集。下面给出一些常见的凸集及其定义。

3.2.2 常见凸集及其定义

（1）凸锥：如果对于任意 $x \in \mathcal{C}$ 和 $\theta \geqslant 0$ 都有 $\theta x \in \mathcal{C}$，我们称集合是锥或者非负齐次。进一步如果集合 $\mathcal{C}$ 是锥，并且是凸的，则称 $\mathcal{C}$ 为凸锥，即对于任意 $x_1, x_2 \in \mathcal{C}$ 和 $\theta_1, \theta_2 \geqslant 0$，都有

$$\theta_1 x_1 + \theta_2 x_2 \in \mathcal{C}$$

直观讲，具有此类形式的点构成了二维的扇形，这个扇形以 0 为顶点，边通过 x_1 和 x_2。显然，凸锥满足凸集的定义。

（2）超平面与半空间：超平面是具有下面形式的集合

$$\{\boldsymbol{x}|\boldsymbol{a}^{\mathrm{T}}\boldsymbol{x} = b\}$$

其中，$\boldsymbol{a} \in \mathbb{R}^n, \boldsymbol{a} \neq 0$ 且 $b \in \mathbb{R}$。从解析角度来看，超平面是关于 $\boldsymbol{x}$ 的非平凡线性方程的解空间。从几何角度来看，$\{\boldsymbol{x}|\boldsymbol{a}^{\mathrm{T}}\boldsymbol{x} = b\}$ 可以解释为以 $\boldsymbol{a}$ 为法线方向的超平面，而常数 b 决定了这个平面从原点的偏移。

（3）Euclid 球和椭球：$\mathbb{R}^n$ 空间中的 Euclid 球具有以下形式

$$\mathcal{B}(\boldsymbol{x}_c, r) = \{\boldsymbol{x}|\ \|\boldsymbol{x}-\boldsymbol{x}_c\|_2 \leqslant r\} = \{\boldsymbol{x}|(\boldsymbol{x}-\boldsymbol{x}_c)^{\mathrm{T}}(\boldsymbol{x}-\boldsymbol{x}_c) \leqslant r^2\}$$

其中，$r>0$，$\|\cdot\|_2$ 表示欧几里得范数（Euclid 范数）。向量 $\boldsymbol{x}_c$ 是球心，标量 r 为半径。$\mathcal{B}(\boldsymbol{x}_c,r)$ 由距离球心 $\boldsymbol{x}_c$ 距离不超过 r 的所有点组成。

另外一类相关的凸集是椭球，它们具有如下的形式

$$\mathcal{E}=\{\boldsymbol{x}|(\boldsymbol{x}-\boldsymbol{x}_c)^{\mathrm{T}}\boldsymbol{P}^{-1}(\boldsymbol{x}-\boldsymbol{x}_c)\leqslant 1\}$$

其中，$\boldsymbol{P}=\boldsymbol{P}^{\mathrm{T}}\succ 0$，即 $\boldsymbol{P}$ 是对称正定矩阵。向量 $\boldsymbol{x}_c\in\mathbb{R}^n$ 为椭球的中心。矩阵 $\boldsymbol{P}$ 决定了椭球从 $\boldsymbol{x}_c$ 向各个方向扩展的幅度。

（4）范数球和范数锥：$\|\cdot\|$ 是 $\mathbb{R}^n$ 中的范数，如 L_p 范数 $\|\boldsymbol{x}\|_p=(\Sigma_{i=1}^n|x_i|^p)^{1/p}$。与 Euclid 球类似，由范数的一般性质可知，以 r 为半径、$\boldsymbol{x}_c$ 为球心的范数球 $\{\boldsymbol{x}|\|\boldsymbol{x}-\boldsymbol{x}_c\|\leqslant r\}$ 是凸的。关于范数 $\|\cdot\|$ 的范数锥是集合，即

$$\mathcal{C}=\{(\boldsymbol{x},t)|\,\|\boldsymbol{x}\|\leqslant t\}$$

当范数是 L_2 范数（Euclid 范数）时，称集合 $\mathcal{C}$ 是 $\mathbb{R}^{n+1}$ 中的二阶锥。

（5）多面体：多面体被定义为有限个线性等式和不等式的解集，即

$$\mathcal{P}=\{\boldsymbol{x}|\,\boldsymbol{a}_j^{\mathrm{T}}\boldsymbol{x}\leqslant b_j,j=1,2,\cdots,q,\ \mathbf{c}_j^{\mathrm{T}}\boldsymbol{x}=d_j,j=1,2,\cdots,p\}$$

因此，多面体是有限个半空间和超平面的交集。超平面、子空间、直线、射线、线段和半空间都是多面体。显而易见，多面体是凸集。

（6）半正定锥：我们用 $\mathbb{S}^n$ 表示 $n\times n$ 对称矩阵的集合，即

$$\mathbb{S}^n=\{\boldsymbol{X}\in\mathbb{R}^{n\times n}|\,\boldsymbol{X}=\boldsymbol{X}^{\mathrm{T}}\}$$

这是一个维数为 $n(n+1)/2$ 的向量空间。我们用 $\mathbb{S}_+^n$ 表示对称半正定矩阵的集合，即

$$\mathbb{S}_+^n=\{\boldsymbol{X}\in\mathbb{S}^n|\,\boldsymbol{X}\succeq\mathbf{0}\}$$

通过凸锥的定义可以验证，对称半正定矩阵的集合 $\mathbb{S}_+^n$ 是一种凸锥，故称半正定锥。用 $\mathbb{S}_{++}^n$ 表示对称正定矩阵的集合，即

$$\mathbb{S}_{++}^n=\{\boldsymbol{X}\in\mathbb{S}^n|\,\boldsymbol{X}\succ\mathbf{0}\}$$

半正定锥在基于凸优化的传感器网络目标定位研究中应用广泛，后面章节介绍广义不等式时会再一次涉及。

（7）下水平集与上境图：函数 $f:\mathbb{R}^n\to\mathbb{R}$ 的 α 下水平集定义为

$$\mathcal{C}_\alpha=\{\boldsymbol{x}\in\mathrm{dom}f|f(\boldsymbol{x})\leqslant\alpha\}$$

对于任意 α 值，凸函数的下水平集仍然是凸集。但反过来不一定正确，某个函数的下水平集是凸集，但该函数可能不是凸函数。函数的下水平集为凸集是函数为凸函数的必要条件，而不是充分条件。如果一个函数其定义域和下水平集都是凸集，那么我们称此函数为拟凸函数。因此函数上境图为凸集是函数为拟凸函数的充分必要条件。

函数 $f:\mathbb{R}^n \to \mathbb{R}$ 的上境图定义为

$$\text{epi}f = \{(\boldsymbol{x},t)|\boldsymbol{x} \in \text{dom}f, f(\boldsymbol{x}) \leqslant t\}$$

它是 $\mathbb{R}^{n+1}$ 空间的一个子集。凸集和凸函数的联系可以通过上境图建立：一个函数是凸函数，当且仅当其上境图是凸集。函数上境图为凸集是函数为凸函数的充分必要条件。

（8）线性矩阵不等式的解集：不等式

$$\boldsymbol{A}(\boldsymbol{x}) = x_1\boldsymbol{A}_1 + x_2\boldsymbol{A}_2 + \cdots + x_n\boldsymbol{A}_n \preceq \boldsymbol{B}$$

称为关于 $\boldsymbol{x}$ 的线性矩阵不等式（LMI），其中 $\boldsymbol{B},\boldsymbol{A}_i \in \mathbb{S}^m$。线性矩阵不等式的解集 $\{\boldsymbol{x}\,|\,\boldsymbol{A}(\boldsymbol{x}) \preceq \boldsymbol{B}\}$ 是凸集。

3.2.3 凸集合的保凸运算

本小节将描述一些保凸运算，包括交集运算和仿射运算。利用它们，可以用上述的基本凸集构造出其他凸集。

（1）交集运算是保凸的：如果 $\mathcal{S}_1$ 和 $\mathcal{S}_2$ 是凸集，那么 $\mathcal{S}_1 \cap \mathcal{S}_2$ 也是凸集。这个性质可以扩展到无穷个集合的交。

（2）仿射运算也是保凸的：如果函数 $f:\mathbb{R}^n \to \mathbb{R}^m$ 是一个线性函数和一个常数的和，即具有 $f(\boldsymbol{x}) = \boldsymbol{A}\boldsymbol{x} + \boldsymbol{b}$ 的形式，其中 $\boldsymbol{A} \in \mathbb{R}^{m\times n}, \boldsymbol{b} \in \mathbb{R}^m$，则我们称该函数是仿射的。假设 $\mathcal{S} \subseteq \mathbb{R}^n$ 是凸的，并且 $f:\mathbb{R}^n \to \mathbb{R}^m$ 是仿射函数，那么，$\mathcal{S}$ 在 f 下的像

$$f(\mathcal{S}) = \{f(\boldsymbol{x})|\,\boldsymbol{x} \in \mathcal{S}\}$$

是凸的。类似地，如果 $f:\mathbb{R}^k \to \mathbb{R}^n$ 是仿射函数，那么 $\mathcal{S}$ 在 f 下的原像

$$f^{-1}(\mathcal{S}) = \{\boldsymbol{x}|\,f(\boldsymbol{x}) \in \mathcal{S}\}$$

是凸的。简单地说，仿射函数能保持凸集合的像或原像的凸性。

3.3 凸函数

3.3.1 凸函数定义

对于函数 $f:\mathbb{R}^n \to \mathbb{R}$，如果函数定义域 $\text{dom}f$ 是凸集，并且对于任意的 $\boldsymbol{x},\boldsymbol{y} \in \text{dom}f$ 和任意的 $0 \leqslant \theta \leqslant 1$，都有

$$f(\theta\boldsymbol{x}+(1-\theta)\boldsymbol{y}) \leqslant \theta f(\boldsymbol{x})+(1-\theta)f(\boldsymbol{y}) \tag{3.13}$$

我们称函数 f 是凸函数。如果式 (3.13) 中的不等式在 $\boldsymbol{x}\neq\boldsymbol{y}$ 以及 $0<\theta<1$ 时严格成立，称函数 f 是严格凸的。如果函数 $-f$ 是凸的，那么称 f 是凹函数。如果 f 是关于自变量的线性函数，那么不等式 (3.13) 在等号处成立，因此所有线性函数都是既凸且凹的。

3.3.2　凸函数判断条件

一般情况下，可以通过凸函数定义来判断一个函数是否是凸函数。然而凸函数定义的验证相对比较烦琐。如果目标函数满足一定的可微条件，可以通过如下方法判断其凸性。

（1）一阶条件：如果函数 f 一阶可微（即其梯度 ∇f 在开集 $\mathrm{dom}f$ 内处处存在），则函数 f 是凸函数的充要条件是 $\mathrm{dom}f$ 是凸集，且对于任意 $\boldsymbol{x},\boldsymbol{y}\in\mathrm{dom}f$，下式成立

$$f(\boldsymbol{y}) \geqslant f(\boldsymbol{x})+\nabla f(\boldsymbol{x})^{\mathrm{T}}(\boldsymbol{y}-\boldsymbol{x}) \tag{3.14}$$

式 (3.14) 表明，对于一个凸函数，其一阶 Taylor 近似实质上是原函数的一个全界下估计。

（2）二阶条件：如果函数 f 二阶可微（即对于开集 $\mathrm{dom}f$ 内任意一点，其 Hessian 矩阵或者二阶导数 $\nabla^2 f$ 存在），则函数 f 是凸函数的充要条件是 $\mathrm{dom}f$ 是凸集，且对于任意 $\boldsymbol{x}\in\mathrm{dom}f$，其 Hessian 矩阵是半正定矩阵，即下式成立

$$\nabla f^2(\boldsymbol{x}) \succeq \mathbf{0} \tag{3.15}$$

式 (3.15) 从几何上可以理解为函数图像在点 $\boldsymbol{x}$ 处具有正（向上）的曲率。

3.3.3　常见凸函数

本小节给出一些凸函数或凹函数的例子，均可以通过凸函数定义或凸函数判断条件验证函数的凸性。其中 $\mathbb{R}_+^n=\{\boldsymbol{x}\in\mathbb{R}^n|\,\boldsymbol{x}\succeq\mathbf{0}\}$，$\mathbb{R}_{++}^n=\{\boldsymbol{x}\in\mathbb{R}^n|\,\boldsymbol{x}\succ\mathbf{0}\}$。

（1）　指数函数：对任意 $a\in\mathbb{R}$，函数 e^{ax} 在 $\mathbb{R}$ 上是凸的。

（2）幂函数：当 $a\geqslant1$ 或 $a\leqslant0$ 时，函数 x^a 在 $\mathbb{R}_{++}$ 上是凸的。当 $0\leqslant a\leqslant1$ 时，函数 x^a 在 $\mathbb{R}_{++}$ 上是凹的。

（3）　绝对值幂函数：当 $p\geqslant1$ 时，函数 $|x|^p$ 在 $\mathbb{R}$ 上是凸的。

（4）　对数函数：函数 $\log(x)$ 在 $\mathbb{R}_{++}$ 上是凹函数。

（5）　负熵：函数 $x\log(x)$ 在 $\mathbb{R}_{++}$ 上是凸函数。

（6）　范数：$\mathbb{R}^n$ 上的任意范数均为凸函数。

（7）最大值函数：函数 $f(\boldsymbol{x}) = \max\{x_1, x_2, \cdots, x_n\}$ 在 $\mathbb{R}^n$ 上是凸的。

（8）二次线性分式函数：函数 $f(x, y) = x^2/y$ 在其定义域为 $\mathrm{dom}f = \mathbb{R} \times \mathbb{R}_{++} = (x, y) \in \mathbb{R}^2 | y > 0$ 时是凸函数。

（9）指数和的对数：函数 $f(\boldsymbol{x}) = \log(\mathrm{e}^{x_1} + \mathrm{e}^{x_2} + \cdots + \mathrm{e}^{x_n})$ 在定义域 $\mathrm{dom}f = \mathbb{R}^n$ 上是凸函数。

（10）对数行列式：函数 $f(\boldsymbol{X}) = \log(\det \boldsymbol{X})$ 在定义域 $\mathrm{dom}f = \mathbb{R}_{++}$ 上是凹函数。

（11）几何平均数：函数 $f(\boldsymbol{x}) = \left(\prod_{i=1}^{n} x_i\right)^{1/n}$ 在定义域 $\mathrm{dom}f = \mathbb{R}_{++}$ 上是凹函数。

3.3.4 凸函数的保凸运算

（1）非负加权求和：凸函数的集合本身是一个凸锥，因此凸函数的非负加权求和仍然是凸函数。即如果函数 $f_i, i = 1, 2, \cdots, n$ 都是凸函数，那么对于 $\omega_i \geqslant 0, i = 1, 2, \cdots, n$，函数 $f = \sum_{i=1}^{n} \omega_i f_i$ 也是凸函数。

（2）复合函数：给定函数 $h : \mathbb{R}^k \to \mathbb{R}$ 以及 $g : \mathbb{R}^n \to \mathbb{R}^k$，定义复合函数为 $f = h \circ g : \mathbb{R}^n \to \mathbb{R}$ 为

$$f(\boldsymbol{x}) = h(g(\boldsymbol{x})),\ \mathrm{dom}f = \{\boldsymbol{x} \in \mathrm{dom}g \,|\, g(\boldsymbol{x}) \in \mathrm{dom}h\} \tag{3.16}$$

下面给出当函数 f 是凸函数时的条件。

- 如果 h 是凸函数且在每维分量上 h 非减，g_i 是凸函数，则 f 是凸函数。
- 如果 h 是凸函数且在每维分量上 h 非增，g_i 是凹函数，则 f 是凸函数。

其中 g_i 表示矢量函数 g 中第 i 个分量函数。

3.4 Lagrange 对偶与 KKT 条件

对 Lagrange 对偶问题的研究有助于建立一般优化问题解的最优性条件: Karush-Kuhn-Tucker（KKT）条件。KKT 条件在优化领域有着重要的作用。在一些特殊的情形下，是可以解析求解 KKT 条件的，也因此可以求解凸优化问题。进一步而言，在大多数情形下，很多求解凸优化问题的方法可以认为或者理解为求解 KKT 条件的方法。可以看出，KKT 条件对于优化问题的求解尤为重要。

3.4.1 Lagrange 对偶函数

考虑标准形式的优化问题式 (3.5)，自变量为 $\boldsymbol{x} \in \mathbb{R}^n$ ，定义域为 $\mathcal{D}$ 是非空集合，优化问题的最优值为 p^* 。注意这里并没有假设问题是凸优化问题。首先

定义问题式 (3.5) 的 Lagrange 函数 $L:\mathbb{R}^n\times\mathbb{R}^m\times\mathbb{R}^p\to\mathbb{R}$ 为

$$L(\boldsymbol{x},\boldsymbol{\lambda},\boldsymbol{\nu})=f_0(\boldsymbol{x})+\sum_{i=1}^{m}\lambda_i f_i(\boldsymbol{x})+\sum_{i=1}^{p}\nu_i h_i(\boldsymbol{x})$$

其中，定义域为 $\text{dom}L=\mathcal{D}\times\mathbb{R}^m\times\mathbb{R}^p$；$\lambda_i$ 称为第 i 个不等式约束 $f_i(\boldsymbol{x})\leqslant 0$ 对应的 Lagrange 乘子；ν_i 称为第 i 个等式约束 $h_i(\boldsymbol{x})=0$ 对应的 Lagrange 乘子；向量 $\boldsymbol{\lambda}$ 和 $\boldsymbol{\nu}$ 称为对偶变量或者问题式 (3.5) 的 Lagrange 乘子向量。

定义 Lagrange 对偶函数（或对偶函数）$g:\mathbb{R}^m\times\mathbb{R}^p\to\mathbb{R}$ 为 Lagrange 函数关于 $\boldsymbol{x}$ 取得的最小值，即对 $\boldsymbol{\lambda}\in\mathbb{R}^m$，$\boldsymbol{\nu}\in\mathbb{R}^p$ 有

$$g(\boldsymbol{\lambda},\boldsymbol{\nu})=\inf_{\boldsymbol{x}\in\mathcal{D}}L(\boldsymbol{x},\boldsymbol{\lambda},\boldsymbol{\nu})=\inf_{\boldsymbol{x}\in\mathcal{D}}\left(f_0(\boldsymbol{x})+\sum_{i=1}^{m}\lambda_i f_i(\boldsymbol{x})+\sum_{i=1}^{p}\nu_i h_i(\boldsymbol{x})\right)$$

如果 Lagrange 函数关于 $\boldsymbol{x}$ 无下界，则对偶函数取值为 $-\infty$ 。因为对偶函数是一族关于 $(\boldsymbol{\lambda},\boldsymbol{\nu})$ 的线性函数的逐点下确界，所以即使原问题式 (3.5) 不是凸的，对偶函数也是凹函数。可以看出，对偶函数给出了原问题式 (3.5) 最优值的下界，即对于任意 $\boldsymbol{\lambda}\succeq\mathbf{0}$ 和 $\boldsymbol{\nu}$，下式成立

$$g(\boldsymbol{\lambda},\boldsymbol{\nu})\leqslant p^*$$

3.4.2 Lagrange 对偶问题

对于任意一组 $(\boldsymbol{\lambda},\boldsymbol{\nu})$，其中 $\boldsymbol{\lambda}\succeq\mathbf{0}$，Lagrange 对偶函数给出了优化问题式 (3.5) 的最优值 p^* 的下界，因此，我们可以得到和参数 $\boldsymbol{\lambda},\boldsymbol{\nu}$ 相关的一个下界。一个自然的问题是，从 Lagrange 对偶函数能够得到的最好下界是什么？这个问题可以表述为下面的优化问题

$$\max_{\boldsymbol{\lambda},\boldsymbol{\nu}}\quad g(\boldsymbol{\lambda},\boldsymbol{\nu}) \tag{3.17a}$$

$$\text{s.t.}\quad \boldsymbol{\lambda}\succeq\mathbf{0} \tag{3.17b}$$

上述问题称为问题式 (3.5) 的 Lagrange 对偶问题，相对而言，问题式 (3.5) 也被称为原问题。如果有一组 $(\boldsymbol{\lambda},\boldsymbol{\nu})$ 是对偶问题式 (3.17) 的一个可行解，称 $(\boldsymbol{\lambda},\boldsymbol{\nu})$ 是对偶可行的。如果 $(\boldsymbol{\lambda}^*,\boldsymbol{\nu}^*)$ 是对偶问题式 (3.17) 的最优解，称解 $(\boldsymbol{\lambda}^*,\boldsymbol{\nu}^*)$ 是对偶最优解或者是最优 Lagrange 乘子。需要注意的是，Lagrange 对偶问题式 (3.17) 是一个凸优化问题，这是因为极大化的目标函数是凹函数，且约束集合是凸集。因此对偶问题的凸性与原问题是否是凸优化问题无关。

对于 Lagrange 对偶问题的最优值，我们用 d^* 表示。根据 Lagrange 对偶问题定义可知

$$d^* \leqslant p^* \tag{3.18}$$

即使当 d^* 和 p^* 无限时，上述不等式也成立。例如，如果原问题无下界，即 $p^* = -\infty$，此时 $d^* = -\infty$，即 Lagrange 对偶问题不可行。同样，若对偶问题无上界，即 $d^* = \infty$，此时 $p^* = \infty$，即原问题不可行。

定义差值 $p^* - d^*$ 是原问题的最优对偶间隙，它给出了原问题最优值与通过 Lagrange 对偶函数所能得到的最好（最大）下界之间的差值。根据式(3.18)可知最优对偶间隙总是非负的。

3.4.3 KKT 条件

现在假设函数 $f_0, f_1, \cdots, f_m, h_1, h_2, \cdots, h_p$ 可微（因此定义域是开集），但是并不假设这些函数是凸函数。令 $\boldsymbol{x}^*$ 和 $(\boldsymbol{\lambda}^*, \boldsymbol{\nu}^*)$ 分别是原问题和对偶问题的某对最优解，对偶间隙为零。那么以下条件成立

$$f_i(\boldsymbol{x}^*) \leqslant 0,\ i = 1, 2, \cdots, m \tag{3.19a}$$

$$h_i(\boldsymbol{x}^*) = 0,\ i = 1, 2, \cdots, p \tag{3.19b}$$

$$\lambda_i^* \geqslant 0,\ i = 1, 2, \cdots, m \tag{3.19c}$$

$$\lambda_i^* f_i(\boldsymbol{x}^*) = 0,\ i = 1, 2, \cdots, m \tag{3.19d}$$

$$\nabla f_0(\boldsymbol{x}^*) + \sum_{i=1}^{m} \lambda_i^* \nabla f_i(\boldsymbol{x}^*) + \sum_{i=1}^{p} \nu_i^* \nabla h_i(\boldsymbol{x}^*) = 0 \tag{3.19e}$$

我们称上式为 KKT 条件。式(3.19a)和式(3.19b) 表示满足原问题约束，式(3.19c) 表示满足对偶问题约束，式(3.19d) 称为互补松弛条件，式(3.19e) 表示 $L(\boldsymbol{x}, \boldsymbol{\lambda}^*, \boldsymbol{\nu}^*)$ 关于 $\boldsymbol{x}$ 求极小并在 $\boldsymbol{x}^*$ 处取得最小值。对于目标函数和约束函数可微的任意优化问题，如果最优对偶间隙为零，那么任意一对原问题的最优解和对偶问题的最优解必须满足 KKT 条件。对于目标函数和约束函数可微的任意凸优化问题，任意满足 KKT 条件的点分别是原问题和对偶问题的最优解，且最优对偶间隙为零。

3.5 广义不等式约束的凸优化问题

3.5.1 广义不等式

我们需要通过正常锥来定于广义不等式。对于一个锥 $\mathcal{K} \subseteq \mathbb{R}^n$，如果它满足下列条件：

- $\mathcal{K}$ 是凸的；
- $\mathcal{K}$ 是闭的；
- $\mathcal{K}$ 是实的，即具有非空内部；
- $\mathcal{K}$ 是尖的，即不包含直线（或等价的，$\boldsymbol{x} \in \mathcal{K}, -\boldsymbol{x} \in \mathcal{K} \Rightarrow \boldsymbol{x} = \boldsymbol{0}$）。

我们称锥 $\mathcal{K}$ 为正常锥。利用正常锥，可以定义如下关于 $\mathbb{R}^n$ 中的广义不等式关系

$$\boldsymbol{x} \preceq_{\mathcal{K}} \boldsymbol{y} \Rightarrow \boldsymbol{y} - \boldsymbol{x} \in \mathcal{K}$$

关于广义不等式的定义比较抽象，下面给出两个常用的正常锥及其衍生的广义不等式。

1. 非负象限及分量不等式

非负象限 $\mathcal{K} = \mathbb{R}_+^n$ 是一个正常锥。相应的广义不等式对应于向量分量之间的不等式，即 $\boldsymbol{x} \preceq_{\mathbb{R}_+^n} \boldsymbol{y}$ 等价于 $x_i \leqslant y_i, i = 1, 2, \cdots, n$。由于在实际应用中经常使用对应于非负象限的广义不等式，因此常省略下标 $\mathbb{R}_+^n$，即当 $\preceq$ 出现在向量之间时，该符号默认被理解为分量不等式。可以看到当 $\mathcal{K} = \mathbb{R}_+$ 时，非负象限的广义不等式退化为一般的标量不等式。

2. 半正定锥和矩阵不等式

半正定锥 $\mathcal{K} = \mathbb{S}_+^n$ 是 $\mathbb{S}^n$ 空间的正常锥。相应的广义不等式就是通常的矩阵不等式，即 $\boldsymbol{X} \preceq_{\mathbb{S}_+^n} \boldsymbol{Y}$ 等价于 $\boldsymbol{Y} - \boldsymbol{X}$ 为半正定矩阵。同样，这里也由于实际应用中经常使用这种半正定锥的广义不等式，因此常省略下标 $\mathbb{S}_+^n$，即当 $\preceq$ 出现在对称矩阵之间时，该符号默认被理解为半正定锥的广义不等式。

广义不等式 $\preceq_{\mathcal{K}}$ 具有如下性质：

（1）**加法保序性**：如果 $\boldsymbol{x} \preceq_{\mathcal{K}} \boldsymbol{y}$，并且 $\boldsymbol{u} \preceq_{\mathcal{K}} \boldsymbol{v}$，那么 $\boldsymbol{x} + \boldsymbol{u} \preceq_{\mathcal{K}} \boldsymbol{y} + \boldsymbol{v}$。

（2）**传递性**：如果 $\boldsymbol{x} \preceq_{\mathcal{K}} \boldsymbol{y}$，并且 $\boldsymbol{y} \preceq_{\mathcal{K}} \boldsymbol{z}$，那么 $\boldsymbol{x} \preceq_{\mathcal{K}} \boldsymbol{z}$。

（3）**非负数乘保序性**：如果 $\boldsymbol{x} \preceq_{\mathcal{K}} \boldsymbol{y}$，并且 $\alpha \geqslant 0$，那么 $\alpha\boldsymbol{x} \preceq_{\mathcal{K}} \alpha\boldsymbol{y}$。

（4）**自反性**：$\boldsymbol{x} \preceq_{\mathcal{K}} \boldsymbol{x}$。

（5）**反对称性**：如果 $\boldsymbol{x} \preceq_{\mathcal{K}} \boldsymbol{y}$，并且 $\boldsymbol{y} \preceq_{\mathcal{K}} \boldsymbol{x}$，那么 $\boldsymbol{x} = \boldsymbol{y}$。

3.5.2　广义不等式约束的凸优化

通过将凸优化问题式 (3.6) 中的不等式约束扩展为向量形式，并使用广义不等式，可以得到标准形式凸优化问题式 (3.6) 的一个非常有用的推广，即

$$\min_{\boldsymbol{x}} \quad f_0(\boldsymbol{x}) \tag{3.20a}$$

$$\text{s.t.} \quad f_i(\boldsymbol{x}) \preceq_{\mathcal{K}} \boldsymbol{0},\ i=1,2,\cdots,m \tag{3.20b}$$

$$\boldsymbol{A}\boldsymbol{x}=\boldsymbol{b} \tag{3.20c}$$

其中，$f_0:\mathbb{R}^n \rightarrow \mathbb{R}$, $\mathcal{K}_i \subseteq \mathbb{R}^{k_i}$ 为正常锥，$f_i:\mathbb{R}^n \rightarrow \mathbb{R}^{k_i}$ 为凸的。我们称此问题为广义不等式意义下的标准形式凸优化问题。问题式 (3.6) 也可以被理解为当 $\mathcal{K}_i=\mathbb{R}_+, i=1,2,\cdots,m$ 时的特殊情况。

在广义不等式的凸优化问题中，最简单的是锥形式问题（或称为锥规划），它有线性目标函数和一个不等式约束函数，即

$$\min_{\boldsymbol{x}} \quad \boldsymbol{c}^{\mathrm{T}}\boldsymbol{x} \tag{3.21a}$$

$$\text{s.t.} \quad \boldsymbol{f}(\boldsymbol{x})+\boldsymbol{g} \preceq_{\mathcal{K}} \boldsymbol{0} \tag{3.21b}$$

$$\boldsymbol{A}\boldsymbol{x}=\boldsymbol{b} \tag{3.21c}$$

当 $\mathcal{K}$ 是非负象限时，锥形式问题退化为线性规划。我们可以将锥形式问题视为线性规划的推广，其中分量不等式被替换为广义线性不等式。

3.5.3 半正定规划

当 $\mathcal{K}$ 为 $\mathbb{S}_+^k$，即 $k\times k$ 半正定矩阵锥时，相应的锥形式问题称为半正定规划（Semi-Definite Programming，SDP），并具有如下形式

$$\min_{\boldsymbol{x}} \quad \boldsymbol{c}^{\mathrm{T}}\boldsymbol{x} \tag{3.22a}$$

$$\text{s.t.} \quad x_1\boldsymbol{F}_1+x_2\boldsymbol{F}_2+\cdots+x_n\boldsymbol{F}_n+\boldsymbol{G} \preceq \boldsymbol{0} \tag{3.22b}$$

$$\boldsymbol{A}\boldsymbol{x}=\boldsymbol{b} \tag{3.22c}$$

其中，$\boldsymbol{G},\boldsymbol{F}_1,\boldsymbol{F}_2,\cdots,\boldsymbol{F}_n \in \mathbb{S}^m$，$\boldsymbol{A}\in\mathbb{R}^{p\times n}$。这里的不等式是线性矩阵不等式（LMI）。如果矩阵 $\boldsymbol{G},\boldsymbol{F}_1,\boldsymbol{F}_2,\cdots,\boldsymbol{F}_n$ 为对角阵，那么 SDP 问题式 (3.22) 退化为线性规划问题。

标准形式的 SDP 问题具有对变量的线性等式约束和矩阵的“非负约束”，即

$$\min_{\boldsymbol{x}} \quad \mathrm{Tr}(\boldsymbol{C}\boldsymbol{X}) \tag{3.23a}$$

$$\text{s.t.} \quad \mathrm{Tr}(\boldsymbol{A}_i\boldsymbol{X})=b_i\,, i=1,2,\cdots,p \tag{3.23b}$$

$$\boldsymbol{X} \succeq \boldsymbol{0} \tag{3.23c}$$

其中，$\boldsymbol{C},\boldsymbol{A}_1,\boldsymbol{A}_2,\cdots,\boldsymbol{A}_p \in \mathbb{S}^n$，$\mathrm{Tr}(\boldsymbol{C}\boldsymbol{X})=\sum_{i,j=1}^n C_{ij}X_{ij}$ 是 $\mathbb{S}^n$ 上一般实值线性函数的形式。对比 SDP 问题的标准形式(3.23) 和线性规划的标准形式 (3.11)，二者都是在变量的 p 个线性等式约束和变量非负约束下极小化变量的线性函数。

3.5.4 二阶锥规划

还有一种锥形式问题称为二阶锥规划（Second-Order Cone Programming，SOCP），具有如下形式

$$\min_{\boldsymbol{x}} \quad \boldsymbol{c}^{\mathrm{T}}\boldsymbol{x} \tag{3.24a}$$

$$\text{s.t.} \quad -(\boldsymbol{A}_i\boldsymbol{x}+\boldsymbol{b}_i, \boldsymbol{C}_i^{\mathrm{T}}\boldsymbol{x}+d_i) \preceq_{\mathcal{K}_i} \boldsymbol{0},\ i=1,2,\cdots,m \tag{3.24b}$$

$$\boldsymbol{F}\boldsymbol{x}=\boldsymbol{g} \tag{3.24c}$$

其中，$\boldsymbol{A}_i \in \mathbb{R}^{n_i\times n}$, $\boldsymbol{b}_i \in \mathbb{R}^{n_i}$, $\boldsymbol{C}_i \in \mathbb{R}^{n}$, $d_i \in \mathbb{R}$, $\boldsymbol{F} \in \mathbb{R}^{n}$, $\boldsymbol{g} \in \mathbb{R}$，且 $\mathcal{K}_i$ 表示 $\mathbb{R}^{n_i+1}$ 中的二阶锥，即

$$\mathcal{K}_i = \{(\boldsymbol{y},t) \in \mathbb{R}^{n_i+1} \mid \|\boldsymbol{y}\|_2 \leqslant t\}$$

因此根据上述二阶锥定义，SOCP 问题式(3.24)也可以表示为

$$\min_{\boldsymbol{x}} \quad \boldsymbol{c}^{\mathrm{T}}\boldsymbol{x} \tag{3.25a}$$

$$\text{s.t.} \quad \|\boldsymbol{A}_i\boldsymbol{x}+\boldsymbol{b}_i\| \leqslant \boldsymbol{C}_i^{\mathrm{T}}\boldsymbol{x}+d_i,\ i=1,2,\cdots,m \tag{3.25b}$$

$$\boldsymbol{F}\boldsymbol{x}=\boldsymbol{g} \tag{3.25c}$$

可以看出，当 $\boldsymbol{A}_i=\boldsymbol{O}$ 时，SOCP 问题退化为一般的线性规划问题。

3.6 本章小结

本章主要对凸优化理论做了简单的介绍。首先介绍了凸优化中常用的基本术语和基本概念；然后分别给出了凸集和凸函数的定义、常用示例和保凸运算；接着通过引入 Lagrange 对偶给出了优化问题求解的最优性条件，即 KKT 条件；最后重点介绍了传感器网络目标定位问题中广泛使用的广义不等式约束及其相关的凸优化问题，主要包括半正定规划和二阶锥规划。后面章节将会进一步看到，在传感器网络目标定位中的优化问题会同时出现半正定约束和二阶锥约束，即混合的半正定规划和二阶锥规划。因为这两类约束一般通过对原问题进行松弛得到，所以该类定位问题也称具有半正定松弛约束和二阶锥松弛约束的凸优化问题。

第 4 章 基于到达时间的传感器网络目标定位

4.1 引言

当将 TOA 模型用于目标定位时，通常假设目标节点和锚节点是协同的。然而，这要求传感器节点之间具有高精度的时间同步，在实际应用中难以实现。对于基于 TOA 的同步定位问题，每个传感器与目标之间的距离量测都可以直接获取，如全球定位系统（GPS），这样就可以很容易地进行目标位置估计。对于未知信号传输初始时间的异步 TOA 定位问题，有三种方法来处理：第一种方法是将 TOA 定位问题转换为 TDOA 定位问题，再用 TDOA 定位相关方法得到目标位置估计 [45,67]，但是，将 TOA 量测转化为 TDOA 量测会导致信噪比降低 3dB[68]；第二种方法是使用已知的 TOA 量测和已知的传感器坐标值来共同估计信号传输初始时间和目标位置 [44,62,69]；第三种方法是使用 TOF 量测 [70,71]，TOF 量测使用双向测距技术，主要利用信号在锚节点和目标节点间往返的飞行时间来测量节点间的距离。

目前的研究已经表明，在解决 TOA 定位问题时，使用最小二乘估计和最大似然估计都会得到高度非线性的目标函数。为了处理此非线性问题并避免陷入优化问题的局部最优解，通常会将优化问题转换为一个可以有效解决的凸问题，从而在多项式时间内得出全局最优解。在文献 [45] 中，Yang 等人通过考虑所有成对的 TOA 量测的差异，提出了一种基于 TDOA 的鲁棒目标定位方法，该方法将原始最大似然估计问题转换为凸优化问题。类似地，文献 [67] 的作者通过将非凸等式放宽为凸的矩阵不等式，并将其扩展到非视距（Non-Line of Sight，NLOS）情况，从而给出了另一种基于半正定规划的目标定位方法。对于 TOA 定位问题，在文献 [44] 中，Xu 等人提出了两种基于半正定规划的目标定位方法，即两步最小二乘方法和 min-max 方法。此外，文献 [62] 和文献 [69] 的作者分别提出了两种基于 TOA 的鲁棒目标定位方法，分别针对传感器位置的不确定性和非视距误差。

上述提到的目标定位方法均假设融合中心已经获得了较准确的带噪声的原始 TOA 量测。但是，由于通信资源和通信带宽的严格限制，在资源有限的无线传感器网络中，如水声传感器网络，这一点并不能被始终保证。在将量测传输到融合中心之前，每个传感器都需要对量测进行量化，融合中心在接收到量化后的量测后，再估计出目标位置[72]。在这种问题框架下，文献 [73,74] 中提出了两种基于量化 TOA 的目标定位方法，分别使用了分布式梯度方法和贝叶斯压缩感知方法。应当注意的是，在资源受限的传感器网络中的每个传感器都以低传输速率发送低功率信号，以减少能量和带宽损耗，因此，不能始终保证每个传感器与融合中心之间的理想通信。而这种非理想的数据交换不可避免地会导致目标位置估计方法性能的下降。在文献 [75] 中，Ozdemir 等人将通信信道统计信息与基于 RSS 的目标定位问题相结合，并称之为“基于信道感知的目标定位”。文献 [76,77] 也研究了目标跟踪问题中的无线信道非理想性的问题。此外，文献 [78] 的作者开发了三种基于无线信道和 RSS 的最大似然估计方法，并推导了相应的 CRLB，在这些方法中，作者采用具有通过粗网格搜索得出的初始值的单纯形搜索方法来最大化基于最大似然估计的目标函数。尽管在基于 RSS 的目标定位中考虑了严格的功率和通信带宽约束，但最大似然估计器的求解过程仍存在不收敛的问题。同时，这样的求解器潜在地导致融合中心处更高的计算复杂度。鉴于现有信道感知目标定位方法的上述局限性，本章通过在资源受限的传感器网络中融合通信信道的非理想性，提出了一种基于量化 TOA 的 SDP 目标定位方法，并扩展到了锚节点存在位置误差的情况。

大多数文献针对传感器节点位置误差均基于以下假设——节点位置的误差向量均遵循协方差矩阵已知的高斯分布，但是这种假设并不总是成立的。在这里，我们以水下无线传感器网络为例。首先，被锚链拉着的锚节点位置误差并不总是遵循高斯分布，因为这些节点被固定在海床上的锚链牵制，并随水流而随机流动；其次，在时变环境下获得锚节点位置误差的统计数据并不容易。因此，研究人员提出了一种锚节点位置存在误差情况的新模型。该模型不需要锚节点位置误差的先验知识或统计信息，而仅假设位置误差向量模的最大值已知，即锚节点位置误差的上限已知，该模型被称为最大值模型。

本章提出了一种在传感器与融合中心之间存在误码传输的情况下使用量化异步 TOA 量测的目标定位方法，主要内容与组织结构如下：4.2 节对基于量化 TOA 的目标定位问题进行了建模，将无线通信信道非理想性传输的特性和量化的异步 TOA 量测融合在一起，以估计在资源受限情况下具有严格功率和通信带宽约束的传感器网络中的目标位置；4.3 节提出了两个命题，利用 Jensen 不等式和半正定松弛法将原始的非凸最大似然优化问题转换为凸优化问题，共同估计信号传输初始时间和目标位置；4.4 节在每个传感器与融合中心之间均为非理想信道通信的情况下，将 4.3 节提出的方法扩展到了锚节点存在位置误差的情况，使用最大值模型处理位置误差，并对位置误差进行单独处理；4.5 节推导了 4.3 节提出方法的 CRLB；4.6 节从性能仿真角度分析了本章所提出方法的有效性及实用性；4.7 节是本章小结。

4.2 问题描述

考虑一个无线传感器网络，该无线传感器网络具有 N 个分布式传感器，传感器的位置坐标为 $\boldsymbol{x}_i \in \mathbb{R}^n$, $i = 1, \cdots, N$ 。其中，$n = 2$ 和 $n = 3$ 分别对应传感器网络节点所在空间是二维的和三维的。每个传感器都根据要定位的目标节点传输或反射的特定信号得出 TOA 量测。第 i 个传感器上的异步 TOA 量测 t_i 可建模为

$$t_i = \frac{1}{c}\|\boldsymbol{x}_i - \boldsymbol{y}\| + t_0 + \varepsilon_i \tag{4.1}$$

其中，c 是信号传播速度；$\|\cdot\|$ 是欧几里得范数；$\boldsymbol{y} \in \mathbb{R}^n$ 是 n 维矢量，它表示未知的目标位置的坐标；t_0 是目标传输或反射信号时的未知的信号传输初始时间；而 ε_i 是具有零均值和方差为 σ_i^2 的加性高斯噪声，即 $\varepsilon_i \sim \mathcal{N}(0, \sigma_i^2)$。这里，为简单起见，假设 N 个传感器具有相同的噪声方差，即对于 $i = 1, \cdots, N$ 都有 $\sigma_i^2 = \sigma^2$。值得注意的是，式(4.1)中的 TOA 量测模型限于非视距传播和混响的影响可以忽略不计的情况。

根据 TOA 量测统计数据的高斯假设，可以使用最大似然估计来定位目标，即

$$\hat{\boldsymbol{y}} = \arg\min_{\boldsymbol{y}, t_0} \sum_{i=1}^{N} \frac{1}{\sigma^2}\left(t_i - \frac{1}{c}\|\boldsymbol{x}_i - \boldsymbol{y}\| - t_0\right)^2 \tag{4.2}$$

可以看到，在式 (4.2) 中共同估计了初始传输时间和目标位置，即通过式(4.1)中原始的 TOA 量测 $t_i(i = 1, \cdots, N)$ 可以估计出目标的位置坐标。但是，这种模型对于具有资源受限节点的无线传感器网络是不切实际的，在这种类型的无线传感器网络中，传感器节点将量化的量测结果传输到融合中心，通过这种方式减少能耗，从而减轻传感器节点的负担。

在这里，我们考虑一个目标定位系统，该系统如图 4.1所示。每个传感器的原始 TOA 量测在发送到融合中心之前都经过量化。第 i 个传感器处的量化结果 m_i 为

$$m_i = \begin{cases} 0 & \gamma_{i,0} < t_i \leqslant \gamma_{i,1} \\ 1 & \gamma_{i,1} < t_i \leqslant \gamma_{i,2} \\ \vdots & \vdots \\ L-1 & \gamma_{i,L-1} < t_i \leqslant \gamma_{i,L} \end{cases} \tag{4.3}$$

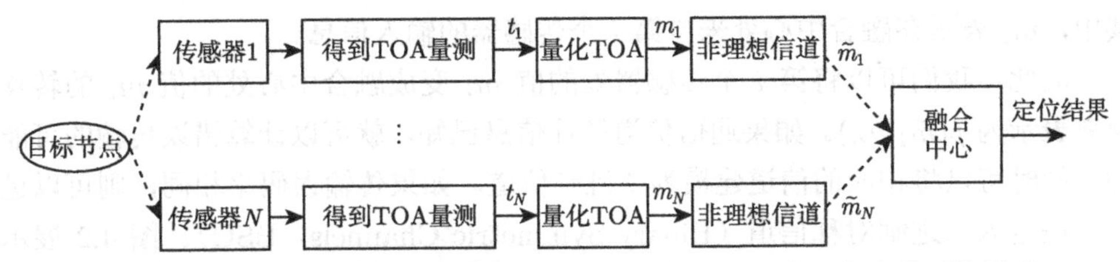

图 4.1　资源受限的无线传感器网络中的基于量化 TOA 的目标定位系统模型

其中，$\gamma_{i,0}, \gamma_{i,1}, \cdots, \gamma_{i,L}$ 是用于 $m = \log_2 L$ 比特量化器的预设好的量化门限值，L 是量化级数。因此，N 个传感器的量化 TOA 量测可以表示为

$$\boldsymbol{m} = [m_1, m_2, \cdots, m_N]^{\mathrm{T}} \tag{4.4}$$

其中，$(\cdot)^{\mathrm{T}}$ 表示转置操作。根据式(4.1) 中的 TOA 量测模型的高斯假设和式(4.3)中的量测量化，可以得出 $p(m_i|\boldsymbol{\theta})$，也就是以未知矢量参数 $\boldsymbol{\theta} \stackrel{\text{def}}{=} [t_0, \boldsymbol{y}^{\mathrm{T}}]^{\mathrm{T}}$ 为条件的第 i 个传感器进行量化取值的条件概率，其表达式为

$$p(m_i|\boldsymbol{\theta}) = \begin{cases} Q\left(\dfrac{\gamma_{i,0} - \tilde{t}_i}{\sigma}\right) - Q\left(\dfrac{\gamma_{i,1} - \tilde{t}_i}{\sigma}\right) & m_i = 0 \\ Q\left(\dfrac{\gamma_{i,1} - \tilde{t}_i}{\sigma}\right) - Q\left(\dfrac{\gamma_{i,2} - \tilde{t}_i}{\sigma}\right) & m_i = 1 \\ \vdots & \vdots \\ Q\left(\dfrac{\gamma_{i,L-1} - \tilde{t}_i}{\sigma}\right) - Q\left(\dfrac{\gamma_{i,L} - \tilde{t}_i}{\sigma}\right) & m_i = L-1 \end{cases} \tag{4.5}$$

其中

$$\tilde{t}_i \stackrel{\text{def}}{=} t_0 + \frac{\| \boldsymbol{x}_i - \boldsymbol{y} \|}{c} \tag{4.6}$$

式中的 $Q(\cdot)$ 是标准高斯分布的互补分布函数，其表达式为

$$Q(x) = \int_x^{+\infty} \frac{1}{\sqrt{2\pi}} \exp\left(-\frac{1}{2}t^2\right) \mathrm{d}t \tag{4.7}$$

每个传感器与融合中心之间的无线通信信道都是非理想信道，这可能导致从传感器到融合中心的量化传输发生错误。在这里，N 个传感器传输到融合中心处的输入矢量表示为 $\tilde{\boldsymbol{m}} \in \mathbb{R}^N$，其表达式为

$$\tilde{\boldsymbol{m}} = [\tilde{m}_1, \tilde{m}_2, \cdots, \tilde{m}_N]^{\mathrm{T}} \tag{4.8}$$

其中，$\tilde{m}_i$ 表示在融合中心处来自第 i 个传感器的输入信息。

因此，我们可以将第 i 个传感器处的值 m_i 变成融合中心处的值 $\tilde{m}_i$ 的转移概率表示为 $p(\tilde{m}_i|m_i)$。如果通信信道统计信息已知，就可以计算错误传输的可能性，同时可以将相应的信道建模为二进制信道。如果传输误码率相同，则可以进一步假定为二进制对称信道（Binary Symmetric Channels，BSC）。图 4.2 展示了 BSC 信道模型。

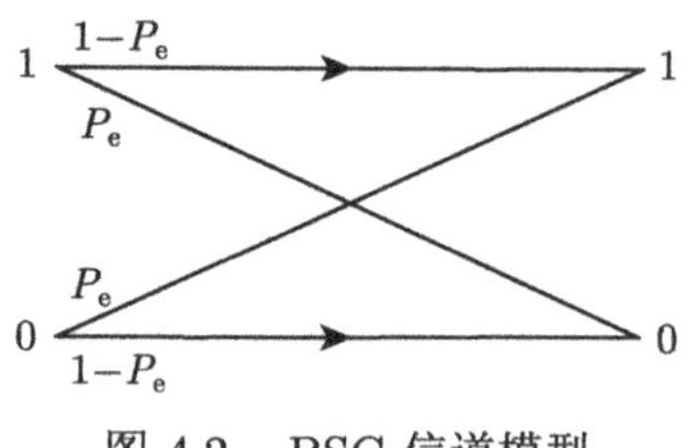

图 4.2　BSC 信道模型

在每个传感器与融合中心之间都按位传输的假设下，$p(\tilde{m}_i|m_i)$ 是 BSC 的误比特率（Bit Error Rate，BER）P_e 的函数。在这里，为简单起见，我们假设传感器和融合中心之间的每个通道都具有相同的 BER。因此，$p(\tilde{m}_i|m_i)$ 可以表示为

$$p(\tilde{m}_i|m_i) = P_{\mathrm{e}}^{N_{\mathrm{e},i}}(1 - P_{\mathrm{e}})^{m-N_{\mathrm{e},i}} \tag{4.9}$$

其中，$N_{\mathrm{e},i} \stackrel{\mathrm{def}}{=} \sum(\tilde{m}_i \oplus m_i)$，$\oplus$ 是按位异或运算。注意，$N_{\mathrm{e},i}$ 是在第 i 个传感器处从 m_i 到 $\tilde{m}_i$ 发生错误传输的位数。根据式 (4.8)中的输入向量，在融合中心处，可以基于 ML 估计器估计目标位置，其表达式为

$$\begin{aligned}\hat{\boldsymbol{y}} &= \arg\max_{\boldsymbol{y},t_0} \lg p(\tilde{\boldsymbol{m}}|\boldsymbol{\theta}) \\ &= \arg\max_{\boldsymbol{y},t_0} \sum_{i=1}^{N} \lg p(\tilde{m}_i|\boldsymbol{\theta}) \\ &= \arg\max_{\boldsymbol{y},t_0} \sum_{i=1}^{N} \lg \sum_{m_i=0}^{L-1} p(\tilde{m}_i|m_i)p(m_i|\boldsymbol{\theta})\end{aligned} \tag{4.10}$$

其中，$\tilde{m}_i$ 的相关表达式为

$$p(\tilde{m}_i|\boldsymbol{\theta}) = \sum_{m_i=0}^{L-1} p(\tilde{m}_i|m_i)p(m_i|\boldsymbol{\theta}) \tag{4.11}$$

这里 $\boldsymbol{\theta}, m_i, \tilde{m}_i$ 形成了一个马尔可夫链。式(4.10) 中的 ML 优化问题是未知参数 $\boldsymbol{\theta}$ 的非凸函数，这意味着在没有良好初始点的情况下难以获得其全局最优解。

4.3　基于量化 TOA 的 SDP 目标定位方法

如前所述，基于最大似然估计的优化问题是一个非线性非凸问题，它较容易陷入局部最小值，因此，解决此问题是一项具有挑战性的工作。另外，未知初始传输时间 t_0 的存在也会降低方法性能。这些因素促使我们在资源受限的传感器网络中寻求替代方法求解目标定位问题。

在本章中，我们将同时考虑量化效应和传感器节点与融合中心之间的非理想性传输，并提出一种新的目标定位方法，该方法可以联合估计信号初始传输时间和目标位置。非凸 ML 优化问题可以通过半正定松弛转化为凸问题，从而保证了在多项式时间内可以收敛到全局最优。

为了有效地解决 ML 优化问题，可以通过找到原始非凸目标函数的下限来重新构造它。首先，我们可以得出，基于最大似然估计的优化问题可以被松弛为一个次最优优化问题，即如下命题成立：

命题 1　式(4.10)中的原始最大似然估计问题可以被松弛为如下的次最优优化问题

$$\hat{\boldsymbol{y}} = \arg\max_{\boldsymbol{y},t_0} \sum_{i=1}^{N}\sum_{m=0}^{L-1} K_{i,m} \lg p(m_i = m|\boldsymbol{\theta}) \tag{4.12}$$

其中，$K_{i,m}$ 的定义式为

$$K_{i,m} \stackrel{\text{def}}{=} \frac{p(\tilde{m}_i|m_i = m)}{\sum\limits_{m=0}^{L-1} p(\tilde{m}_i|m_i = m)} \tag{4.13}$$

$\lg p(m_i = m|\boldsymbol{\theta})$ 的定义式为

$$\begin{aligned}&\lg p(m_i = m|\boldsymbol{\theta})\\ =&\lg\left[Q\left(\frac{\gamma_{i,m}-\tilde{t}_i}{\sigma}\right)-Q\left(\frac{\gamma_{i,m+1}-\tilde{t}_i}{\sigma}\right)\right]\\ =&\lg\frac{1}{\sqrt{2\pi}}\int_{\frac{\gamma_{i,m}-\tilde{t}_i}{\sigma}}^{\frac{\gamma_{i,m+1}-\tilde{t}_i}{\sigma}}\exp\left(-\frac{t^2}{2}\right)\mathrm{d}t\end{aligned} \tag{4.14}$$

这里，$\tilde{t}_i$ 和 $Q(\cdot)$ 的定义参见式(4.6) 和式(4.7)。

证明　式(4.10)中的目标函数符合以下不等关系

$$\lg p(\tilde{\boldsymbol{m}}|\boldsymbol{\theta}) \geqslant \sum_{i=1}^{N}\left\{\frac{\sum\limits_{m=0}^{L-1} p(\tilde{m}_i|m_i=m)\lg p(m_i=m|\boldsymbol{\theta})}{\sum\limits_{m=0}^{L-1} p(\tilde{m}_i|m_i=m)} + \lg\left[\sum_{m=0}^{L-1} p(\tilde{m}_i|m_i=m)\right]\right\} \tag{4.15}$$

该不等式的导出利用了 Jensen 不等式。当一个函数是非凸函数时，该不等式的基本形式为

$$\lg\left(\frac{\sum a_i x_i}{\sum a_i}\right) \geqslant \frac{\sum a_i \lg(x_i)}{\sum a_i} \tag{4.16}$$

式 (4.15) 还可以进一步写成

$$\begin{aligned}\lg p(\tilde{\boldsymbol{m}}|\boldsymbol{\theta}) &\geqslant \sum_{i=1}^{N}\lg\sum_{m=0}^{L-1} p(\tilde{m}_i|m_i=m) \\ &\quad + \sum_{i=1}^{N}\sum_{m=0}^{L-1} K_{i,m}\lg p(m_i=m|\boldsymbol{\theta}) \\ &\stackrel{\text{def}}{=} \phi(\boldsymbol{y},t_0)=\phi(\boldsymbol{\theta})\end{aligned} \tag{4.17}$$

显然，我们可以看到 $\phi(\boldsymbol{y},t_0)$ 是未知参数 $\boldsymbol{\theta}$ 的对数似然函数的下界。因此，总是存在一个 ϵ 满足 $\phi(\boldsymbol{\theta}^{\star}) \geqslant \phi^{*}-\epsilon$ ，其中 $\phi^{*} \stackrel{\text{def}}{=} \sup\{\lg p(\tilde{\boldsymbol{m}}|\boldsymbol{\theta})\}$ 是式 (4.10) 最优化问题的最优值。因此，可行解 $\boldsymbol{\theta}^{\star}$ 是原始优化问题的 ϵ-次最优解。这样，可以将式 (4.10)的次最优优化问题改写为

$$\begin{aligned}\hat{\boldsymbol{y}} &= \arg\max_{\boldsymbol{y},t_0}\ \phi(\boldsymbol{\theta}) \\ &= \arg\max_{\boldsymbol{y},t_0}\sum_{i=1}^{N}\sum_{m=0}^{L-1} K_{i,m}\lg p(m_i=m|\boldsymbol{\theta})\end{aligned} \tag{4.18}$$

其中式 (4.17)中右侧的第一项被忽略，因为它与未知参数无关。根据式(4.5)，可以得到式(4.14)成立。

容易验证函数 $\lg p(m_i=m|\boldsymbol{\theta})$ 在 $\gamma_{i,m+1} > \gamma_{i,m}$ 的条件下是一个对数凹函数，且这个结论对于式(4.5)中所有的量化过程都成立。因此，式(4.12) 中的目标函数

是一个凹函数。但是，这样的一个凸的次最优优化问题不能用 CVX 工具箱直接解决，因为它不满足规范的凸编程规则。

接下来，我们进一步将式 (4.12) 中的次最优优化问题松弛为另一个优化问题。为此，有以下命题成立。

命题 2　式(4.12)中的优化问题可以被松弛为以下具有二次形式的优化问题

$$\hat{\boldsymbol{y}} = \arg\min_{\boldsymbol{y},t_0} \sum_{i=1}^{N}\sum_{m=0}^{L-1} K_{i,m}\left(\frac{\|\boldsymbol{x}_i - \boldsymbol{y}\|}{c} + t_0 - \bar{\gamma}_{i,m}\right)^2 \tag{4.19}$$

其中

$$\bar{\gamma}_{i,m} \overset{\text{def}}{=} \frac{\gamma_{i,m+1} + \gamma_{i,m}}{2} \tag{4.20}$$

证明　根据 Jensen 不等式，对于任何满足 $f(x) > 0$ 的可积函数，有

$$\lg\left[\frac{1}{b-a}\int_a^b f(x)\mathrm{d}x\right] \geqslant \frac{1}{b-a}\int_a^b \lg f(x)\mathrm{d}x \tag{4.21}$$

故式(4.12)中目标函数的核心项可以写成

$$\begin{aligned} \lg\ p(m_i = m|\boldsymbol{\theta}) &= \lg\frac{1}{\sqrt{2\pi}}\int_{\frac{\gamma_{i,m}-\bar{t}_i}{\sigma}}^{\frac{\gamma_{i,m+1}-\bar{t}_i}{\sigma}} \exp\left(-\frac{t^2}{2}\right)\mathrm{d}t \\ &\geqslant \frac{\sigma}{\gamma_{i,m+1}-\gamma_{i,m}}\int_{\frac{\gamma_{i,m}-t_i-t_0}{\sigma}}^{\frac{\gamma_{i,m+1}-t_i-t_0}{\sigma}} \left(-\frac{t^2}{2}\right)\mathrm{d}t + D_{i,m} \end{aligned} \tag{4.22}$$

其中常量 $D_{i,m}$ 的表达式为

$$D_{i,m} \overset{\text{def}}{=} \lg\frac{1}{\sqrt{2\pi}} - \lg\frac{\sigma}{\gamma_{i,m+1}-\gamma_{i,m}} \tag{4.23}$$

所以，式(4.22)可以被简化为

$$\lg p(m_i = m|\boldsymbol{\theta}) = -\frac{1}{2\sigma^2}\left(\frac{\|\boldsymbol{x}_i - \boldsymbol{y}\|}{c} + t_0 - \bar{\gamma}_{i,m}\right)^2 + \underbrace{D_{i,m} + E_{i,m}}_{C_{i,m}} \tag{4.24}$$

这里，

$$E_{i,m} \overset{\text{def}}{=} -\frac{(\gamma_{i,m+1}-\gamma_{i,m})^2}{24\sigma^2} \tag{4.25}$$

$$C_{i,m} = D_{i,m} + E_{i,m} \tag{4.26}$$

这样，次最优优化问题式 (4.12) 可以被进一步松弛为

$$\hat{\boldsymbol{y}} = \arg\max_{\boldsymbol{y},t_0} \sum_{i=1}^{N} \sum_{m=0}^{L-1} \left[-\frac{K_{i,m}}{2\sigma^2} \left(\frac{\|\boldsymbol{x}_i - \boldsymbol{y}\|}{c} + t_0 - \bar{\gamma}_{i,m} \right)^2 + K_{i,m} C_{i,m} \right] \tag{4.27}$$

其中常量 $C_{i,m}$ 在优化问题中被忽略，因为它对优化问题没有影响。故命题 2 成立。

从松弛优化问题式 (4.19) 中，我们可以看到目标函数的核心项是 $\left(\frac{\|\boldsymbol{x}_i - \boldsymbol{y}\|}{c} + t_0 - \bar{\gamma}_{i,m} \right)^2$，其中 $\bar{\gamma}_{i,m} = \frac{\gamma_{i,m+1} + \gamma_{i,m}}{2}$。显然，对于特定的量化值 m，门限值 $\gamma_{i,m+1}$ 和 $\gamma_{i,m}$ 的平均值被视为各个传感器的伪距。加权项 $K_{i,m}$ 以及求和运算被用于对各个传感器与融合中心之间的非理想性传输建模。

接下来，我们应用半正定松弛法来推导凸优化问题的最终形式。引入辅助变量

$$\tau_i = \frac{\|\boldsymbol{x}_i - \boldsymbol{y}\|}{c}, \ 1 \leqslant i \leqslant N \tag{4.28}$$

同时定义 $\boldsymbol{g} = [\tau_1, \tau_2, \cdots, \tau_N, t_0]^{\mathrm{T}}$；$\bar{\boldsymbol{\gamma}}_m = [\bar{\gamma}_{1,m}, \bar{\gamma}_{2,m}, \cdots, \bar{\gamma}_{N,m}]^{\mathrm{T}}$；$\boldsymbol{K}_m = \mathrm{diag}\{[K_{1,m}, \cdots, K_{N,m}]^{\mathrm{T}}\}$；$\boldsymbol{B} = [\boldsymbol{I}, \boldsymbol{1}]_{N\times N+1}$，式中 $\boldsymbol{1} = [1, 1, \cdots, 1]^{\mathrm{T}}_{N\times 1}$。根据以上定义，可以将式(4.19)中的目标函数改写为

$$\sum_{m=0}^{L-1} (\boldsymbol{B}\boldsymbol{g} - \bar{\boldsymbol{\gamma}}_m)^{\mathrm{T}} \boldsymbol{K}_m (\boldsymbol{B}\boldsymbol{g} - \bar{\boldsymbol{\gamma}}_m) \tag{4.29}$$

它可以进一步被改写为

$$\begin{bmatrix} \boldsymbol{B}\boldsymbol{g} \\ 1 \end{bmatrix}^{\mathrm{T}} \begin{bmatrix} \boldsymbol{A} & \boldsymbol{b} \\ \boldsymbol{b}^{\mathrm{T}} & c \end{bmatrix} \begin{bmatrix} \boldsymbol{B}\boldsymbol{g} \\ 1 \end{bmatrix} \tag{4.30}$$

其中

$$\boldsymbol{A} = \sum_{m=0}^{L-1} \boldsymbol{K}_m$$

$$\boldsymbol{b} = \left[-\sum_{m=0}^{L-1} \bar{\boldsymbol{\gamma}}_m^{\mathrm{T}} \boldsymbol{K}_m \right]^{\mathrm{T}}$$

$$c = \sum_{m=0}^{L-1} \bar{\boldsymbol{\gamma}}_m^{\mathrm{T}} \boldsymbol{K}_m \bar{\boldsymbol{\gamma}}_m$$

则拟进行最小化的目标函数可以最终写为

$$\mathrm{Tr}\left\{\begin{bmatrix}\boldsymbol{BGB}^{\mathrm{T}} & \boldsymbol{Bg}\\(\boldsymbol{Bg})^{\mathrm{T}} & 1\end{bmatrix}\begin{bmatrix}\boldsymbol{A} & \boldsymbol{b}\\\boldsymbol{b}^{\mathrm{T}} & c\end{bmatrix}\right\} \tag{4.31}$$

其中 $\boldsymbol{G}=\boldsymbol{gg}^{\mathrm{T}}$ 。注意到由目标函数式(4.31)所组成的凸优化问题是基于约束条件 $\tau_i=\dfrac{\|\boldsymbol{x}_i-\boldsymbol{y}\|}{c}$，$\boldsymbol{g}=[\tau_1,\tau_2,\cdots,\tau_N,t_0]^{\mathrm{T}}$ 和 $\boldsymbol{G}=\boldsymbol{gg}^{\mathrm{T}}$ 的，而且该优化问题和式(4.19)所表达的问题在实质上是相同的，都是非凸问题。同时可以清楚地看到，目标函数式(4.31)相对于矩阵 $\boldsymbol{G}$ 和向量 $\boldsymbol{g}$ 是线性的，而且也是凸的。但是，约束条件 $\tau_i=\dfrac{\|\boldsymbol{x}_i-\boldsymbol{y}\|}{c}$ 和 $\boldsymbol{G}=\boldsymbol{gg}^{\mathrm{T}}$ 是非凸的，所以我们接下来的工作是将这些非凸的约束条件松弛成凸的约束条件。

首先，对于辅助变量 τ_i，我们需要对约束 $\tau_i=\dfrac{\|\boldsymbol{x}_i-\boldsymbol{y}\|}{c}$ 进行操作，易得

$$\begin{aligned}[\boldsymbol{G}]_{ii}=\tau_i^2&=\frac{1}{c^2}(\boldsymbol{x}_i-\boldsymbol{y})^{\mathrm{T}}(\boldsymbol{x}_i-\boldsymbol{y})\\&=\frac{1}{c^2}\begin{bmatrix}\boldsymbol{x}_i\\-1\end{bmatrix}^{\mathrm{T}}\begin{bmatrix}\boldsymbol{I} & \boldsymbol{y}\\\boldsymbol{y}^{\mathrm{T}} & y_s\end{bmatrix}\begin{bmatrix}\boldsymbol{x}_i\\-1\end{bmatrix}\end{aligned} \tag{4.32}$$

其中 $y_s=\boldsymbol{y}^{\mathrm{T}}\boldsymbol{y}$ 。这样该约束条件就已经被转化为相对于变量 $\boldsymbol{G}$、$\boldsymbol{y}$ 和 y_s 的凸约束。根据柯西–施瓦茨不等式，我们可以同时得到

$$\begin{aligned}[\boldsymbol{G}]_{ij}=\tau_i\tau_j&=\frac{1}{c^2}\|\boldsymbol{x}_i-\boldsymbol{y}\|\cdot\|\boldsymbol{x}_j-\boldsymbol{y}\|\\&\geqslant\frac{1}{c^2}\left|\begin{bmatrix}\boldsymbol{x}_i\\-1\end{bmatrix}^{\mathrm{T}}\begin{bmatrix}\boldsymbol{I} & \boldsymbol{y}\\\boldsymbol{y}^{\mathrm{T}} & y_s\end{bmatrix}\begin{bmatrix}\boldsymbol{x}_j\\-1\end{bmatrix}\right|\end{aligned} \tag{4.33}$$

这个约束条件也是凸的。

对于上述约束条件,可以发现仍然存在两个非凸的约束条件,它们分别是 $\boldsymbol{G}=\boldsymbol{gg}^{\mathrm{T}}$ 和 $y_s=\boldsymbol{yy}^{\mathrm{T}}$ ，同样地，可以把它们转化为凸的约束条件

$$\begin{bmatrix}\boldsymbol{G} & \boldsymbol{g}\\\boldsymbol{g}^{\mathrm{T}} & 1\end{bmatrix}\succeq\boldsymbol{0},\quad\begin{bmatrix}\boldsymbol{I} & \boldsymbol{y}\\\boldsymbol{y}^{\mathrm{T}} & y_s\end{bmatrix}\succeq\boldsymbol{0} \tag{4.34}$$

最后，我们可以由式(4.19)得到最终的凸优化问题形式

$$\min_{\boldsymbol{y},\boldsymbol{g},\boldsymbol{G},y_s}\quad\mathrm{Tr}\left\{\begin{bmatrix}\boldsymbol{BGB}^{\mathrm{T}} & \boldsymbol{Bg}\\(\boldsymbol{Bg})^{\mathrm{T}} & 1\end{bmatrix}\begin{bmatrix}\boldsymbol{A} & \boldsymbol{b}\\\boldsymbol{b}^{\mathrm{T}} & c\end{bmatrix}\right\}$$

$$
\begin{aligned}
&\text{s.t.} \\
&\qquad \begin{bmatrix} \boldsymbol{G} & \boldsymbol{g} \\ \boldsymbol{g}^{\mathrm{T}} & 1 \end{bmatrix} \succeq \boldsymbol{0}, \quad \begin{bmatrix} \boldsymbol{I} & \boldsymbol{y} \\ \boldsymbol{y}^{\mathrm{T}} & y_s \end{bmatrix} \succeq \boldsymbol{0}, \\
&\qquad [\boldsymbol{G}]_{ii} = \frac{1}{c^2} \begin{bmatrix} \boldsymbol{x}_i \\ -1 \end{bmatrix}^{\mathrm{T}} \begin{bmatrix} \boldsymbol{I} & \boldsymbol{y} \\ \boldsymbol{y}^{\mathrm{T}} & y_s \end{bmatrix} \begin{bmatrix} \boldsymbol{x}_i \\ -1 \end{bmatrix}, \\
&\qquad [\boldsymbol{G}]_{ij} \geqslant \frac{1}{c^2} \left| \begin{bmatrix} \boldsymbol{x}_i \\ -1 \end{bmatrix}^{\mathrm{T}} \begin{bmatrix} \boldsymbol{I} & \boldsymbol{y} \\ \boldsymbol{y}^{\mathrm{T}} & y_s \end{bmatrix} \begin{bmatrix} \boldsymbol{x}_j \\ -1 \end{bmatrix} \right|, \\
&\qquad i, j = 1, 2, \cdots, N, \quad j > i, \\
&\qquad \boldsymbol{G}_{N+1,N+1} \geqslant 0
\end{aligned} \tag{4.35}
$$

这样的一个凸优化问题可以由内点法很好地解决。在本章中，我们应用 SDP 优化中的 Sedumi 工具 [79,80]，通过仿真实验来求得问题的数值解。

4.4 锚节点存在位置误差时目标定位方法

4.4.1 最大似然问题建模

在上一节中，我们假设传感器位置是精确已知的，但是，在实际应用中获得 N 个传感器的准确位置估计具有挑战性。因此，我们需要考虑传感器位置漂移带来的误差影响，并采用最大值模型进行处理。这里，第 i 个传感器的位置误差可以表示为

$$
\tilde{\boldsymbol{x}}_i = \boldsymbol{x}_i + \boldsymbol{\xi}_i, \quad i = 1, 2, \cdots, N \tag{4.36}
$$

其中，$\boldsymbol{\xi}_i \in \mathbb{R}^n$ 表示位置估计误差。我们假设第 i 个传感器的估计误差 $\boldsymbol{\xi}_i$ 受限于某个给定的常数，即 $\|\boldsymbol{\xi}_i\| \leqslant \varepsilon$，而不对 $\boldsymbol{\xi}_i$ 的分布做其他任何假设。

接下来，我们考虑将传感器位置漂移的因素融合到稳健定位方法中。将式(4.36)代入式 (4.19)，有

$$
\hat{\boldsymbol{y}} = \arg\min_{\boldsymbol{y}, t_0} \sum_{i=1}^{N} \sum_{m=0}^{L-1} K_{i,m} \left(\frac{\| \tilde{\boldsymbol{x}}_i - \boldsymbol{y} - \boldsymbol{\xi}_i \|}{c} + t_0 - \bar{\gamma}_{i,m} \right)^2 \tag{4.37}
$$

式 (4.28) 中关于 $\boldsymbol{x}_i$ 在 $\tilde{\boldsymbol{x}}_i$ 处的一阶泰勒近似可以表示为

$$
\frac{\|\boldsymbol{x}_i - \boldsymbol{y}\|}{c} \approx \frac{\|\tilde{\boldsymbol{x}}_i - \boldsymbol{y}\|}{c} - \frac{{\boldsymbol{\xi}_i}^{\mathrm{T}} (\tilde{\boldsymbol{x}}_i - \boldsymbol{y})}{c \|\tilde{\boldsymbol{x}}_i - \boldsymbol{y}\|} + O(\|\boldsymbol{\xi}_i\|), \quad i = 1, 2, \cdots, N \tag{4.38}
$$

为方便起见，我们定义 $\tilde{t}_i = \dfrac{\|\tilde{\boldsymbol{x}}_i - \boldsymbol{y}\|}{c}$, $\delta_i = \dfrac{\boldsymbol{\xi}_i{}^{\mathrm{T}}(\tilde{\boldsymbol{x}}_i - \boldsymbol{y})}{c\|\tilde{\boldsymbol{x}}_i - \boldsymbol{y}\|}$。因此，下列不等式成立

$$|\delta_i|^2 = \frac{\boldsymbol{\xi}_i{}^{\mathrm{T}}(\boldsymbol{y} - \tilde{\boldsymbol{x}}_i)\boldsymbol{\xi}_i{}^{\mathrm{T}}(\boldsymbol{y} - \tilde{\boldsymbol{x}}_i)}{c^2\| \tilde{\boldsymbol{x}}_i - \boldsymbol{y}\|^2} \leqslant \frac{\boldsymbol{\xi}_i{}^{\mathrm{T}}\boldsymbol{\xi}_i(\boldsymbol{y} - \tilde{\boldsymbol{x}}_i)^{\mathrm{T}}(\boldsymbol{y} - \tilde{\boldsymbol{x}}_i)}{c^2\| \tilde{\boldsymbol{x}}_i - \boldsymbol{y}\|^2} = \frac{\boldsymbol{\xi}_i{}^{\mathrm{T}}\boldsymbol{\xi}_i}{c^2} \leqslant \frac{\varepsilon^2}{c^2} \tag{4.39}$$

所以，有如下的不等式成立

$$|\delta_i| \leqslant \frac{\varepsilon}{c},\ i = 1, 2, \cdots, N \tag{4.40}$$

与其他研究 [64,67] 对节点位置误差向量化为 $\boldsymbol{\delta} = [\delta_1, \delta_2, \cdots, \delta_N]^{\mathrm{T}}$，再应用 S-引理（S-procedure）对该向量进行处理不同，本研究不对节点位置进行向量化，而是对每个节点的位置误差项使用 S-引理进行单独处理 [81]，这样可以使约束的松弛程度减轻。关于这种处理带来的好处，将会在后续部分进行详细阐述。

因此，目标定位问题可以转换为以下的 min-max 形式

$$\begin{aligned} &\min_{\boldsymbol{y}, t_0} \max_{|\delta_i| \leqslant \varepsilon/c} \sum_{i=1}^{N} \sum_{m=0}^{L-1} K_{i,m}\left(\tilde{t}_i + t_0 - \delta_i - \bar{\gamma}_{i,m}\right)^2 \\ &\text{s.t.} \quad \tilde{t}_i = \frac{\| \tilde{\boldsymbol{x}}_i - \boldsymbol{y} \|}{c}, \quad i = 1, 2, \cdots, N \end{aligned} \tag{4.41}$$

4.4.2 半正定松弛

将式 (4.41) 中的目标函数展开，有

$$\begin{aligned} &\sum_{i=1}^{N} \sum_{m=0}^{L-1} K_{i,m}\left(\tilde{t}_i + t_0 - \delta_i - \bar{\gamma}_{i,m}\right)^2 \\ =& \sum_{i=1}^{N} \sum_{m=0}^{L-1} K_{i,m}\left(\delta_i^2 + \left(\tilde{t}_i + t_0 - \bar{\gamma}_{i,m}\right)^2 - 2\delta_i\left(\tilde{t}_i + t_0 - \bar{\gamma}_{i,m}\right)\right) \\ =& \sum_{i=1}^{N} \left[\sum_{m=0}^{L-1} K_{i,m}\delta_i^2 + \sum_{m=0}^{L-1} K_{i,m}\left(\tilde{t}_i + t_0 - \bar{\gamma}_{i,m}\right)^2 - 2\sum_{m=0}^{L-1} K_{i,m}\delta_i\left(\tilde{t}_i + t_0 - \bar{\gamma}_{i,m}\right)\right] \end{aligned} \tag{4.42}$$

因为

$$K_{i,m} \overset{\text{def}}{=} \frac{p(\tilde{m}_i | m_i = m)}{\sum\limits_{m=0}^{L-1} p(\tilde{m}_i | m_i = m)}$$

所以有

$$\sum_{m=0}^{L-1} K_{i,m} = \sum_{m=0}^{L-1} \frac{p(\tilde{m}_i|m_i=m)}{\sum\limits_{m=0}^{L-1} p(\tilde{m}_i|m_i=m)} = \frac{\sum\limits_{m=0}^{L-1} p(\tilde{m}_i|m_i=m)}{\sum\limits_{m=0}^{L-1} p(\tilde{m}_i|m_i=m)} = 1 \tag{4.43}$$

根据以上结论，并且定义 $a_i = \sum\limits_{m=0}^{L-1} K_{i,m}\bar{\gamma}_{i,m}$ ，$b_i = \sum\limits_{m=0}^{L-1} K_{i,m}\bar{\gamma}_{i,m}^2$，目标函数可进一步被转化为

$$\sum_{i=1}^{N} \left[(\tilde{t}_i + t_0)^2 - 2a_i(\tilde{t}_i + t_0) + b_i\right] + \sum_{i=1}^{N} \left[\delta_i^2 - 2\delta_i(\tilde{t}_i + t_0 - a_i)\right] \tag{4.44}$$

所以优化问题可以被改写为

$$\begin{aligned} &\min_{\boldsymbol{y},t_0} \max_{|\delta_i|\leqslant \varepsilon/c} \sum_{i=1}^{N} \left[(\tilde{t}_i + t_0)^2 - 2a_i(\tilde{t}_i + t_0) + b_i\right] + \sum_{i=1}^{N} \left[\delta_i^2 - 2\delta_i(\tilde{t}_i + t_0 - a_i)\right] \\ &\text{s.t.} \quad \tilde{t}_i = \frac{\|\tilde{\boldsymbol{x}}_i - \boldsymbol{y}\|}{c}, i = 1,2,\cdots,N \end{aligned} \tag{4.45}$$

定义

$$|\delta_i^2 - 2\delta_i(\tilde{t}_i + t_0 - a_i)| \leqslant \mu_i \tag{4.46}$$

移除绝对值符号，有

$$\begin{aligned} \delta_i^2 - 2\delta_i(\tilde{t}_i + t_0 - a_i) &\leqslant \mu_i \\ -\delta_i^2 + 2\delta_i(\tilde{t}_i + t_0 - a_i) &\leqslant \mu_i \end{aligned} \tag{4.47}$$

对于所有的 $|\delta_i| \leqslant \varepsilon/c(i=1,2,\cdots,N)$ 都成立。所以，我们可以把上述不等式重写为

$$\begin{aligned} |\delta_i| \leqslant \frac{\varepsilon}{c} &\Rightarrow \delta_i^2 - 2\delta_i(\tilde{t}_i + t_0 - a_i) \leqslant \mu_i \\ |\delta_i| \leqslant \frac{\varepsilon}{c} &\Rightarrow -\delta_i^2 + 2\delta_i(\tilde{t}_i + t_0 - a_i) \leqslant \mu_i \end{aligned} \tag{4.48}$$

定义 $\boldsymbol{g} = \left[\tilde{t}_1, \tilde{t}_2, \cdots, \tilde{t}_N, t_0\right]^{\mathrm{T}}$，$\boldsymbol{a} = [a_1, a_2, \cdots, a_N]^{\mathrm{T}}$，$\boldsymbol{B}_K = \mathrm{diag}\{b_1, b_2, \cdots, b_N\}$ 和 $\boldsymbol{B} = [\boldsymbol{I}, \boldsymbol{1}]_{N\times N+1}$，其中 $\boldsymbol{1} = [1,1,\cdots,1]_{N\times 1}^{\mathrm{T}}$。通过这些定义，式(4.48) 可以被表示为

$$\begin{aligned} |\delta_i| \leqslant \frac{\varepsilon}{c} &\Rightarrow \delta_i^2 - 2\delta_i(\boldsymbol{g}_i + \boldsymbol{g}_{N+1} - a_i) \leqslant \mu_i \\ |\delta_i| \leqslant \frac{\varepsilon}{c} &\Rightarrow -\delta_i^2 + 2\delta_i(\boldsymbol{g}_i + \boldsymbol{g}_{N+1} - a_i) \leqslant \mu_i \end{aligned} \tag{4.49}$$

这里进行后续凸约束的转化，我们可以将上式中的不等式写成矩阵形式

$$\begin{aligned}&\begin{bmatrix}\delta_i\\1\end{bmatrix}^{\mathrm{T}}\begin{bmatrix}1&0\\0&-\varepsilon^2/c^2\end{bmatrix}\begin{bmatrix}\delta_i\\1\end{bmatrix}\leqslant 0\\ \Rightarrow&\begin{bmatrix}\delta_i\\1\end{bmatrix}^{\mathrm{T}}\begin{bmatrix}1&-(\boldsymbol{g}_i+\boldsymbol{g}_{N+1}-a_i)\\-(\boldsymbol{g}_i+\boldsymbol{g}_{N+1}-a_i)&-\mu_i\end{bmatrix}\begin{bmatrix}\delta_i\\1\end{bmatrix}\leqslant 0\end{aligned}\tag{4.50}$$

$$\begin{aligned}&\begin{bmatrix}\delta_i\\1\end{bmatrix}^{\mathrm{T}}\begin{bmatrix}1&0\\0&-\varepsilon^2/c^2\end{bmatrix}\begin{bmatrix}\delta_i\\1\end{bmatrix}\leqslant 0\\ \Rightarrow&\begin{bmatrix}\delta_i\\1\end{bmatrix}^{\mathrm{T}}\begin{bmatrix}-1&\boldsymbol{g}_i+\boldsymbol{g}_{N+1}-a_i\\\boldsymbol{g}_i+\boldsymbol{g}_{N+1}-a_i&-\mu_i\end{bmatrix}\begin{bmatrix}\delta_i\\1\end{bmatrix}\leqslant 0\end{aligned}\tag{4.51}$$

为了消除 δ_i，利用控制理论 [82] 中的 S-引理将约束转换为凸约束。更具体地说，当式(4.50) 和式 (4.51) 成立时，当且仅当存在 $\alpha_i\geqslant 0$ 和 $\beta_i\geqslant 0$ 使得

$$\begin{bmatrix}1&-(\boldsymbol{g}_i+\boldsymbol{g}_{N+1}-a_i)\\-(\boldsymbol{g}_i+\boldsymbol{g}_{N+1}-a_i)&-\mu_i\end{bmatrix}\preceq\alpha_i\begin{bmatrix}1&0\\0&-\varepsilon^2/c^2\end{bmatrix}\tag{4.52}$$

$$\begin{bmatrix}-1&\boldsymbol{g}_i+\boldsymbol{g}_{N+1}-a_i\\\boldsymbol{g}_i+\boldsymbol{g}_{N+1}-a_i&-\mu_i\end{bmatrix}\preceq\beta_i\begin{bmatrix}1&0\\0&-\varepsilon^2/c^2\end{bmatrix}\tag{4.53}$$

位置漂移带来的误差项 δ_i 是通过 S-引理消除的，因此，稳健的目标定位问题的定位结果与传感器节点位置误差向量模的有界常数相关，而不是 δ_i。

根据以上推导，目标函数可以被进一步转化为

$$\mathrm{Tr}\left[(\boldsymbol{Bg})(\boldsymbol{Bg})^{\mathrm{T}}+\boldsymbol{B}_K-2\boldsymbol{Bga}^{\mathrm{T}}\right]+\sum_{i=1}^{N}\mu_i\tag{4.54}$$

注意到，对于变量 $\boldsymbol{g}$，目标函数不是凸的。这里，为了将目标函数转化为凸函数，我们定义

$$\boldsymbol{G}=\boldsymbol{gg}^{\mathrm{T}}\tag{4.55}$$

其中，$\boldsymbol{G}$ 的对角线元素满足

$$[\boldsymbol{G}]_{ii}=\frac{1}{c^2}(\tilde{\boldsymbol{x}}_i-\boldsymbol{y})^{\mathrm{T}}(\tilde{\boldsymbol{x}}_i-\boldsymbol{y})=\frac{1}{c^2}\begin{bmatrix}\tilde{\boldsymbol{x}}_i\\-1\end{bmatrix}^{\mathrm{T}}\begin{bmatrix}\boldsymbol{I}&\boldsymbol{y}\\\boldsymbol{y}^{\mathrm{T}}&y_s\end{bmatrix}\begin{bmatrix}\tilde{\boldsymbol{x}}_i\\-1\end{bmatrix}\tag{4.56}$$

其中 $y_s=\boldsymbol{y}^{\mathrm{T}}\boldsymbol{y}$。因此，这个约束现在对于变量 $\boldsymbol{G}$、$\boldsymbol{y}$ 和 y_s 是凸的。同时，根据柯西–施瓦茨不等式，有

$$[\boldsymbol{G}]_{ij}=\frac{1}{c^2}\|\tilde{\boldsymbol{x}}_i-\boldsymbol{y}\|\cdot\|\tilde{\boldsymbol{x}}_j-\boldsymbol{y}\|\geqslant\frac{1}{c^2}\left|\begin{bmatrix}\tilde{\boldsymbol{x}}_i\\-1\end{bmatrix}^{\mathrm{T}}\begin{bmatrix}\boldsymbol{I}&\boldsymbol{y}\\\boldsymbol{y}^{\mathrm{T}}&y_s\end{bmatrix}\begin{bmatrix}\tilde{\boldsymbol{x}}_j\\-1\end{bmatrix}\right| \tag{4.57}$$

这个约束也是凸的。

对于上述约束，还有两个非凸等式约束 $\boldsymbol{G}=\boldsymbol{g}\boldsymbol{g}^{\mathrm{T}}$ 和 $y_s=\boldsymbol{y}^{\mathrm{T}}\boldsymbol{y}$。应用半正定松弛技术将这两个等式松弛为凸不等式 $\boldsymbol{G}\succeq\boldsymbol{g}\boldsymbol{g}^{\mathrm{T}}$ 和 $y_s\geqslant\boldsymbol{y}^{\mathrm{T}}\boldsymbol{y}$，可以改写为

$$\begin{bmatrix}\boldsymbol{G}&\boldsymbol{g}\\\boldsymbol{g}^{\mathrm{T}}&1\end{bmatrix}\succeq\boldsymbol{0},\quad\begin{bmatrix}\boldsymbol{I}&\boldsymbol{y}\\\boldsymbol{y}^{\mathrm{T}}&y_s\end{bmatrix}\succeq\boldsymbol{0} \tag{4.58}$$

此外，$\boldsymbol{G}_{N+1,N+1}\geqslant 0$ 是显而易见的。所以我们把它加入优化问题中。

因此，我们可将优化问题式 (4.12) 转化为如下凸优化问题

$$\begin{aligned}&\min_{\boldsymbol{y},\boldsymbol{g},\boldsymbol{G},y_s,\{\mu_i\},\{\alpha_i\},\{\beta_i\}}\quad \mathrm{Tr}\left(\boldsymbol{B}\boldsymbol{G}\boldsymbol{B}^{\mathrm{T}}+\boldsymbol{B}_K-2\boldsymbol{B}\boldsymbol{g}\boldsymbol{a}^{\mathrm{T}}\right)+\sum_{i=1}^{N}\mu_i\\&\text{s.t.}\\&\qquad\text{式 (4.52), 式(4.53), 式(4.56), 式(4.57), 式(4.58),}\\&\qquad\mu_i,\alpha_i,\beta_i\geqslant 0, i=1,2,\cdots,N,\\&\qquad\boldsymbol{G}_{N+1,N+1}\geqslant 0\end{aligned} \tag{4.59}$$

该方法有效融合了传感器节点位置误差、量化 TOA 量测和量化传输。使用内点法可以有效地解决这样的凸优化问题。

值得指出的是，我们提出的目标定位方法将传感器位置漂移引起的误差 δ_i 视为 N 个不同的约束，即 $|\delta_i|\leqslant\varepsilon/c$，用于目标定位优化问题，并应用 S-引理消除传感器节点位置误差量。相比之下，一些文献，如文献 [44]、文献 [67]，将约束向量转化为 $\boldsymbol{\delta}=[\delta_1,\delta_2,\cdots,\delta_N]^{\mathrm{T}}$，然后将约束松弛成椭圆形式，即 $\|\boldsymbol{\delta}\|\leqslant\varepsilon/c\sqrt{N}$。然而，向量化后得到的不等式只是原不等式 $|\delta_i|\leqslant\varepsilon/c$ 的必要条件，而不是充分条件。换句话说，$\|\boldsymbol{\delta}\|\leqslant\varepsilon/c\sqrt{N}$ 可以视为一种松弛，这种松弛会导致方法性能下降。另外，文献 [44]、文献 [67] 中提出的目标定位方法对整个向量 $\boldsymbol{\delta}$ 应用了 S-引理，从而只引入了一个可变因子。而我们提出的方法利用了 N 个不同的变量因子 $\alpha_i(i=1,2,\cdots,N)$ 来严格约束凸优化公式。

4.5 Cramer-Rao 下界

本节讨论锚节点不存在位置误差的情况下，4.3 节提出方法的 Cramer-Rao 下界，CRLB 可以通过以下命题导出。

命题 3 基于含噪声的量测 $\tilde{\boldsymbol{m}}$ 得到的估计值 $\hat{\boldsymbol{\theta}}(\tilde{\boldsymbol{m}})$ 的 CRLB 满足

$$E\left\{\left[\hat{\boldsymbol{\theta}}(\tilde{\boldsymbol{m}})-\boldsymbol{\theta}\right]\left[\hat{\boldsymbol{\theta}}(\tilde{\boldsymbol{m}})-\boldsymbol{\theta}\right]^{\mathrm{T}}\right\}\geqslant \boldsymbol{J}^{-1} \tag{4.60}$$

其中，$\boldsymbol{J}$ 是具有二进制对称信道模型的资源受限传感器网络条件下的 Fisher 信息矩阵，其具体形式如下所示

$$\boldsymbol{J}=\sum_{i=1}^{N}\sum_{\tilde{m}_i=0}^{L-1}\frac{\nabla_{\boldsymbol{\theta}}p(\tilde{m}_i|\boldsymbol{\theta})\nabla_{\boldsymbol{\theta}}^{\mathrm{T}}p(\tilde{m}_i|\boldsymbol{\theta})}{p(\tilde{m}_i|\boldsymbol{\theta})} \tag{4.61}$$

式 (4.61) 中的算子 ∇ 是梯度算子，$\nabla_{\boldsymbol{\theta}}$ 定义为

$$\nabla_{\boldsymbol{\theta}}=\left[\frac{\partial}{\partial t_0},\left(\frac{\partial}{\partial \boldsymbol{y}}\right)^{\mathrm{T}}\right]^{\mathrm{T}} \tag{4.62}$$

梯度向量 $\nabla_{\boldsymbol{\theta}}\, p(\tilde{m}_i|\boldsymbol{\theta})$ 的定义为

$$\nabla_{\boldsymbol{\theta}}\, p(\tilde{m}_i|\boldsymbol{\theta})=\frac{\partial p(\tilde{m}_i|\boldsymbol{\theta})}{\partial \boldsymbol{\theta}}=\sum_{m_i=0}^{L-1}p(\tilde{m}_i|m_i)\nabla_{\boldsymbol{\theta}}\, p(m_i|\boldsymbol{\theta}) \tag{4.63}$$

其中，$\nabla_{\boldsymbol{\theta}}\, p(m_i|\boldsymbol{\theta})$ 的定义为

$$\nabla_{\boldsymbol{\theta}}\, p(m_i|\boldsymbol{\theta})=\left[\nabla_{t_0}p(m_i|\boldsymbol{\theta}),\nabla_{\boldsymbol{y}}^{\mathrm{T}}p(m_i|\boldsymbol{\theta})\right]^{\mathrm{T}} \tag{4.64}$$

$$\nabla_{t_0}\, p(m_i=m|\boldsymbol{\theta})=\frac{1}{\sqrt{2\pi}\sigma}\lambda_{i,m} \tag{4.65}$$

$$\nabla_{\boldsymbol{y}}\, p(m_i=m|\boldsymbol{\theta})=-\frac{\boldsymbol{x}_i-\boldsymbol{y}}{c\sqrt{2\pi}\sigma\|\boldsymbol{x}_i-\boldsymbol{y}\|}\lambda_{i,m} \tag{4.66}$$

$$\lambda_{i,m}=\exp\left[\frac{\left(\gamma_{i,m}-\tilde{t}_i\right)^2}{2\sigma^2}\right]-\exp\left[-\frac{\left(\gamma_{i,m+1}-\tilde{t}_i\right)^2}{2\sigma^2}\right] \tag{4.67}$$

证明 易知基于待估计向量 $\boldsymbol{\theta}=[t_0,y_1,\cdots,y_n]^{\mathrm{T}}$ 的 Fisher 信息矩阵中的元素可被定义为

$$[\boldsymbol{J}(\boldsymbol{\theta})]_{ij}=-E\left[\frac{\partial^2\lg p(\tilde{\boldsymbol{m}}|\boldsymbol{\theta})}{\partial\theta_i\partial\theta_j}\right] \tag{4.68}$$

其中

$$\frac{\partial \lg p(\tilde{\boldsymbol{m}}|\boldsymbol{\theta})}{\partial \theta_i} = \sum_{i=1}^{N} \frac{1}{p(\tilde{m}_i|\boldsymbol{\theta})} \frac{\partial p(\tilde{m}_i|\boldsymbol{\theta})}{\partial \theta_i} \tag{4.69}$$

$$\begin{aligned}\frac{\partial^2 \lg p(\tilde{\boldsymbol{m}}|\boldsymbol{\theta})}{\partial \theta_i \partial \theta_j} =& \sum_{i=1}^{N} \left[-\frac{1}{p^2(\tilde{m}_i|\boldsymbol{\theta})} \frac{\partial p(\tilde{m}_i|\boldsymbol{\theta})}{\partial \theta_i} \frac{\partial p(\tilde{m}_i|\boldsymbol{\theta})}{\partial \theta_j}\right. \\ &\left. + \frac{1}{p(\tilde{m}_i|\boldsymbol{\theta})} \frac{\partial^2 p(\tilde{m}_i|\boldsymbol{\theta})}{\partial \theta_i \partial \theta_j}\right]\end{aligned} \tag{4.70}$$

所以，基于概率 $p(\tilde{m}_i|\boldsymbol{\theta})$，式 (4.68) 定义的负期望可以写为

$$\begin{aligned}&-E\left[\frac{\partial^2 \lg p(\tilde{\boldsymbol{m}}|\boldsymbol{\theta})}{\partial \theta_i \partial \theta_j}\right] \\ =& \sum_{i=1}^{N} \sum_{\tilde{m}_i=0}^{L-1} \left\{\frac{1}{p(\tilde{m}_i|\boldsymbol{\theta})} \frac{\partial p(\tilde{m}_i|\boldsymbol{\theta})}{\partial \theta_i} \frac{\partial p(\tilde{m}_i|\boldsymbol{\theta})}{\partial \theta_j} - \frac{\partial^2 p(\tilde{m}_i|\boldsymbol{\theta})}{\partial \theta_i \partial \theta_j}\right\}\end{aligned} \tag{4.71}$$

其中上式第二项可以消去，即

$$\sum_{i=1}^{N} \sum_{\tilde{m}_i=0}^{L-1} \frac{\partial^2 p(\tilde{m}_i|\boldsymbol{\theta})}{\partial \theta_i \partial \theta_j} = \sum_{i=1}^{N} \frac{\partial^2}{\partial \boldsymbol{\theta}} \left[\sum_{\tilde{m}_i=0}^{L-1} p(\tilde{m}_i|\boldsymbol{\theta})\right] = 0 \tag{4.72}$$

这是因为 $\sum\limits_{\tilde{m}_i=0}^{L-1} p(\tilde{m}_i|\boldsymbol{\theta}) = 1$ 。所以，该负期望值为

$$\sum_{i=1}^{N} \sum_{\tilde{m}_i=0}^{L-1} \left\{\frac{1}{p(\tilde{m}_i|\boldsymbol{\theta})} \frac{\partial p(\tilde{m}_i|\boldsymbol{\theta})}{\partial \theta_i} \frac{\partial p(\tilde{m}_i|\boldsymbol{\theta})}{\partial \theta_j}\right\} \tag{4.73}$$

通过组合 Fisher 信息矩阵的所有元素，我们可以直接得到式 (4.61)中描述的矩阵 $\boldsymbol{J}$ 的具体形式。同时，我们可以得到

$$\nabla_{\boldsymbol{\theta}}\, p(\tilde{m}_i|\boldsymbol{\theta}) = \sum_{m_i=0}^{L-1} p(\tilde{m}_i|m_i) \nabla_{\boldsymbol{\theta}}\, p(m_i|\boldsymbol{\theta}) \tag{4.74}$$

$$\nabla_{\boldsymbol{\theta}}\, p(m_i|\boldsymbol{\theta}) = \left[\nabla_{t_0} p(m_i|\boldsymbol{\theta}), \nabla_{\boldsymbol{y}}^{\mathrm{T}} p(m_i|\boldsymbol{\theta})\right]^{\mathrm{T}} \tag{4.75}$$

其中 $\nabla_{t_0} p(m_i|\boldsymbol{\theta})$ 的定义是

$$\begin{aligned}&\nabla_{t_0} p(m_i = m|\boldsymbol{\theta}) \\ =& \frac{\partial}{\partial t_0}\left[Q\left(\frac{\gamma_{i,m} - \tilde{t}_i}{\sigma}\right) - Q\left(\frac{\gamma_{i,m+1} - \tilde{t}_i}{\sigma}\right)\right] \\ =& \frac{1}{\sqrt{2\pi}\sigma} \lambda_{i,m}\end{aligned} \tag{4.76}$$

其中 $\lambda_{i,m}$ 的定义参见式 (4.67) 。上式的最后一步的等号成立，是基于以下推导

$$
\begin{aligned}
\frac{\partial Q\left(\dfrac{\gamma_{i,m}-\tilde{t}_i}{\sigma}\right)}{\partial t_0} &= \frac{\partial Q\left(\dfrac{\gamma_{i,m}-t_0-\dfrac{\|\boldsymbol{x}_i-\boldsymbol{y}\|}{c}}{\sigma}\right)}{\partial t_0} \\
&= \frac{1}{\sqrt{2\pi}\sigma}\exp\left\{-\frac{\left(\gamma_{i,m}-t_0-\dfrac{\|\boldsymbol{x}_i-\boldsymbol{y}\|}{c}\right)^2}{2\sigma^2}\right\}
\end{aligned}
\tag{4.77}
$$

同样地，$\nabla_{\boldsymbol{y}}\ p(m_i|\boldsymbol{\theta})$ 的具体形式可由以下式子给出

$$
\begin{aligned}
&\nabla_{\boldsymbol{y}} p(m_i=m|\boldsymbol{\theta}) \\
&= \frac{\partial}{\partial \boldsymbol{y}}\left[Q\left(\frac{\gamma_{i,m}-\tilde{t}_i}{\sigma}\right)-Q\left(\frac{\gamma_{i,m+1}-\tilde{t}_i}{\sigma}\right)\right] \\
&= -\frac{\boldsymbol{x}_i-\boldsymbol{y}}{c\sqrt{2\pi}\sigma\|\boldsymbol{x}_i-\boldsymbol{y}\|}\lambda_{i,m}
\end{aligned}
\tag{4.78}
$$

经过以上推导，可以得到命题 3 成立。

4.6　性能仿真及分析

在本节中，我们将通过仿真实验来验证所提出方法的性能。式(4.35) 中的凸优化问题由 MATLAB 中的 CVX 工具箱解决，其中求解器为 `Sedumi`[79]。为了对比，式(4.10)中所描述的 ML 问题通过 MATLAB 函数 `fminunc` 解决，其使用了拟牛顿方法。为了描述 ML 搜索方法的局限性，我们采用两个不同的初始点坐标，并且将零均值的高斯噪声 $\boldsymbol{\eta}$ 添加到真实的参数向量 $\boldsymbol{\theta}_{\text{true}}$ 中，即

$$
\boldsymbol{\theta}_0 = \boldsymbol{\theta}_{\text{true}} + \boldsymbol{\eta} \tag{4.79}
$$

第一种 ML 搜索方法名为 ML-Init-1，在该方法中，我们将 $\boldsymbol{\eta}$ 的标准偏差设置为 $\boldsymbol{\sigma}_{\boldsymbol{\eta}} = [10^{-5}, 0.5, 0.5]^{\text{T}}$。第二种 ML 搜索方法名为 ML-Init-2，在该方法中，我们将 $\boldsymbol{\eta}$ 的标准偏差设置为 $\boldsymbol{\sigma}_{\boldsymbol{\eta}} = [10^{-2}, 3, 3]^{\text{T}}$。为了描述量化效应和各个传感器与融合中心之间的通信信道不理想性造成的性能损失，我们使用文献 [44] 提出的两种目标定位方法来进行比较，分别将其命名为“Two step Xu”和“MMA Xu”。

这两种方法都使用原始的 TOA 量测在传感器网络中进行目标定位。同时，我们也给出了利用量化 TOA 量测的信道感知目标定位方法和利用原始 TOA 量测的 RCRLB（Square Root of Cramer-Rao Lower Bound，平方根克拉美–罗下界）。

在接下来的仿真中，我们在一个二维区域内布放 16 个锚节点，它们的坐标分别是 $\boldsymbol{x}_1=[-40,40]^{\mathrm{T}}$，$\boldsymbol{x}_2=[-40,-40]^{\mathrm{T}}$，$\boldsymbol{x}_3=[40,40]^{\mathrm{T}}$，$\boldsymbol{x}_4=[40,-40]^{\mathrm{T}}$，$\boldsymbol{x}_5=[0,40]^{\mathrm{T}}$，$\boldsymbol{x}_6=[0,-40]^{\mathrm{T}}$，$\boldsymbol{x}_7=[-40,0]^{\mathrm{T}}$，$\boldsymbol{x}_8=[40,0]^{\mathrm{T}}$，$\boldsymbol{x}_9=[-20,40]^{\mathrm{T}}$，$\boldsymbol{x}_{10}=[-20,-40]^{\mathrm{T}}$，$\boldsymbol{x}_{11}=[20,40]^{\mathrm{T}}$，$\boldsymbol{x}_{12}=[20,-40]^{\mathrm{T}}$，$\boldsymbol{x}_{13}=[-40,20]^{\mathrm{T}}$，$\boldsymbol{x}_{14}=[-40,-20]^{\mathrm{T}}$，$\boldsymbol{x}_{15}=[40,-20]^{\mathrm{T}}$，$\boldsymbol{x}_{16}=[40,20]^{\mathrm{T}}$。我们假设该传感器网络为水声传感器网络，且信号传播速度 $c=1500\ \mathrm{m/s}$。使用均方根误差（RMSE）评估目标定位方法性能。RMSE 的定义为

$$\mathrm{RMSE}=\sqrt{\sum_{k=1}^{K}\frac{\|\boldsymbol{y}_k-\boldsymbol{y}\|^2}{K}} \tag{4.80}$$

其中，$\boldsymbol{y}_k$ 是第 k 次蒙特卡罗仿真得到的目标位置估计，而 $\boldsymbol{y}$ 是目标的真实位置。K 是蒙特卡罗仿真的总运行次数。

在这里，我们考虑四个仿真场景，每个场景都设置不同的参数，并比较不同的参数设置下各方法的目标定位性能。具体分为：场景 1 中，分析量测噪声对定位性能的影响；场景 2 中，分析量化级数对定位性能的影响；场景 3 中，分析误比特率对定位性能的影响；场景 4 中，分析传感器节点位置误差对定位性能的影响。

4.6.1 量测噪声对定位性能的影响

场景 1: 在此场景中，我们分析目标定位性能与 TOA 量测的噪声大小的关系。其中，TOA 量测的噪声大小使用距离量测噪声方差描述，其定义为

$$\sigma_{\mathrm{dis}}^2=10\lg(c^2\sigma^2) \tag{4.81}$$

其中，σ^2 指的是式(4.1)中定义的 TOA 量测噪声的方差，且噪声是独立同分布的高斯噪声。我们同时比较新提出的基于量化 TOA 的 SDP 目标定位方法和 ML-Init-1、ML-Init-2、Two step Xu、MMA Xu 的均方根误差，以及基于量化 TOA 的 SDP 目标定位方法与基于原始 TOA 的目标定位方法的 RCRLB。我们设置锚节点的数量为 16；初始时刻 $t_0=1.5$ s，且这个参数是未知的。场景 1 又细分为两种情况，即目标节点位于锚节点组成的凸包内和凸包外。蒙特卡罗仿真次数 $K=2000$。量化级数 $m=8$，且各个传感器与融合中心之间通信的 BER 为 $P_{\mathrm{e}}=10^{-4}$。图 4.3 展示了场景 1 下不同目标定位方法的性能，以及基于量化 TOA

和基于原始 TOA 的 RCRLB。图 4.3(a) 对应的目标节点位置坐标为 $[30,10]^{\mathrm{T}}$，该点位于锚节点组成的凸包内；图 4.3(b) 对应的目标节点位置坐标为 $[50,10]^{\mathrm{T}}$，该点位于锚节点组成的凸包外。

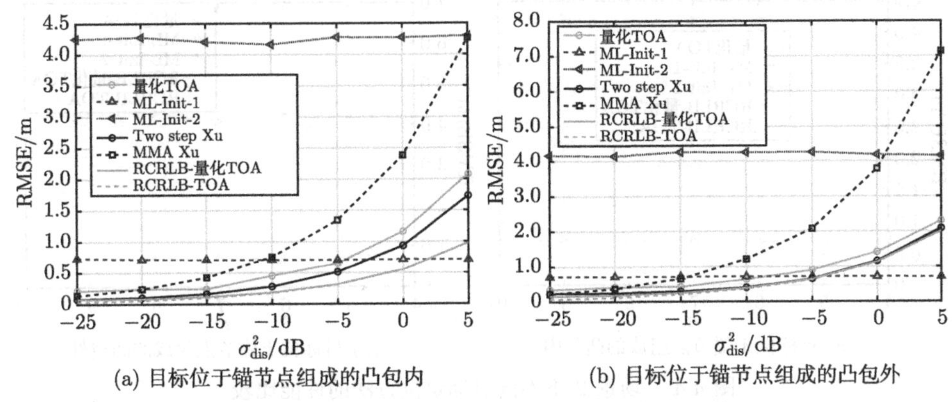

(a) 目标位于锚节点组成的凸包内　　(b) 目标位于锚节点组成的凸包外

图 4.3 场景 1 下不同目标定位方法的性能比较

这些方法包括：新提出的基于量化 TOA 的 SDP 目标定位方法（图中为量化 TOA）、ML-Init-1、ML-Init-2、Two step Xu 和 MMA Xu 方法，图中自变量是距离量测噪声方差，定义为 $\sigma^2_{\mathrm{dis}} = 10\lg\left(c^2\sigma^2\right)$ dB

从图中可以清楚地看到，不管目标节点位于凸包内还是凸包外，随着距离量测噪声方差的增大，除两种 ML 搜索方法 ML-Init-1 和 ML-Init-2 外，其他目标定位方法的定位性能都出现了不同程度的下降。相比之下，我们提出的方法都比 Two step Xu 方法表现出较差的性能。另外，原始 TOA 估计的 RCRLB 略好于量化 TOA 估计的 RCRLB。这种性能的下降是由于各个传感器与融合中心之间有限的量化级数和非理想的通信条件引起的。同时，我们提出的方法和 Two step Xu 方法的性能均优于 MMA Xu 方法，而后者是基于 L_2 范数逼近得到的。可以看出，这种近似会导致明显的性能下降。遗憾的是，两种 ML 搜索方法都无法给出良好的估计，原因是基于式(4.10)中的目标函数的 ML 搜索方法容易陷入局部最优值。此外，使用更接近目标位置的初始点的 ML-Init-1 方法的性能明显优于 ML-Init-2，这种现象说明在 ML 搜索方法中，初始点起着重要作用。

4.6.2 特征参数对定位性能的影响

场景 2: 在此场景中，我们来探究新提出的方法以及两种 ML 搜索方法的性能随量化级数（即量化位数）变化的规律。应当注意的是，基于原始 TOA 的目标定位方法 Two step Xu 和 MMA Xu 方法性能与量化级数无关，因此在本场景中不对这两种方法进行仿真。我们固定距离量测噪声的方差为 $\sigma^2_{\mathrm{dis}} = -10$dB，并同样假设目标节点位置坐标分别为 $[30,10]^{\mathrm{T}}$ 和 $[50,10]^{\mathrm{T}}$。融合中心与各个传感器之间通信的 BER 为 $P_{\mathrm{e}} = 10^{-3}$。对每个特定的量化级数 m 进行 $K = 2000$ 次蒙

特卡罗仿真。图 4.4展示了场景 2 下不同目标定位方法的性能，其中也包括了基于量化 TOA 和基于原始 TOA 的 RCRLB。

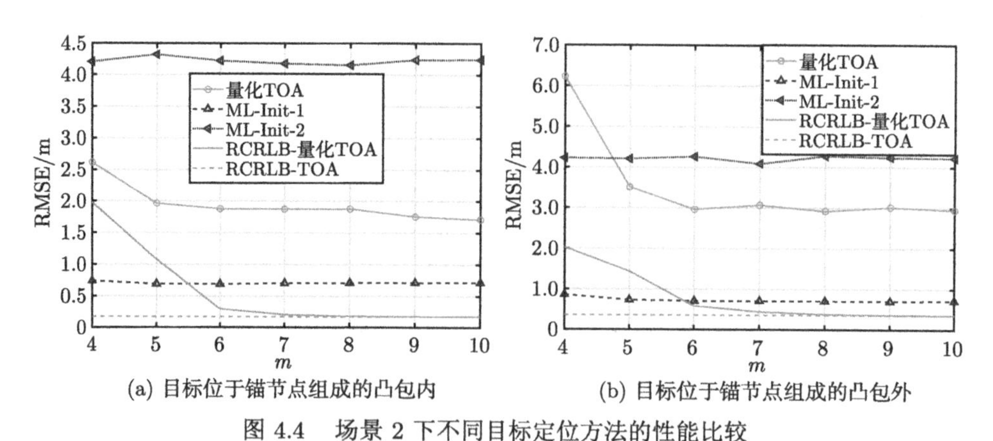

(a) 目标位于锚节点组成的凸包内　　(b) 目标位于锚节点组成的凸包外

图 4.4　场景 2 下不同目标定位方法的性能比较

这些方法包括：新提出的基于量化 TOA 的 SDP 目标定位方法（图中为量化 TOA）、ML-Init-1、ML-Init-2。图中自变量是各个传感器的量化级数

结果表明，随着量化级数 m 的增加，对于目标节点位于凸包内部的情况和凸包外部的情况，我们所提出的方法的性能都有所提高。与前面的场景类似，ML-Init-1 和 ML-Init-2 无法给出准确的位置估计，因为求解器陷入了局部最优值。值得注意的是，ML-Init-1 和 ML-Init-2 之间存在巨大的性能差异，这种现象是由 ML 搜索方法的初始点不同引起的。此外，基于原始 TOA 的 RCRLB 没有发生变化，因为它不依赖于量化级数。对于 $m \geqslant 6$，基于量化 TOA 的 RCRLB 没有发生显著变化。我们还观察到我们所提出方法的 RMSE 与基于量化 TOA 的 RCRLB 之间存在显著的差距。这表明仍然存在很大空间来改进基于量化 TOA 的 SDP 目标定位方法。

场景 3: 根据式 (4.10)中定义的 ML 优化问题，各个传感器节点与融合中心之间的通信信道数据交换的转移概率 $p(\tilde{m}_i|m_i)$，已经结合到了目标定位问题当中。在本场景中，我们来探究目标定位方法的性能随信道的 BER 变化的规律。我们将距离量测噪声的方差固定为 $\sigma_{\text{dis}}^2 = -15\text{dB}$。同样地，假设目标节点位置坐标是 $[30, 10]^{\text{T}}$ 和 $[50, 10]^{\text{T}}$，量化级数为 $m = 8$。场景 3 下不同目标定位方法的性能如图 4.5所示。

从图 4.5中我们可以清楚地看到，随着 BER 的减小，我们提出的方法的性能有所上升。如前所述，如果没有适当的初始点，两种 ML 搜索方法会陷入目标函数的局部最优值中。有趣的是，当信道的 BER 发生变化时，基于量化 TOA 的 RCRLB 不会显著变化。对于目标节点位于凸包内部的情况，其具体的 RCRLB 为 $[0.1175, 0.1135, 0.1129, 0.1128]^{\text{T}}$。究其原因是，基于量化 TOA 的 RCRLB 的

Fisher 信息矩阵依赖于数据交换的转移概率 $p(\tilde{m}_i|m_i)$，其表达式如式(4.74)所示。显然，它是所有可能的 m_i（从 $m_i=0$ 到 $m_i=L-1$）的梯度的加权系数。当 BER 发生变化时（从 $P_\mathrm{e}=10^{-5}$ 到 $P_\mathrm{e}=10^{-2}$），绝大部分都是无信息错误的通信过程。因此，随着 BER 的变化，RCRLB 的变化并不明显。

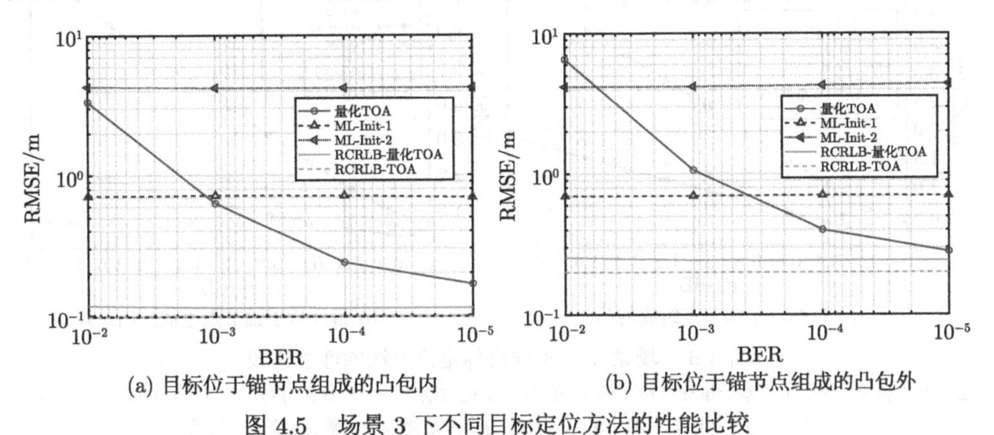

(a) 目标位于锚节点组成的凸包内　(b) 目标位于锚节点组成的凸包外

图 4.5　场景 3 下不同目标定位方法的性能比较

这些方法包括：新提出的基于量化 TOA 的 SDP 目标定位方法（图中为量化 TOA）、ML-Init-1、ML-Init-2。图中自变量是误比特率（BER）

4.6.3　节点位置误差对定位性能的影响

场景 4: 在前面的场景中，我们假设融合中心拥有传感器节点位置坐标的真实值，即 $\boldsymbol{x}_i$ 是事先准确已知的。但是，对于某些传感器网络（如水声传感器网络）却并非如此，该传感器网络可能会随波浪一起晃动。在此场景中，我们针对传感器节点位置误差探究了方法的鲁棒性。假设所得到的传感器节点位置坐标为

$$\hat{\boldsymbol{x}}_i=\boldsymbol{x}_i+\Delta\boldsymbol{x}_i \tag{4.82}$$

其中 $\Delta\boldsymbol{x}_i$ 服从均值为零、方差为 σ_{sl}^2 的高斯分布。在本场景中，我们同样设置锚节点数 $N=16$，量化级数 $m=8$，距离量测噪声方差 $\sigma_{\mathrm{dis}}^2=-15\mathrm{dB}$，非理想性信道的 BER 为 $P_\mathrm{e}=10^{-4}$，待估计目标的真实位置分别设置为 $[30,10]^\mathrm{T}$ 和 $[50,10]^\mathrm{T}$。新提出的基于量化 TOA 的 SDP 目标定位方法、Two step Xu、MMA Xu、ML-Init-1 和 ML-Init-2 方法的性能比较，以及基于量化 TOA 与基于原始 TOA 的 RCRLB 如图 4.6所示。

可以看出，基于原始 TOA 的 MMA Xu 方法对传感器节点位置误差更为敏感，且该方法的性能随着 σ_{sl}^2 的增加而急剧下降。与前面的场景类似，ML-Init-1 和 ML-Init-2 都无法给出准确的位置估计。而新提出的基于量化 TOA 的 SDP 目标定位方法以及 Two step Xu 方法不管目标在凸包内部还是凸包外部，均表现出

在传感器节点位置存在误差情况下的较强的鲁棒性，此外，当 σ_{sl}^2 变化时，RCRLB 不会发生显著变化。

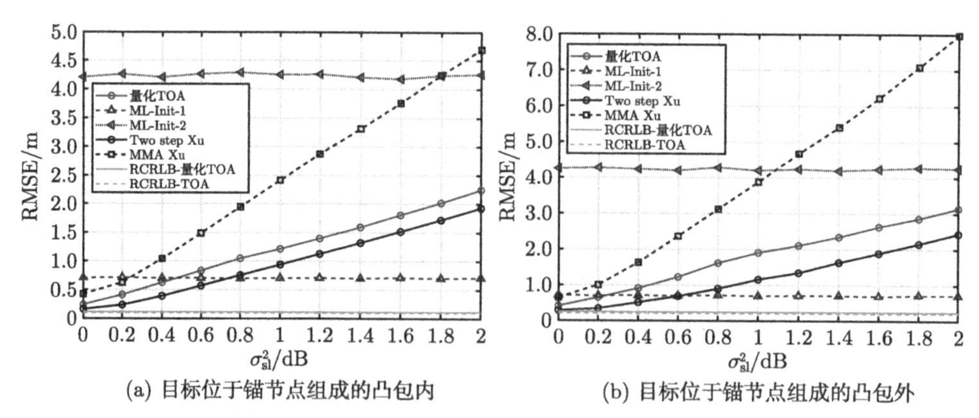

(a) 目标位于锚节点组成的凸包内　　(b) 目标位于锚节点组成的凸包外

图 4.6　场景 4 下不同目标定位方法的性能比较

这些方法包括：新提出的基于量化 TOA 的 SDP 目标定位方法（图中为量化 TOA）、Two step Xu、MMA Xu、ML-Init-1、ML-Init-2。图中自变量是锚节点位置误差的方差 σ_{sl}^2

4.7　本章小结

在本章中，我们研究了在资源受限的传感器网络中基于量化 TOA 的目标定位问题，提出了一种基于量化 TOA 的 SDP 目标定位方法，主要利用半正定松弛和 Jensen 不等式将非凸 ML 优化问题转换为凸优化问题，进而求解得到目标位置估计。主要贡献如下。

（1）首先将量化的异步 TOA 量测和无线通信信道非理想性传输的特性融合在一起，将通信信道建模为二进制对称信道，并假设各个传感器和融合中心之间的通道具有相同的 BER，提出了一种基于量化 TOA 的 ML 优化问题。

（2）将基于最大似然估计的优化问题松弛为一个次最优优化问题，并利用半正定松弛和 Jensen 不等式将原始的非凸最大似然优化问题转化为一个凸优化问题，在具有严格功率和通信带宽约束的传感器网络中，共同估计信号的初始传输时间和目标位置。

（3）将节点漂移引起的位置误差融合到上述定位方法中。采用最大值模型对锚节点位置误差进行建模，该模型不需要锚节点位置误差的先验知识或统计信息，仅假设位置误差向量模的最大值已知；对节点位置误差项单独处理，避免了因过度松弛造成的定位性能下降。

（4）推导了在资源受限的传感器网络中传输存在误码情况下的基于量化 TOA 的 CRLB。

（5）仿真结果表明，本章提出的方法在量测存在噪声和传感器节点位置存在误差的情况下具有一定的优势。即使使用相对较少的传感器，本章提出的方法的性能也可以收敛到 RCRLB。

本章的工作考虑了在节点位置存在误差的情况下如何有效解决基于信道感知的目标定位优化问题，其突出特征是对量测进行量化以及考虑各个传感器与融合中心之间通信的非理想性。应当注意到，传感器中的最佳门限值的确定是影响基于量化 TOA 的 SDP 目标定位方法性能的关键。这些门限值互相影响，并且也是未知参数的函数。我们将在以后的工作中致力解决这个问题。

第 5 章 基于到达时间差的传感器网络目标定位

5.1 引言

基于 TDOA 的目标定位方法的本质是求解多个 TDOA 双曲线的交点。研究表明：最大似然估计方法具有渐近最优的估计性能，常作为一种估计的评判标准 [53]，但是直接求解 MLE 是异常困难的，因为 TDOA 量测是目标位置的非线性函数，不能直接应用线性求解方法。针对这种非线性关系，可以通过迭代搜索法（如 Gauss-Newton 方法）获得目标位置的 MLE 结果。但这种迭代方法存在着收敛性问题，即不恰当的初始值会导致搜索法收敛到局部最优值或鞍点值。此外，也可以通过逼近的方式获得目标位置估计的闭式解，文献 [37] 提出了一种基于最小二乘的闭式求解方法，从无噪声的距离差模型出发，通过等式的等价变换，得到了目标位置估计的 LS 解。文献 [39] 依据目标到传感器节点之间的距离差，得到了目标位置带约束的 LS 解，但是其建立在独立的距离差（或时间差）噪声基础上，当这种距离差（或时间差）信息是通过 TOA 量测相减获得时，相关的 TDOA 量测噪声会引入较大的定位误差。文献 [47] 提供了一种可行的思路：从 ML 估计出发，得到了关于目标位置的两个线性方程，但其系数仍然依赖于目标位置，该逼近的 ML 估计在获取一定初始值后，迭代地更新线性方程的系数，得到估计后选取使代价函数最小的值为最终的输出。此外，文献 [83] 在最小化 LS 误差准则下，提出了两种 TDOA 定位方法，分别称作 BianSub 法和 BiasRes 法，大大减小了相关噪声引起的目标位置估计偏差。这些基于 LS 的闭式解方法在高信噪比时能够较好地估计出目标位置，但在低信噪比时定位性能明显下降。求解 MLE 问题的一个重要方法是利用凸优化或半正定规划的思想 [43-45, 84]。文献 [84] 研究了基于距离差的目标定位方法，通过 SDP 将 MLE 问题转换为凸优化问题。同样地，文献 [45] 将基于 TDOA 的 MLE 问题转换为凸优化问题，进而可以通过内点法很简单地估计出目标位置，但是在获得 TDOA 量测时，该方法考虑了所有 TOA 量测，运算复杂度较高。为了克服这个缺点，文献 [43] 将 MLE 问题转化为凸优化问题，提出了一种基于极小极大化准则的目标定位方法，但是该方法建立在相互独立的 TDOA 量测噪声的基础上，实际 TDOA 量测噪声是相关的。

以上基于 TDOA 的目标定位方法仅考虑了待定位目标和传感器节点间仅存在直达路径（Direct Path，DP）的情况，而在实际应用（如浅水环境下的目标定位）中，传感器节点得到的 TOA 量测存在非直达路径（Non-Direct Path，NDP），即存在由边界介质反射引起的多径效应。针对多径信道下的目标定位问题，学者们提出了几种不同的解决方法：① 基于多径散射模型的匹配方法。该方法建立在已知的多径衰落信道 TOA 量测统计特性的基础上 [85-87]，利用得到的统计特性来匹配预先已知的多径散射模型，从而估计出 DP 条件下的 TOA 量测。然而，精确的多径散射模型很难获取，且依据观测的时变 TOA 量测得到的统计特性总是与预先设定的模型存在一定的失配，从而引入更大的误差。② 基于“识别和舍去”的方法 [88,89]。该方法下的目标定位过程由两个步骤组成：第一步利用假设检验方法（如文献 [88] 提出的残差检测）将 DP 和 NDP TOA 量测区分开来；第二步舍去 NDP 条件下的 TOA 量测，仅利用 DP 条件下的 TOA 量测得到对目标位置的估计 [88]。但是，这种方法没有充分利用 NDP 条件下的 TOA 量测，定位精度有所下降。③基于“识别和利用”的方法。该方法将目标定位问题视作一个带约束的优化问题，将 NDP 条件下的 TOA 量测作为优化问题的约束进行求解，如文献 [90,91] 提出的线性规划法、文献 [92,93] 提出的凸优化法，以及文献 [94] 提出的联合利用 DP 和 NDP TOA 量测的估计法，通过分配不同的权重以达到一定准则下最优的目的。④ 不加区分地对待 DP 和 NDP TOA 量测。该方法的关键是设计一个稳健的目标联合估计器，如文献 [95] 利用期望最大化和联合后验概率最大似然估计来估计目标真实位置，文献 [96] 提出的自适应核函数密度估计法，以及文献 [97] 提出的机器学习估计法。除了以上四种方法，也有一些学者致力于仅仅考虑 NDP 条件的目标位置估计研究 [98-100]，有关的多径信道下目标定位方法详见综述文献 [101,102]。

本章的主要内容与组织结构如下：5.2 节对基于 TDOA 的目标定位问题进行了建模，构建了基于 TDOA 的 MLE 模型；5.3 节介绍了一种考虑相关 TDOA 量测噪声的目标定位方法，并扩展到了任意两组 TOA 量测相减的情况；5.4 节针对传感器节点位置存在误差的情形，提出了一种基于最大值模型的 TDOA 目标定位方法；5.5 节针对多径信道条件下 UASN 目标定位问题，提出了一种 SDP 目标定位方法；5.6 节从性能仿真角度分析了本章所提出方法的有效性及实用性；5.7 节是本章小结。

5.2 问题描述

考虑一个由 N 个传感器节点和一个融合中心组成的 UASN，N 个传感器节点随机布放在一个 n 维（$n=2$ 或 3）空间中，假设 UASN 中节点位置 $\boldsymbol{x}_i(i=1,\cdots,N)$ 固定且已知，各个节点通过相关法获得信号的 TOA 量测，并将其发送到融合中心，融合中心融合量测后对目标位置 $\boldsymbol{y}$ 进行估计。假设所有 UASN 节点间的时间是同步的，第 i 个节点利用相关法等技术有效地检测到信号的接收时刻为

$$t_i=\frac{1}{c}\|\boldsymbol{x}_i-\boldsymbol{y}\|+t_0+\omega_i,\quad i=1,2,\cdots,N \tag{5.1}$$

其中，t_0 是未知的信号传输时刻；$c=1500\text{m/s}$ 是声速；ω_i 是独立同分布的高斯噪声，其均值为 0、方差为 $\eta^2=\sigma^2/c^2$，σ^2 是距离量测噪声的方差。TOA 量测 $\boldsymbol{t}=[t_1,t_2,\cdots,t_N]^{\mathrm{T}}$ 的联合条件概率密度函数为

$$f\left(\boldsymbol{t}|\boldsymbol{y},t_0,\eta^2\right)=(2\pi\eta^2)^{-\frac{N}{2}}\exp\left(-\frac{1}{2\eta^2}\sum_{i=1}^{N}\left(t_i-\frac{1}{c}\|\boldsymbol{x}_i-\boldsymbol{y}\|-t_0\right)^2\right) \tag{5.2}$$

对于未知的目标位置 $\boldsymbol{y}$，TOA 量测的 MLE 为

$$\hat{\boldsymbol{y}}=\underset{\boldsymbol{y},t_0}{\operatorname{argmin}}\sum_{i=1}^{N}\left(t_i-\frac{1}{c}\|\boldsymbol{x}_i-\boldsymbol{y}\|-t_0\right)^2 \tag{5.3}$$

从式(5.3)可以看出，目标函数是未知目标位置的非线性函数。

式(5.3)中未知参数 t_0 与目标位置无关，选取第 r 个节点作为参考节点，其他所有节点与参考节点的量测 t_r 相减，有

$$\Delta t_i=\frac{1}{c}\left(\|\boldsymbol{x}_i-\boldsymbol{y}\|-\|\boldsymbol{x}_r-\boldsymbol{y}\|\right)+\underbrace{\omega_i-\omega_r}_{n_i} \tag{5.4}$$

其中

$$i=1,2,\cdots,r-1,r+1,\cdots,N$$

公共项 ω_r 引起相关的 TDOA 量测噪声 $n_i=\omega_i-\omega_r$。TDOA 噪声向量

$$\boldsymbol{n}=[n_1,n_2,\cdots,n_{r-1},n_{r+1},\cdots,n_N]^{\mathrm{T}} \tag{5.5}$$

的协方差矩阵为

$$\boldsymbol{Q} = \eta^2 \begin{bmatrix} 2 & 1 & \cdots & 1 \\ 1 & 2 & \cdots & 1 \\ \vdots & \vdots & \ddots & \vdots \\ 1 & 1 & \cdots & 2 \end{bmatrix} \tag{5.6}$$

引入以下辅助变量

$$\begin{gathered} \tau_i = \frac{1}{c}\|\boldsymbol{x}_i - \boldsymbol{y}\|, \quad 1 \leqslant i \leqslant N \\ \boldsymbol{h} = [\tau_1, \tau_2, \cdots, \tau_r, \cdots, \tau_N]^{\mathrm{T}} \\ \Delta \boldsymbol{t} = [\Delta t_1, \Delta t_2, \cdots, \Delta t_{r-1}, \Delta t_{r+1}, \cdots, \Delta t_N]^{\mathrm{T}} \end{gathered} \tag{5.7}$$

式(5.4)写成矩阵形式，有

$$\Delta \boldsymbol{t} = \boldsymbol{U}\boldsymbol{h} + \boldsymbol{n} \tag{5.8}$$

其中

$$\boldsymbol{U} = \begin{bmatrix} \boldsymbol{I}_{r-1} & -\boldsymbol{1}_{r-1} & \boldsymbol{0}_{(r-1)\times(N-r)} \\ \boldsymbol{0}_{(N-r)\times(r-1)} & -\boldsymbol{1}_{N-r} & \boldsymbol{I}_{N-r} \end{bmatrix} \tag{5.9}$$

式中，$\boldsymbol{I}_m$ 表示 $m \times m$ 单位阵，$\boldsymbol{1}_m$ 表示元素全部为 1 的 $m \times 1$ 向量，$\boldsymbol{0}_{m\times n}$ 表示元素全部为 0 的 m 行 n 列矩阵。注意到等式(5.8)是未知向量 $\boldsymbol{h}$ 的线性函数，TDOA 量测的联合条件概率密度函数为

$$f\left(\Delta \boldsymbol{t} | \boldsymbol{y}, \eta^2\right) = \frac{1}{(2\pi)^{\frac{N-1}{2}} |\boldsymbol{Q}|^{\frac{1}{2}}} \exp\left(-\frac{1}{2}(\Delta \boldsymbol{t} - \boldsymbol{U}\boldsymbol{h})^{\mathrm{T}} \boldsymbol{Q}^{-1} (\Delta \boldsymbol{t} - \boldsymbol{U}\boldsymbol{h})\right) \tag{5.10}$$

则未知目标位置 $\boldsymbol{y}$ 的 MLE 为

$$\hat{\boldsymbol{y}} = \underset{\boldsymbol{y},\boldsymbol{h}}{\operatorname{argmin}} \left\{(\Delta \boldsymbol{t} - \boldsymbol{U}\boldsymbol{h})^{\mathrm{T}} \boldsymbol{Q}^{-1} (\Delta \boldsymbol{t} - \boldsymbol{U}\boldsymbol{h})\right\} \tag{5.11}$$

式(5.11)中目标函数仍然是 $\boldsymbol{y}$ 的非线性函数。

5.3 基于 TDOA 的 SDP 目标定位方法

5.3.1 SDP 目标定位方法

文献 [45] 构建了包含所有 TDOA 量测（对于具有 N 个节点的 UASN 目标定位系统，共有 $\binom{N}{2}$ 种组合）的 MLE 模型，提出了相应的 SDP 目标定位方法，

将非凸的 MLE 问题转换为凸优化问题。但这种目标定位方法存在两个缺点：① 利用了所有的 TDOA 量测，运算复杂度较高 $[O(N^2)]$，当 UASN 传感器节点个数增加时，问题规模呈指数增加；② 建立在独立的 TDOA 量测噪声基础上，不适用于式(5.11)模型的目标定位问题。为了克服以上缺点，文献 [43] 提出了一种低运算复杂度的目标定位方法，但相比于原始的基于 TDOA 的 MLE 方法，性能有所下降。针对以上两种方法的不足，本章提出了一种考虑相关 TDOA 量测噪声的 SDP 目标定位方法，该方法在保证求解精度的同时，具有较低的运算复杂度。

式(5.11)中的目标函数可以写作

$$\begin{aligned}&(\Delta\boldsymbol{t}-\boldsymbol{U}\boldsymbol{h})^{\mathrm{T}}\boldsymbol{Q}^{-1}(\Delta\boldsymbol{t}-\boldsymbol{U}\boldsymbol{h})\\ =&\mathrm{Tr}\left\{\boldsymbol{Q}^{-1}(\Delta\boldsymbol{t}-\boldsymbol{U}\boldsymbol{h})(\Delta\boldsymbol{t}-\boldsymbol{U}\boldsymbol{h})^{\mathrm{T}}\right\}\end{aligned} \tag{5.12}$$

该等式利用了列向量 $\boldsymbol{a}=[a_1,\cdots,a_n]^{\mathrm{T}}$ 的性质：$\boldsymbol{a}^{\mathrm{T}}\boldsymbol{A}\boldsymbol{a}=\mathrm{Tr}(\boldsymbol{A}\boldsymbol{a}\boldsymbol{a}^{\mathrm{T}})$。将目标函数式(5.12)展开，有

$$\mathrm{Tr}\left\{\boldsymbol{Q}^{-1}\left(\Delta\boldsymbol{t}\Delta\boldsymbol{t}^{\mathrm{T}}-2\boldsymbol{U}\boldsymbol{h}\Delta\boldsymbol{t}^{\mathrm{T}}+\boldsymbol{U}\boldsymbol{h}\boldsymbol{h}^{\mathrm{T}}\boldsymbol{U}^{\mathrm{T}}\right)\right\} \tag{5.13}$$

引入辅助变量 $\boldsymbol{H}=\boldsymbol{h}\boldsymbol{h}^{\mathrm{T}}$，上式可以进一步写作

$$\mathrm{Tr}\left\{\boldsymbol{Q}^{-1}\left(\Delta\boldsymbol{t}\Delta\boldsymbol{t}^{\mathrm{T}}-2\boldsymbol{U}\boldsymbol{h}\Delta\boldsymbol{t}^{\mathrm{T}}+\boldsymbol{U}\boldsymbol{H}\boldsymbol{U}^{\mathrm{T}}\right)\right\} \tag{5.14}$$

目标函数是变量 $\boldsymbol{H}$、$\boldsymbol{h}$ 的线性函数。式(5.11)可以表示为如下优化问题

$$\begin{aligned}\min_{\boldsymbol{H},\boldsymbol{h},\boldsymbol{y}}\quad&\mathrm{Tr}\left\{\boldsymbol{Q}^{-1}\left(\Delta\boldsymbol{t}\Delta\boldsymbol{t}^{\mathrm{T}}-2\boldsymbol{U}\boldsymbol{h}\Delta\boldsymbol{t}^{\mathrm{T}}+\boldsymbol{U}\boldsymbol{H}\boldsymbol{U}^{\mathrm{T}}\right)\right\}\\ \text{s.t.}\quad&\tau_i=\frac{1}{c}\|\boldsymbol{x}_i-\boldsymbol{y}\|,\ \ i=1,2,\cdots,N,\\ &\boldsymbol{h}=[\tau_1,\tau_2,\cdots,\tau_r,\cdots,\tau_N]^{\mathrm{T}},\ \ \boldsymbol{H}=\boldsymbol{h}\boldsymbol{h}^{\mathrm{T}}\end{aligned} \tag{5.15}$$

可以看出，这个优化问题仍然是非凸的，因为等式约束 $\tau_i=\dfrac{1}{c}\|\boldsymbol{x}_i-\boldsymbol{y}\|$、$\boldsymbol{H}=\boldsymbol{h}\boldsymbol{h}^{\mathrm{T}}$ 是非仿射的，所以仍然很难获得目标位置的估计。可以通过 SDP 方法将等式约束松弛为不等式约束，针对矩阵 $\boldsymbol{H}$，有

$$\begin{aligned}[\boldsymbol{H}]_{ii}=\tau_i^2&=\frac{1}{c^2}\left(\boldsymbol{y}^{\mathrm{T}}\boldsymbol{y}-2\boldsymbol{x}_i^{\mathrm{T}}\boldsymbol{y}+\boldsymbol{x}_i^{\mathrm{T}}\boldsymbol{x}_i\right)\\ &=\frac{1}{c^2}\left(\mathrm{Tr}(\boldsymbol{Y})-2\boldsymbol{x}_i^{\mathrm{T}}\boldsymbol{y}+\boldsymbol{x}_i^{\mathrm{T}}\boldsymbol{x}_i\right)\end{aligned} \tag{5.16}$$

$$\boldsymbol{Y}=\boldsymbol{y}\boldsymbol{y}^{\mathrm{T}},\quad \boldsymbol{H}=\boldsymbol{h}\boldsymbol{h}^{\mathrm{T}}$$

将式(5.16)中两个非仿射等式约束松弛为不等式约束，有

$$\boldsymbol{Y}\succeq \boldsymbol{y}\boldsymbol{y}^{\mathrm{T}}$$

$$\boldsymbol{H}\succeq \boldsymbol{h}\boldsymbol{h}^{\mathrm{T}}$$

写为矩阵不等式

$$\begin{bmatrix}\boldsymbol{Y} & \boldsymbol{y}\\ \boldsymbol{y}^{\mathrm{T}} & 1\end{bmatrix}\succeq \boldsymbol{0},\quad \begin{bmatrix}\boldsymbol{H} & \boldsymbol{h}\\ \boldsymbol{h}^{\mathrm{T}} & 1\end{bmatrix}\succeq \boldsymbol{0} \tag{5.17}$$

这两个线性矩阵不等式可以表示为未知变量 $\boldsymbol{y}$ 以及 $\boldsymbol{Y}$ 的仿射函数。综合所有的约束，原始的 MLE 问题式(5.11)可以通过松弛表示为如下优化问题

$$\begin{aligned}\min_{\boldsymbol{H},\boldsymbol{h},\boldsymbol{y},\boldsymbol{Y}}\quad & \mathrm{Tr}\left\{\boldsymbol{Q}^{-1}\left(\Delta\boldsymbol{t}\Delta\boldsymbol{t}^{\mathrm{T}}-2\boldsymbol{U}\boldsymbol{h}\Delta\boldsymbol{t}^{\mathrm{T}}+\boldsymbol{U}\boldsymbol{H}\boldsymbol{U}^{\mathrm{T}}\right)\right\}\\ \text{s.t.}\quad & [\boldsymbol{H}]_{ii}=\frac{1}{c^2}\left(\mathrm{Tr}(\boldsymbol{Y})-2\boldsymbol{x}_i^{\mathrm{T}}\boldsymbol{y}+\|\boldsymbol{x}_i\|^2\right),\\ & i=1,2,\cdots,N,\\ & \begin{bmatrix}\boldsymbol{Y} & \boldsymbol{y}\\ \boldsymbol{y}^{\mathrm{T}} & 1\end{bmatrix}\succeq \boldsymbol{0},\quad \begin{bmatrix}\boldsymbol{H} & \boldsymbol{h}\\ \boldsymbol{h}^{\mathrm{T}} & 1\end{bmatrix}\succeq \boldsymbol{0}.\end{aligned} \tag{5.18}$$

上述凸优化问题可以通过内点法（如 SeDumi[103]）得到目标位置估计。

值得注意的是，对于优化问题式(5.18)，求解的结果仍存在着一定的模糊性。当目标位置位于以第 i 个节点和参考节点为焦点的双曲线上时（见图 5.1），目标函数中求和的主要成分 $\Delta r_i-c\tau_i+c\tau_r(i=1,\cdots,r-1,r+1,\cdots,N)$ 不会改变，此时，可以通过增加惩罚项来避免这种模糊，即引入惩罚项 $\beta\sum_{i=1}^{N}\sum_{j=1}^{N}[\boldsymbol{H}]_{ij}$，其中 $\beta\geqslant 0$ 是惩罚因子。增加惩罚项后的优化问题为

$$\begin{aligned}\min_{\boldsymbol{H},\boldsymbol{h},\boldsymbol{y},\boldsymbol{Y}}\quad & \mathrm{Tr}\left\{\boldsymbol{Q}^{-1}\left(\Delta\boldsymbol{t}\Delta\boldsymbol{t}^{\mathrm{T}}-2\boldsymbol{U}\boldsymbol{h}\Delta\boldsymbol{t}^{\mathrm{T}}+\boldsymbol{U}\boldsymbol{H}\boldsymbol{U}^{\mathrm{T}}\right)\right\}+\beta\sum_{i=1}^{N}\sum_{j=1}^{N}[\boldsymbol{H}]_{ij}\\ \text{s.t.}\quad & [\boldsymbol{H}]_{ii}=\frac{1}{c^2}\left(\mathrm{Tr}(\boldsymbol{Y})-2\boldsymbol{x}_i^{\mathrm{T}}\boldsymbol{y}+\|\boldsymbol{x}_i\|^2\right),\\ & i,j=1,2,\cdots,N,\\ & \begin{bmatrix}\boldsymbol{Y} & \boldsymbol{y}\\ \boldsymbol{y}^{\mathrm{T}} & 1\end{bmatrix}\succeq \boldsymbol{0},\quad \begin{bmatrix}\boldsymbol{H} & \boldsymbol{h}\\ \boldsymbol{h}^{\mathrm{T}} & 1\end{bmatrix}\succeq \boldsymbol{0}\end{aligned} \tag{5.19}$$

同理，该凸优化问题可以通过内点法等方法来求解，得到目标位置估计 $\hat{\boldsymbol{y}}$ 。在后续仿真中可以看出，相比于惩罚因子 $\beta=0$ ，选取合适的 β 可以提高目标定位方法的性能。

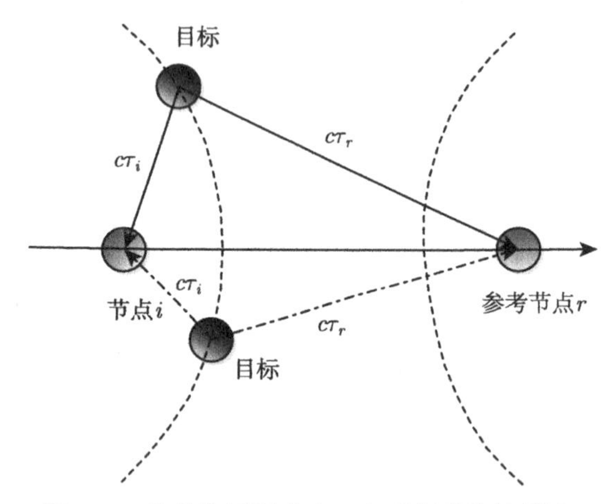

图 5.1　凸优化问题式 (5.18) 求解模糊性描述

5.3.2　扩展的 SDP 目标定位方法

本节扩展了上节提出的 SDP 目标定位方法，利用的是任意两组 TOA 量测相减得到的 $N(N-1)/2$ 组 TDOA 信息。需要说明的是，本节提出的扩展 SDP 目标定位方法与文献 [43] 提出的 SDP 目标定位方法不同，后者建立在相互独立的 TDOA 量测噪声的基础上，这种噪声统计特性的失配导致其定位性能下降。

第 i 个传感器节点与第 j 个传感器节点间的 TDOA 可以表示为

$$\Delta t_{ij}=\frac{1}{c}\left(\|\boldsymbol{x}_i-\boldsymbol{y}\|-\|\boldsymbol{x}_j-\boldsymbol{y}\|\right)+\underbrace{\omega_i-\omega_j}_{\delta_{ij}} \tag{5.20}$$

其中，$\delta_{ij}=\omega_i-\omega_j(i,\ j=1,\cdots,N,\ i<j)$ 表示相关噪声，式(5.20)写成矩阵形式为

$$\Delta\boldsymbol{t}'=\boldsymbol{U}'\boldsymbol{h}+\boldsymbol{\delta} \tag{5.21}$$

其中

$$\boldsymbol{h}=[\tau_1,\tau_2,\cdots,\tau_r,\cdots,\tau_N]^{\mathrm{T}},\quad \tau_i=\frac{1}{c}\|\boldsymbol{x}_i-\boldsymbol{y}\|,\quad 1\leqslant i\leqslant N$$

$$\Delta\boldsymbol{t}'=[\Delta t_{12},\cdots,\Delta t_{1N},\Delta t_{23},\cdots,\Delta t_{2N},\cdots,\Delta t_{N-1,N}]^{\mathrm{T}}$$

$$\boldsymbol{\delta}=[\delta_{12},\cdots,\delta_{1N},\delta_{23},\cdots,\delta_{2N},\cdots,\delta_{N-1,N}]^{\mathrm{T}}$$

$$
\boldsymbol{U}'=\begin{bmatrix}
1 & -1 & 0 & \cdots & 0 & 0\\
1 & 0 & -1 & \cdots & 0 & 0\\
\vdots & \vdots & \vdots & \ddots & \vdots & \vdots\\
1 & 0 & 0 & \cdots & 0 & -1\\
0 & 1 & -1 & \cdots & 0 & 0\\
0 & 1 & 0 & \ddots & 0 & -1\\
\vdots & \vdots & \vdots & \ddots & \vdots & \vdots\\
0 & 0 & 0 & \cdots & 1 & -1
\end{bmatrix} \tag{5.22}
$$

定义 Q' 为噪声向量 $\boldsymbol{\delta}$ 的协方差矩阵，有

$$
\boldsymbol{Q}'_{rs}=\begin{cases}
2\eta^2 & r_1=s_1, r_2=s_2\\
\eta^2 & r_1=s_1, r_2\neq s_2\\
-\eta^2 & r_1=s_2, r_2\neq s_1\\
-\eta^2 & r_2=s_1, r_1\neq s_2\\
\eta^2 & r_2=s_2, r_1\neq s_1\\
0 & \text{其他}
\end{cases} \tag{5.23}
$$

式中，r_1 表示 $\boldsymbol{\delta}[r]$ 的第 1 个下标、r_2 表示 $\boldsymbol{\delta}[r]$ 的第 2 个下标，r 表示 $\boldsymbol{\delta}$ 中元素的索引号；s_1 表示 $\boldsymbol{\delta}^{\mathrm{T}}[r]$ 的第 1 个下标、s_2 表示 $\boldsymbol{\delta}^{\mathrm{T}}[r]$ 的第 2 个下标，s 表示 $\boldsymbol{\delta}^{\mathrm{T}}$ 中元素的索引号。

考虑所有的 TDOA 量测的式 (5.21) 与上一节中考虑 $N-1$ 个量测的式(5.8)具有相同的结构，因此可以得到与式(5.19)类似的凸优化问题

$$
\begin{aligned}
\min_{\boldsymbol{H},\boldsymbol{h},\boldsymbol{y},\boldsymbol{Y}}\quad & \mathrm{Tr}\left\{\boldsymbol{Q}'^{-1}\left(\Delta\boldsymbol{t}'\Delta\boldsymbol{t}'^{\mathrm{T}}-2\boldsymbol{U}'\boldsymbol{h}\Delta\boldsymbol{t}'^{\mathrm{T}}+\boldsymbol{U}'\boldsymbol{H}\boldsymbol{U}'^{\mathrm{T}}\right)\right\}+\beta'\sum_{i=1}^{N}\sum_{j=1}^{N}[\boldsymbol{H}]_{ij}\\
\text{s.t.}\quad & [\boldsymbol{H}]_{ii}=\frac{1}{c^2}\left(\mathrm{Tr}(\boldsymbol{Y})-2\boldsymbol{x}_i^{\mathrm{T}}\boldsymbol{y}+\|\boldsymbol{x}_i\|^2\right),\\
& i,j=1,2,\cdots,N,\\
& \begin{bmatrix}\boldsymbol{Y} & \boldsymbol{y}\\ \boldsymbol{y}^{\mathrm{T}} & 1\end{bmatrix}\succeq\boldsymbol{0},\quad \begin{bmatrix}\boldsymbol{H} & \boldsymbol{h}\\ \boldsymbol{h}^{\mathrm{T}} & 1\end{bmatrix}\succeq\boldsymbol{0}
\end{aligned} \tag{5.24}
$$

利用内点法等可以很方便地求解出上述优化问题的解，从而得到目标位置的估计。

5.4 锚节点存在位置误差时目标定位方法

上一节假设融合中心精确已知传感器节点的自身位置 $\boldsymbol{x}_i$，对于无线传感器网络而言，传感器节点随机布放于监测区域，锚节点存在位置误差，这种误差对于不能采用 GPS 或北斗定位的水声传感器节点而言更为严重。基于此，本节定量地分析传感器节点位置误差对目标定位系统的性能影响，并用与第 4 章相同的最大值模型对节点位置误差进行处理。

5.4.1 最大似然问题建模

假设第 i 个传感器节点的位置漂移可以表示为

$$\tilde{\boldsymbol{x}}_i = \boldsymbol{x}_i + \boldsymbol{\xi}_i \tag{5.25}$$

其中，$\boldsymbol{x}_i$ 是水声传感器节点真实的位置；$\boldsymbol{\xi}_i$ 是节点位置误差，该误差满足 $\|\boldsymbol{\xi}_i\|\leqslant\epsilon$，即位置误差存在一定的上界。将 $\|\boldsymbol{x}_i-\boldsymbol{y}\|$ 在 $\tilde{\boldsymbol{x}}_i$ 处一阶泰勒展开，有

$$\|\boldsymbol{x}_i-\boldsymbol{y}\| \approx \|\tilde{\boldsymbol{x}}_i-\boldsymbol{y}\| - \frac{\boldsymbol{\xi}_i^{\mathrm{T}}(\tilde{\boldsymbol{x}}_i-\boldsymbol{y})}{\|\tilde{\boldsymbol{x}}_i-\boldsymbol{y}\|} + O(\|\boldsymbol{\xi}_i\|) \tag{5.26}$$

其中，$O(\cdot)$ 表示佩亚诺（Peano）余项。将式(5.26)代入式(5.1)，得到

$$t_i = \frac{1}{c}\|\tilde{\boldsymbol{x}}_i-\boldsymbol{y}\| - \frac{\boldsymbol{\xi}_i^{\mathrm{T}}(\tilde{\boldsymbol{x}}_i-\boldsymbol{y})}{c\|\tilde{\boldsymbol{x}}_i-\boldsymbol{y}\|} + t_0 + \omega_i + O(\|\boldsymbol{\xi}_i\|) \tag{5.27}$$

定义

$$\delta_i = \frac{\boldsymbol{\xi}_i^{\mathrm{T}}(\tilde{\boldsymbol{x}}_i-\boldsymbol{y})}{c\|\tilde{\boldsymbol{x}}_i-\boldsymbol{y}\|}, \quad \boldsymbol{\delta} = [\delta_1, \delta_2, \cdots, \delta_N]^{\mathrm{T}} \tag{5.28}$$

那么，对于 δ_i，存在如下限制

$$\|\delta_i\|^2 = \frac{\boldsymbol{\xi}_i^{\mathrm{T}}(\tilde{\boldsymbol{x}}_i-\boldsymbol{y})\boldsymbol{\xi}_i^{\mathrm{T}}(\tilde{\boldsymbol{x}}_i-\boldsymbol{y})}{c^2\|\tilde{\boldsymbol{x}}_i-\boldsymbol{y}\|^2} \leqslant \frac{\boldsymbol{\xi}_i^{\mathrm{T}}\boldsymbol{\xi}_i(\tilde{\boldsymbol{x}}_i-\boldsymbol{y})^{\mathrm{T}}(\tilde{\boldsymbol{x}}_i-\boldsymbol{y})}{c^2\|\tilde{\boldsymbol{x}}_i-\boldsymbol{y}\|^2} = \frac{\boldsymbol{\xi}_i^{\mathrm{T}}\boldsymbol{\xi}_i}{c^2} \tag{5.29}$$

则有 $\|\delta_i\|\leqslant\epsilon/c$。与上一章的处理方式不同，将框约束 $\|\delta_i\|\leqslant\epsilon/c$ 松弛为椭圆约束，有 $\|\boldsymbol{\delta}\| \leqslant \epsilon\sqrt{N}/c$。

依据式(5.4)，传感器节点存在位置误差时带噪的 TDOA 量测为

$$\begin{aligned}\Delta t_i &= t_i - t_r \\ &\approx \frac{1}{c}\left(\|\tilde{\boldsymbol{x}}_i-\boldsymbol{y}\| - \|\tilde{\boldsymbol{x}}_r-\boldsymbol{y}\|\right) - (\delta_i - \delta_r) + \underbrace{\omega_i - \omega_r}_{n_i}\end{aligned} \tag{5.30}$$

式(5.30)写为矩阵形式，有

$$\Delta\boldsymbol{t}=\boldsymbol{U}\left(\tilde{\boldsymbol{h}}+\boldsymbol{\delta}\right)+\boldsymbol{n} \tag{5.31}$$

其中

$$\begin{aligned}\tilde{\boldsymbol{h}}&=[\tilde{\tau}_1,\tilde{\tau}_2,\cdots,\tilde{\tau}_N]^{\mathrm{T}}\\ \tilde{\tau}_i&=\frac{1}{c}\|\tilde{\boldsymbol{x}}_i-\boldsymbol{y}\|\end{aligned} \tag{5.32}$$

$\boldsymbol{U}$ 在式(5.9)中给出，噪声项 $\boldsymbol{n}\sim N\left(\boldsymbol{0}_{N-1\times 1},\boldsymbol{Q}\right)$ ，$\boldsymbol{Q}$ 是相关噪声向量 $\boldsymbol{n}$ 的协方差矩阵，如式(5.6)所示。考虑传感器节点位置误差最大时的目标定位问题，由式(5.31)的矩阵等式，可得到如下 MLE 问题

$$\min_{\boldsymbol{y},\tilde{\boldsymbol{h}}}\ \max_{\|\boldsymbol{\delta}\|\leqslant\epsilon\sqrt{N}/c}\left\{\left(\Delta\boldsymbol{t}-\boldsymbol{U}\tilde{\boldsymbol{h}}+\boldsymbol{U}\boldsymbol{\delta}\right)^{\mathrm{T}}\boldsymbol{Q}^{-1}\left(\Delta\boldsymbol{t}-\boldsymbol{U}\tilde{\boldsymbol{h}}+\boldsymbol{U}\boldsymbol{\delta}\right)\right\} \tag{5.33}$$

5.4.2 半正定松弛

由于式(5.33)是非线性非凸函数，很难直接进行处理，因此引入辅助的上境图变量[82]，上式可以等价表示为

$$\begin{aligned}\min_{\boldsymbol{y},\tilde{\boldsymbol{h}},\mu}\quad &\mu\\ \text{s.t.}\quad &\left(\Delta\boldsymbol{t}-\boldsymbol{U}\tilde{\boldsymbol{h}}+\boldsymbol{U}\boldsymbol{\delta}\right)^{\mathrm{T}}\boldsymbol{Q}^{-1}\left(\Delta\boldsymbol{t}-\boldsymbol{U}\tilde{\boldsymbol{h}}+\boldsymbol{U}\boldsymbol{\delta}\right)\leqslant\mu,\\ &\|\boldsymbol{\delta}\|\leqslant\epsilon\sqrt{N}/c,\\ &\tilde{\tau}_i=\frac{1}{c}\|\tilde{\boldsymbol{x}}_i-\boldsymbol{y}\|,\ \ i=1,2,\cdots,N\end{aligned} \tag{5.34}$$

其中，目标函数为未知参数 μ 的线性函数，但是等式约束为非线性的，且约束中第一个不等式是条件不等式。第一个不等式可以写作

$$\begin{aligned}&\mathrm{Tr}\left[\boldsymbol{Q}^{-1}\left(\Delta\boldsymbol{t}\Delta\boldsymbol{t}^{\mathrm{T}}-2\boldsymbol{U}\tilde{\boldsymbol{h}}\Delta\boldsymbol{t}^{\mathrm{T}}+\boldsymbol{U}\tilde{\boldsymbol{h}}\tilde{\boldsymbol{h}}^{\mathrm{T}}\boldsymbol{U}^{\mathrm{T}}\right)\right]\\ &\quad+2(\boldsymbol{U}\boldsymbol{\delta})^{\mathrm{T}}\boldsymbol{Q}^{-1}(\Delta\boldsymbol{t}-\boldsymbol{U}\tilde{\boldsymbol{h}})+(\boldsymbol{U}\boldsymbol{\delta})^{\mathrm{T}}\boldsymbol{Q}^{-1}(\boldsymbol{U}\boldsymbol{\delta})\leqslant\mu\end{aligned} \tag{5.35}$$

对于所有的 $\|\boldsymbol{\delta}\|\leqslant\epsilon\sqrt{N}/c$ ，这个条件不等式可以等效为隐式表达式，即

$$\begin{aligned}&\|\boldsymbol{\delta}\|\leqslant\epsilon\sqrt{N}/c\Rightarrow\mathrm{Tr}\left[\boldsymbol{Q}^{-1}\left(\Delta\boldsymbol{t}\Delta\boldsymbol{t}^{\mathrm{T}}-2\boldsymbol{U}\tilde{\boldsymbol{h}}\Delta\boldsymbol{t}^{\mathrm{T}}+\boldsymbol{U}\tilde{\boldsymbol{h}}\tilde{\boldsymbol{h}}^{\mathrm{T}}\boldsymbol{U}^{\mathrm{T}}\right)\right]\\ &\quad+2(\boldsymbol{U}\boldsymbol{\delta})^{\mathrm{T}}\boldsymbol{Q}^{-1}(\Delta\boldsymbol{t}-\boldsymbol{U}\tilde{\boldsymbol{h}})+(\boldsymbol{U}\boldsymbol{\delta})^{\mathrm{T}}\boldsymbol{Q}^{-1}(\boldsymbol{U}\boldsymbol{\delta})\leqslant\mu\end{aligned} \tag{5.36}$$

其中，$A \Rightarrow B$ 表示 B 在 A 条件下成立。式(5.36)进一步表示为矩阵不等式形式，有

$$\begin{gathered}\begin{bmatrix}\boldsymbol{\delta}\\1\end{bmatrix}^{\mathrm{T}}\begin{bmatrix}\boldsymbol{I}_N & \boldsymbol{0}_{N\times1}\\ \boldsymbol{0}_{1\times N} & -\dfrac{N\epsilon^2}{c^2}\end{bmatrix}\begin{bmatrix}\boldsymbol{\delta}\\1\end{bmatrix}\leqslant 0 \Rightarrow\\ \begin{bmatrix}\boldsymbol{\delta}\\1\end{bmatrix}^{\mathrm{T}}\begin{bmatrix}\boldsymbol{G} & \boldsymbol{F}\\ \boldsymbol{F}^{\mathrm{T}} & \varphi-\mu\end{bmatrix}\begin{bmatrix}\boldsymbol{\delta}\\1\end{bmatrix}\leqslant 0\end{gathered} \tag{5.37}$$

其中

$$\begin{gathered}\boldsymbol{G}=\boldsymbol{U}^{\mathrm{T}}\boldsymbol{Q}^{-1}\boldsymbol{U}\\ \boldsymbol{F}=\boldsymbol{U}^{\mathrm{T}}\boldsymbol{Q}^{-1}\left(\Delta\boldsymbol{t}-\boldsymbol{U}\tilde{\boldsymbol{h}}\right)\\ \varphi=\mathrm{Tr}\left[\boldsymbol{Q}^{-1}\left(\Delta\boldsymbol{t}\Delta\boldsymbol{t}^{\mathrm{T}}-2\boldsymbol{U}\tilde{\boldsymbol{h}}\Delta\boldsymbol{t}^{\mathrm{T}}+\boldsymbol{U}\tilde{\boldsymbol{H}}\boldsymbol{U}^{\mathrm{T}}\right)\right]\\ \tilde{\boldsymbol{H}}=\tilde{\boldsymbol{h}}\tilde{\boldsymbol{h}}^{\mathrm{T}}\end{gathered} \tag{5.38}$$

根据控制理论中的 S-引理[82]，存在 λ，当且仅当 $\lambda\geqslant 0$，以及满足

$$\begin{bmatrix}\boldsymbol{G} & \boldsymbol{F}\\ \boldsymbol{F}^{\mathrm{T}} & \varphi-\mu\end{bmatrix}\preceq\lambda\begin{bmatrix}\boldsymbol{I}_N & \boldsymbol{0}_{N\times1}\\ \boldsymbol{0}_{1\times N} & -\dfrac{N\epsilon^2}{c^2}\end{bmatrix} \tag{5.39}$$

条件时，式(5.37)成立。将 $\tilde{\boldsymbol{H}}$ 展开，有

$$\begin{gathered}[\tilde{\boldsymbol{H}}]_{ii}=\frac{1}{c^2}\left(\mathrm{Tr}(\boldsymbol{Y})-2\tilde{\boldsymbol{x}}_i^{\mathrm{T}}\boldsymbol{y}+\|\tilde{\boldsymbol{x}}_i\|^2\right)\\ \boldsymbol{Y}=\boldsymbol{y}\boldsymbol{y}^{\mathrm{T}}\end{gathered}$$

综合以上所有的等式约束式(5.32)、式(5.38)和不等式约束式(5.39)，传感器节点存在位置误差时，基于 TDOA 的 MLE 问题可以表示如下所示的优化问题

$$\begin{aligned}\min_{\boldsymbol{y},\boldsymbol{Y},\tilde{\boldsymbol{h}},\tilde{\boldsymbol{H}},\lambda}\quad & \mu\\ \text{s.t.}\quad & \begin{bmatrix}\boldsymbol{G} & \boldsymbol{F}\\ \boldsymbol{F}^{\mathrm{T}} & \varphi-\mu\end{bmatrix}\preceq\lambda\begin{bmatrix}\boldsymbol{I}_N & \boldsymbol{0}_{N\times1}\\ \boldsymbol{0}_{1\times N} & -\dfrac{N\epsilon^2}{c^2}\end{bmatrix},\\ & \boldsymbol{G}=\boldsymbol{U}^{\mathrm{T}}\boldsymbol{Q}^{-1}\boldsymbol{U},\\ & \varphi=\mathrm{Tr}\left[\boldsymbol{Q}^{-1}\left(\Delta\boldsymbol{t}\Delta\boldsymbol{t}^{\mathrm{T}}-2\boldsymbol{U}\tilde{\boldsymbol{h}}\Delta\boldsymbol{t}^{\mathrm{T}}+\boldsymbol{U}\tilde{\boldsymbol{H}}\boldsymbol{U}^{\mathrm{T}}\right)\right],\end{aligned}$$

$$
\begin{aligned}
&\boldsymbol{F}=\boldsymbol{U}^{\mathrm{T}}\boldsymbol{Q}^{-1}\left(\Delta\boldsymbol{t}-\boldsymbol{U}\tilde{\boldsymbol{h}}\right),\\
&\tilde{\boldsymbol{H}}=\tilde{\boldsymbol{h}}\tilde{\boldsymbol{h}}^{\mathrm{T}},\ \ \boldsymbol{Y}=\boldsymbol{y}\boldsymbol{y}^{\mathrm{T}},\\
&[\tilde{\boldsymbol{H}}]_{ii}=\frac{1}{c^2}\left(\mathrm{Tr}(\boldsymbol{Y})-2\tilde{\boldsymbol{x}}_i^{\mathrm{T}}\boldsymbol{y}+\|\tilde{\boldsymbol{x}}_i\|^2\right),\\
&\lambda\geqslant 0,\ \ i=1,2,\cdots,N
\end{aligned}
\tag{5.40}
$$

注意到，除了等式约束 $\tilde{\boldsymbol{H}}=\tilde{\boldsymbol{h}}\tilde{\boldsymbol{h}}^{\mathrm{T}}$、$\boldsymbol{Y}=\boldsymbol{y}\boldsymbol{y}^{\mathrm{T}}$，其他的式子都满足凸优化问题的条件，通过 SDP 方法将等式约束松弛为不等式约束，即 $\tilde{\boldsymbol{H}}\succeq\tilde{\boldsymbol{h}}\tilde{\boldsymbol{h}}^{\mathrm{T}}$，$\boldsymbol{Y}\succeq\boldsymbol{y}\boldsymbol{y}^{\mathrm{T}}$，写成矩阵不等式形式

$$
\begin{bmatrix}\tilde{\boldsymbol{H}} & \tilde{\boldsymbol{h}}\\ \tilde{\boldsymbol{h}}^{\mathrm{T}} & 1\end{bmatrix}\succeq\boldsymbol{0},\quad \begin{bmatrix}\boldsymbol{Y} & \boldsymbol{y}\\ \boldsymbol{y}^{\mathrm{T}} & 1\end{bmatrix}\succeq\boldsymbol{0}
\tag{5.41}
$$

与优化问题式 (5.19) 相同，通过增加惩罚项提高目标定位精度，原 MLE 问题可以松弛为如下凸优化问题

$$
\begin{aligned}
&\min_{\boldsymbol{y},\boldsymbol{Y},\tilde{\boldsymbol{h}},\tilde{\boldsymbol{H}},\lambda}\quad \mu+\beta\sum_{i=1}^{N}\sum_{j=1}^{N}[\tilde{\boldsymbol{H}}]_{ij}\\
&\text{s.t.}\ \begin{bmatrix}\boldsymbol{G} & \boldsymbol{F}\\ \boldsymbol{F}^{\mathrm{T}} & \varphi-\mu\end{bmatrix}\preceq\lambda\begin{bmatrix}\boldsymbol{I}_N & \boldsymbol{0}_{N\times 1}\\ \boldsymbol{0}_{1\times N} & -\dfrac{N\epsilon^2}{c^2}\end{bmatrix},\\
&\boldsymbol{G}=\boldsymbol{U}^{\mathrm{T}}\boldsymbol{Q}^{-1}\boldsymbol{U},\\
&\varphi=\mathrm{Tr}\left[\boldsymbol{Q}^{-1}\left(\Delta\boldsymbol{t}\Delta\boldsymbol{t}^{\mathrm{T}}-2\boldsymbol{U}\tilde{\boldsymbol{h}}\Delta\boldsymbol{t}^{\mathrm{T}}+\boldsymbol{U}\tilde{\boldsymbol{H}}\boldsymbol{U}^{\mathrm{T}}\right)\right],\\
&\boldsymbol{F}=\boldsymbol{U}^{\mathrm{T}}\boldsymbol{Q}^{-1}\left(\Delta\boldsymbol{t}-\boldsymbol{U}\tilde{\boldsymbol{h}}\right),\\
&[\tilde{\boldsymbol{H}}]_{ii}=\frac{1}{c^2}\left(\mathrm{Tr}(\boldsymbol{Y})-2\tilde{\boldsymbol{x}}_i^{\mathrm{T}}\boldsymbol{y}+\|\tilde{\boldsymbol{x}}_i\|^2\right),\\
&\begin{bmatrix}\boldsymbol{Y} & \boldsymbol{y}\\ \boldsymbol{y}^{\mathrm{T}} & 1\end{bmatrix}\succeq\boldsymbol{0},\ \begin{bmatrix}\tilde{\boldsymbol{H}} & \tilde{\boldsymbol{h}}\\ \tilde{\boldsymbol{h}}^{\mathrm{T}} & 1\end{bmatrix}\succeq\boldsymbol{0},\\
&\lambda\geqslant 0,\ \ i,j=1,2,\cdots,N
\end{aligned}
\tag{5.42}
$$

其中，惩罚因子 $\beta\geqslant 0$ 是一常数。该优化问题可以通过内点法求解，得到传感器节点存在位置误差情况下的目标位置估计 $\hat{\boldsymbol{y}}$。

5.5 多径条件下目标定位方法

以上小节提出的方法均建立在目标与传感器节点间仅存在 DP 的基础上，在实际水声传输信道中，由于水底水面的反射以及水中散射体的散射，目标与传感器节点间往往也存在着声波传达的多条路径，如图 5.2所示。

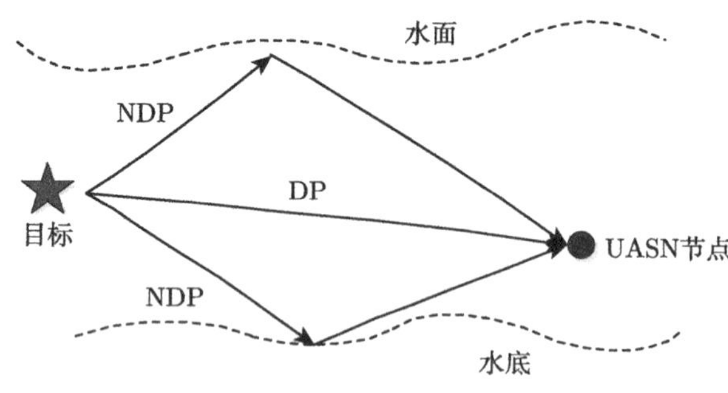

图 5.2 水声传输信道中 DP 和 NDP

本节重点研究存在 NDP 的 TOA 量测条件下的目标定位方法，将原始的 ML 问题转换为凸优化问题。具体地，利用 DP 条件下的 TOA 量测产生优化问题的目标函数，利用 NDP 条件下的 TOA 量测产生优化问题的约束条件。假设：

（1）在所有的 $N=K+L$ 个节点的 TOA 量测中，假设存在 K 个 NDP 条件下的 TOA 量测、L 个 DP 条件下的 TOA 量测，且已经通过假设检验等方法（如能量检测方法 [104]、联合 RSS 和 TOA 的 NDP 识别方法 [105]）可区分出 DP 和 NDP 条件下的 TOA 量测；

（2）NDP 条件下的 TOA 量测 $b_k(k=1,\cdots,K)$ 远大于信号从目标传播到传感器节点的真实 TOA 量测噪声 ω_{Lk}。

除上述两个假设外，对 b_k 的分布没有做任何假设。

第 k 个 NDP 条件下的传感器节点的 TOA 量测为

$$t_{Lk}=\frac{1}{c}\|\boldsymbol{x}_{Lk}-\boldsymbol{y}\|+t_0+\omega_{Lk}+b_k,\quad k=1,2,\cdots,K \tag{5.43}$$

式中，$\boldsymbol{y}\in\mathbb{R}^n$ 是待估计目标的位置；$\boldsymbol{x}_{Lk}\in\mathbb{R}^n(k=1,2,\cdots,K)$ 是第 k 个存在 NDP 的传感器节点的位置；K 是 UASN 中所有 $N=K+L$ 个节点中存在 NDP 的节点个数，这个参数可以通过 NDP 识别方法来获得；b_k 是由 NDP 引起的 TOA 量测偏差，满足不等式 $b_k>0$ 。与之前提出的方法相同，选取 DP 条件下的传感器节点 r 为参考节点，第 $k(k=1,2,\cdots,K)$ 个 NDP 条件下的传

感器节点与参考节点间的时间差 TDOA 可以表示为

$$\Delta t_{Lk} = t_{Lk} - t_r = \frac{1}{c}\left(\|\boldsymbol{x}_{Lk} - \boldsymbol{y}\| - \|\boldsymbol{x}_r - \boldsymbol{y}\|\right) + \omega_{Lk} - \omega_r + b_k \tag{5.44}$$

利用第二条假设，即 NDP 条件下的偏差 b_k 远大于 TOA 量测噪声 ω_{Lk}。当不等式

$$b_k \geqslant 2 \cdot \max_{i=1,\cdots,L,\ k=1,\cdots,K} \{|\omega_i|, |\omega_{Lk}|\} \tag{5.45}$$

成立时，式(5.44)中 $\omega_{Lk} - \omega_r + b_k \geqslant 0$ 总是成立，有

$$\frac{1}{c}\left(\|\boldsymbol{x}_{Lk} - \boldsymbol{y}\| - \|\boldsymbol{x}_r - \boldsymbol{y}\|\right) \leqslant \Delta t_{Lk} \tag{5.46}$$

与文献 [91] 中提出方法的假设相同，没有对 NDP 条件下 TOA 量测偏差 b_k 的统计特性做任何假设。不等式约束式(5.46)成立的先决条件是不等式(5.45) 成立，而根据第二条假设，该条件总是成立的。

得到以上结果后，利用 DP 条件下的 TOA 量测产生优化问题的目标函数，利用 NDP 条件下的 TOA 量测产生优化问题的约束条件，将仅考虑 DP 条件下 TOA 量测的优化问题式(5.19)扩展到 DP 和 NDP 并存条件下的优化问题，有

$$\begin{aligned}
\min_{\boldsymbol{H},\boldsymbol{h},\boldsymbol{y},\boldsymbol{Y}} \quad & \mathrm{Tr}\left\{\boldsymbol{Q}^{-1}\left(\Delta \boldsymbol{t}\Delta \boldsymbol{t}^{\mathrm{T}} - 2\boldsymbol{U}\boldsymbol{h}\Delta \boldsymbol{t}^{\mathrm{T}} + \boldsymbol{U}\boldsymbol{H}\boldsymbol{U}^{\mathrm{T}}\right)\right\} + \beta\sum_{i=1}^{L}\sum_{j=1}^{L}[\boldsymbol{H}]_{ij} \\
\text{s.t.} \quad & [\boldsymbol{H}]_{ii} = \frac{1}{c^2}\left(\mathrm{Tr}(\boldsymbol{Y}) - 2\boldsymbol{x}_i^{\mathrm{T}}\boldsymbol{y} + \|\boldsymbol{x}_i\|^2\right), \\
& \begin{bmatrix} \boldsymbol{Y} & \boldsymbol{y} \\ \boldsymbol{y}^{\mathrm{T}} & 1 \end{bmatrix} \succeq \boldsymbol{0}, \quad \begin{bmatrix} \boldsymbol{H} & \boldsymbol{h} \\ \boldsymbol{h}^{\mathrm{T}} & 1 \end{bmatrix} \succeq \boldsymbol{0}, \\
& \frac{1}{c}\left(\|\boldsymbol{x}_{Lk} - \boldsymbol{y}\| - \|\boldsymbol{x}_r - \boldsymbol{y}\|\right) \leqslant \Delta t_{Lk}, \\
& i, j = 1, 2, \cdots, L, \quad k = 1, \cdots, K
\end{aligned} \tag{5.47}$$

注意到式中不等式约束是非凸的，由于等式 $\tau_r = \frac{1}{c}\|\boldsymbol{x}_r - \boldsymbol{y}\|$ 成立，非凸的不等式约束可以进一步表示为

$$\frac{1}{c}\|\boldsymbol{x}_{Lk} - \boldsymbol{y}\| \leqslant \frac{1}{c}\|\boldsymbol{x}_r - \boldsymbol{y}\| + \Delta t_{Lk} = \tau_r + \Delta t_{Lk} \tag{5.48}$$

不等式(5.48)两边取平方并展开有

$$-2\left(\boldsymbol{x}_{Lk}^{\mathrm{T}} + \boldsymbol{x}_r^{\mathrm{T}}\right)\boldsymbol{y} - 2c^2\Delta t_{Lk}\tau_r \leqslant c^2\Delta t_{Lk}^2 - \|\boldsymbol{x}_{Lk}\|^2 + \|\boldsymbol{x}_r\|^2 \tag{5.49}$$

其中，τ_r 是向量 $\boldsymbol{h}$ 的第 r 个元素，即 $[\boldsymbol{h}]_r=\tau_r$，经过变形后的不等式约束式(5.49)是凸的。联合以上所有约束条件，当 UASN 目标定位系统中存在 K 个 NDP 节点时，目标定位方法可以通过求解以下凸优化问题来估计出目标位置

$$
\begin{aligned}
\min_{\boldsymbol{H},\boldsymbol{h},\boldsymbol{y},\boldsymbol{Y}} \quad & \mathrm{Tr}\left\{\boldsymbol{Q}^{-1}\left(\Delta\boldsymbol{t}\Delta\boldsymbol{t}^{\mathrm{T}}-2\boldsymbol{U}\boldsymbol{h}\Delta\boldsymbol{t}^{\mathrm{T}}+\boldsymbol{U}\boldsymbol{H}\boldsymbol{U}^{\mathrm{T}}\right)\right\}+\beta'\sum_{i=1}^{L}\sum_{j=1}^{L}[\boldsymbol{H}]_{ij} \\
\text{s.t.} \quad & [\boldsymbol{H}]_{ii}=\frac{1}{c^2}\left(\mathrm{Tr}(\boldsymbol{Y})-2\boldsymbol{x}_i^{\mathrm{T}}\boldsymbol{y}+\|\boldsymbol{x}_i\|^2\right), \\
& \begin{bmatrix}\boldsymbol{Y} & \boldsymbol{y}\\ \boldsymbol{y}^{\mathrm{T}} & 1\end{bmatrix}\succeq\boldsymbol{0},\quad \begin{bmatrix}\boldsymbol{H} & \boldsymbol{h}\\ \boldsymbol{h}^{\mathrm{T}} & 1\end{bmatrix}\succeq\boldsymbol{0}, \\
& -2\left(\boldsymbol{x}_{Lk}^{\mathrm{T}}+\boldsymbol{x}_r^{\mathrm{T}}\right)\boldsymbol{y}-2c^2\Delta t_{Lk}\boldsymbol{h}_r\leqslant c^2\Delta t_{Lk}^2-\|\boldsymbol{x}_{Lk}\|^2+\|\boldsymbol{x}_r\|^2, \\
& i,j=1,2,\cdots,L,\quad k=1,\cdots,K
\end{aligned}
\tag{5.50}
$$

其中，$\beta'\geqslant 0$ 是惩罚因子，该 DP 和 NDP 并存条件下的凸优化问题可以通过内点法等方法（如 Sedumi 求解器 [103]）得到目标位置估计。

5.6 性能仿真及分析

本节通过具体仿真场景来说明提出的基于 TDOA 的 SDP 目标定位方法的性能，并与其他的 TDOA 定位方法进行比较。相比较的方法有：

（1）在 TDOA 模型下，文献 [43] 提出了基于极小极大化准则的 SDP 目标定位方法，并称之为“MMA”方法，该方法可以应用于 TDOA 量测噪声统计特性未知的情形。具体地，文献 [43] 提出了两种 MMA 方法 SDP-I 和 SDP-O，且已经通过仿真证明 SDP-I 定位性能优于 SDP-O，本节重点对比 SDP-I，在仿真结果中不加区分地将两者称为“MMA”；

（2）基于 TDOA 的 MLE 问题如式(5.10)所示，求解该问题采用迭代法，采用 MATLAB 工具中 `fmincon` 函数，初始值选取为目标的真实位置，本节称该方法为“MLE”；

（3）文献 [45] 提出了一种 SDP 目标定位方法，利用了所有的 $N(N-1)/2$ 个 TDOA 量测，并称之为“SDP with all measurements，AM”，该方法在仿真时假设 TDOA 量测噪声是相互独立的，本节称该方法为“AM”。

仿真实验中，8 个水声传感器节点位于一个二维监测区域内，布放位置如下：

$$x_1=[40,-40]^{\mathrm{T}},x_2=[40,40]^{\mathrm{T}},x_3=[-40,40]^{\mathrm{T}},$$

$$
\begin{aligned}
&x_4 = [-40, -40]^{\mathrm{T}}, x_5 = [40, 0]^{\mathrm{T}}, x_6 = [0, 40]^{\mathrm{T}}, \\
&x_7 = [-40, 0]^{\mathrm{T}}, x_8 = [0, -40]^{\mathrm{T}}
\end{aligned}
\tag{5.51}
$$

目标定位性能通过目标位置估计的均方根误差来反映，定义为

$$
\mathrm{RMSE} = \sqrt{\sum_{m=1}^{M} \frac{\|\hat{\boldsymbol{y}}_m - \boldsymbol{y}\|^2}{M}} \tag{5.52}
$$

其中，$\hat{\boldsymbol{y}}_m$ 为第 m 次的目标位置估计，$\boldsymbol{y}$ 是目标的真实位置，M 是蒙特卡罗仿真次数。在以后的仿真实验中，假设 $M = 1000$ ，目标发送信号时刻 t_0 从均匀分布 $[0, 50]$ 中随机选取。

在这里，我们考虑六个仿真场景，每个场景都设置不同的参数，并比较不同的参数设置下各方法的目标定位性能。具体为：5.6.1 节分析目标位于传感器节点形成的凸包之内和凸包之外两个情景下量测噪声对目标定位方法性能的影响；5.6.2 节考虑三个场景，以分析惩罚因子、参考节点选取、多径信道对目标定位方法性能的影响；5.6.3 节在最后一个场景中分析传感器节点位置误差对目标定位方法性能的影响。

5.6.1 量测噪声对定位性能的影响

场景 1：在这个场景中，目标位于传感器节点形成的凸包之内，即给定 $\boldsymbol{y} = [20, 30]^{\mathrm{T}}$，节点位置如式(5.51) 所示，图 5.3为此场景下不同目标定位方法的性能对比结果。可以看出，采用目标真实位置为初始值的 MLE 方法具有最好的定位性能，本章提出的 SDP 方法（图表中记为 SDP-proposed）表现出比 MMA 方法优越的定位性能，这是因为 MMA 方法是原始 MLE 的一种极小极大化逼近，这种逼近会导致一定的性能损失。本章提出的 SDP 方法与 AM 方法定位性能相当，都能够提供很好的目标位置估计，尤其是在较高 $1/\sigma^2$ 情况（ $1/\sigma^2 > 30\mathrm{dB}$ ）下，两种定位方法的性能非常接近 MLE 方法。但是 AM 方法的高性能是以较高的运算量为代价的，其利用了所有的 $N(N-1)/2$ 个 TDOA 量测，而本章提出的 SDP 方法仅利用了 $N-1$ 个 TDOA 量测。

为了对比几种方法的运算量，本节给出了各方法的 CPU 平均执行时间，如表 5.1所示，操作环境为 Intel 内核 i5-4200U CPU，主频为 1.6 GHz，内存为 8 G。表中对于 MLE 方法存在两个时间值，其中较小的时间值是由 MATLAB 函数 `fmincon` 实现的，较大的时间值是由 MATLAB 函数 `GlobalSearch` 实现的。

从表中可以看出，采用目标真实位置作为 MLE 方法初始值的 `fmincon` 函数所需运算时间最少。这是因为 `fmincon` 函数是一种局部最优值搜索方法，当初始

值选取真实目标位置时，迭代步长减少，相应的运算时间也减少，这一结论可以由全局搜索方法 `GlobalSearch` 函数的运算时间看出，全局搜索方法的运算时间长。除 `fmincon` 函数之外，MMA 方法的耗时最少，其是原始 MLE 的一种逼近，性能最差。本章提出的 SDP 方法所需要的运算时间介于 MMA 方法和 AM 方法之间。

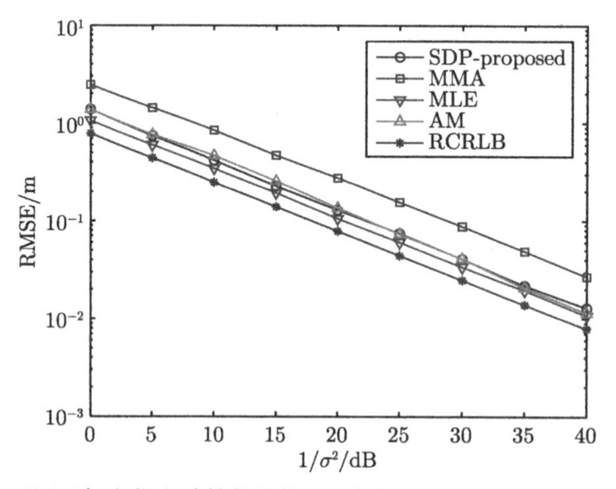

图 5.3 不同目标定位方法性能比较（目标位于凸包之内 $\boldsymbol{y}=[20,30]^{\mathrm{T}}$）

表 5.1 TDOA 目标定位方法的 CPU 平均执行时间

TDOA 目标定位方法	CPU 平均执行时间/ms
MLE	27.51/523.01
AM	438.53
MMA	265.20
SDP-proposed	327.60

场景 2：在这个场景中，目标位于传感器节点形成的凸包之外，即给定 $\boldsymbol{y}=[100,80]^{\mathrm{T}}$，节点位置如式(5.51)所示。图 5.4给出了此场景下不同目标定位方法的性能对比结果。由该图可以看出，当 $1/\sigma^2$ 在 0dB 到 30dB 之间时，AM 方法和本章提出的 SDP 方法的定位性能很接近，且非常接近 TDOA 模型的 RCRLB，两种方法性能均优于 MMA 方法和 MLE 方法。当 $1/\sigma^2$ 较大时（$1/\sigma^2>30$dB），相比于 AM 方法、RCRLB，本章提出的 SDP 方法的定位性能略有下降。与图 5.3结论相同，基于极小极大化准则的 MMA 方法定位性能最差。值得注意的是，当目标位于传感器节点形成的凸包之外时，MLE 方法定位性能较差，仅略优于 MMA 方法。这是因为 MLE 方法中的目标函数是未知目标位置的非凸函数，对于搜索方法 `fmincon` 而言，很容易陷入局部最优值。

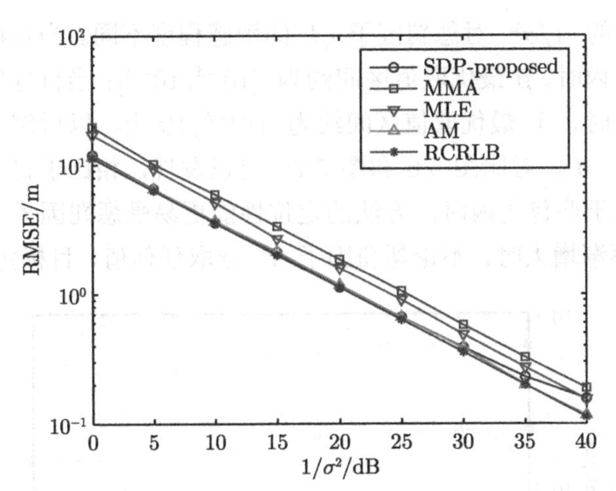

图 5.4　不同目标定位方法性能比较（目标位于凸包之外 $\boldsymbol{y}=[100,80]^{\mathrm{T}}$）

5.6.2　特征参数对定位性能的影响

场景 3: 在本章提出的 SDP 方法即式(5.19)中，惩罚因子 β 需要提前确定，这个场景给出了该目标定位方法的 RMSE 与惩罚因子之间的关系，也给出了 $\beta=0$ 情形下的目标定位性能，以说明增加惩罚项的必要性。同样地，分别考虑目标位于传感器节点形成的凸包之内、目标位于传感器节点形成的凸包之外两种情形，传感器节点和目标的几何拓扑结构如图 5.5 所示，其中传感器节点位置如式(5.51)所示，目标分别位于 $[20,30]^{\mathrm{T}}$、$[120,150]^{\mathrm{T}}$。图 5.6 和图 5.7 分别给出了两种几何拓扑结构下 SDP 方法性能与惩罚因子 β 之间的关系。

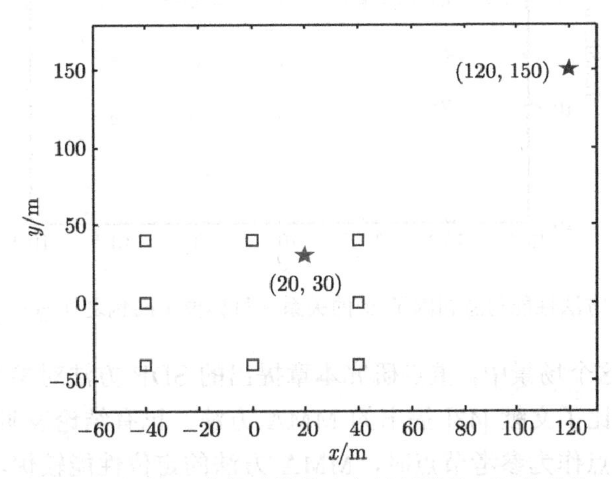

图 5.5　场景 3 中传感器节点与目标的几何拓扑结构

从这两个仿真结果可以看出，不同的惩罚因子 β 对本章提出的 SDP 方法的影响不同，不同的 $1/\sigma^2$ 对惩罚因子 β 的敏感程度不同。当目标位于传感器节点形成的凸包之内时，β 最优取值区间约为 $[10^{-4},10^{-3}]$；当目标位于传感器节点形成的凸包之外时，β 最优取值区间约为 $[10^{-5},10^{-4}]$。以后例子中将依据此结论选取惩罚因子 β 。对比图 5.6 和图 5.7，可以发现，相比于目标位于凸包之外的情形，目标位于凸包之内时，方法的定位性能更易受惩罚因子 β 的影响。此外，当 $1/\sigma^2$ 逐渐增大时，不论惩罚因子 β 选取任何值，目标定位精度均增大。

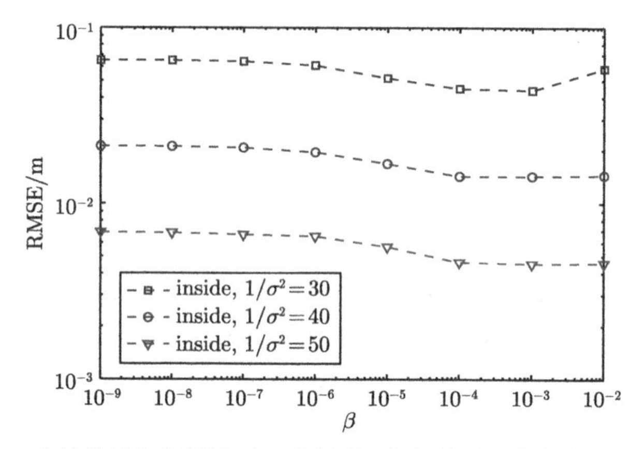

图 5.6　SDP 方法性能与惩罚因子 β 的关系（目标位于凸包之内 $\boldsymbol{y}=[20,30]^{\mathrm{T}}$）

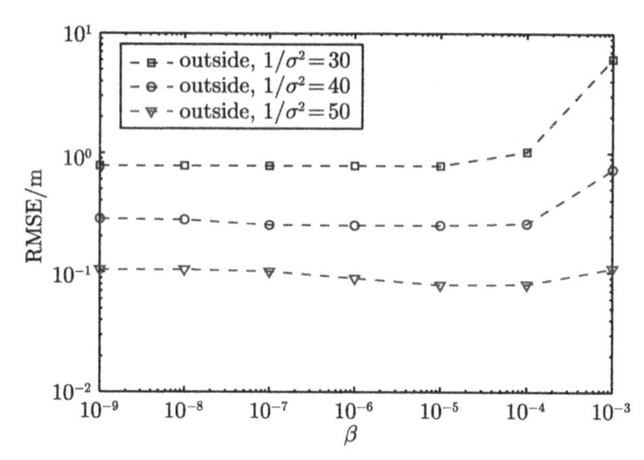

图 5.7　SDP 方法性能与惩罚因子 β 的关系（目标位于凸包之外 $\boldsymbol{y}=[120,150]^{\mathrm{T}}$）

场景 4：在这个场景中，重点研究本章提出的 SDP 方法对参考节点选取的敏感程度，同时对比了文献 [43] 提出的 MMA 方法。已有结论表明，当选取 TOA 适中值对应的节点作为参考节点时，MMA 方法的定位性能较优。在目标分别位于传感器节点形成的凸包之内 $\boldsymbol{y}=[20,30]^{\mathrm{T}}$、凸包之外 $\boldsymbol{y}=[120,150]^{\mathrm{T}}$ 的情形下，假设融合中心可以精确地获取节点位置，惩罚因子分别选择为 1×10^{-4}、1×10^{-5}。

图 5.8、图 5.9分别给出了凸包之内和凸包之外两种情形下本章提出的 SDP 方法与 MMA 方法性能比较。可以看出，不同参考节点情况下，相同 $1/\sigma^2$ 时 MMA 方法呈现的定位性能有所差异，而本章提出的 SDP 方法定位性能基本保持不变。与 MMA 方法相比，在参考节点选取方面，SDP 方法具有更强的鲁棒性。

在相同 $1/\sigma^2$ 的情况下，对比图 5.8和图 5.9，可以发现：当目标位于传感器节点形成的凸包之内时，两种方法的目标定位性能明显优于目标位于凸包之外的情形。

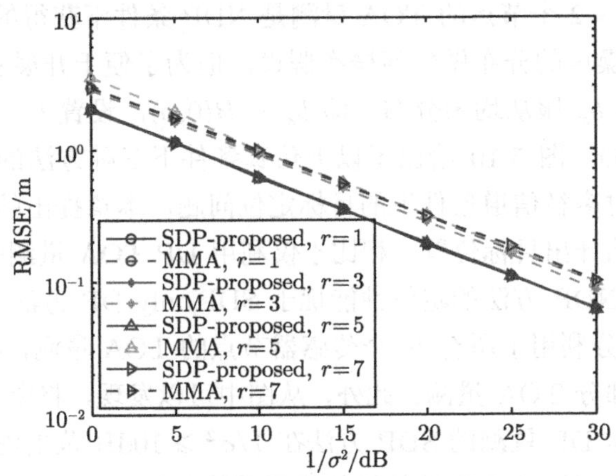

图 5.8　不同参考节点 r 下 MMA 方法与 SDP 方法性能比较（目标位于 $\boldsymbol{y}=[20,30]^{\mathrm{T}}$）

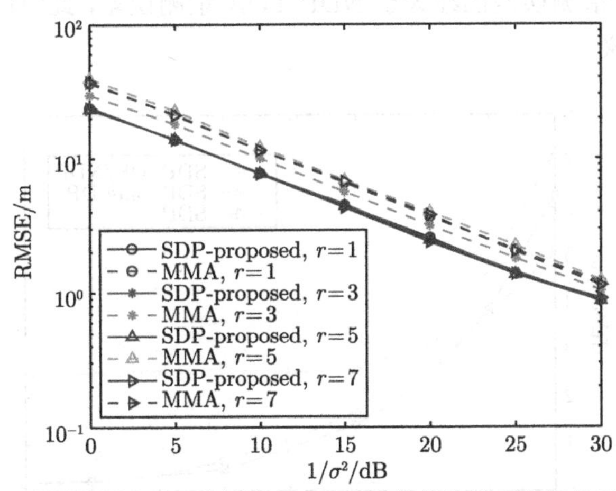

图 5.9　不同参考节点 r 下 MMA 方法与 SDP 方法性能比较（目标位于 $\boldsymbol{y}=[120,150]^{\mathrm{T}}$）

场景 5：之前的场景针对 TOA 量测中仅有 DP 的情形，然而由于水中不均匀散射体散射、水底和水面的反射，目标和传感器节点之间存在着 NDP。这个场景分析了多径信道条件下本章提出的 SDP 定位方法 [见式(5.50)] 的定位性能，为了方便表述，称该方法为“SDP,DP/NDP”。同时也对比了仅利用 DP 条件下

TOA 量测的 SDP 定位方法（表述为“SDP,only DP”），以及不加区分地对待所有 TOA 量测（包含 DP TOA 和 NDP TOA 量测）的 SDP 定位方法（表述为“SDP”）两种方法的性能。

本场景中，假设传感器节点均匀分布在 40m × 40m 的区域内，目标随机地分布在这一区域。凸优化问题式(5.50) 中，惩罚因子 β 设置为 1×10^{-4}。同时，假设传感器节点位置无误差，共有 $N = 8$ 个传感器节点参与协同定位，已经通过假设检验确定出 $K = 2$ 个节点的 TOA 量测是 NDP 条件下获得的，仿真中没有对 NDP TOA 量测噪声的分布做任何概率假设，但为了便于开展实验，假设 NDP TOA 量测的偏差 b_k 服从均匀分布，即 $b_k \sim B(0, b)$，设置 $b = 2$s。蒙特卡罗仿真次数 $M = 5000$。图 5.10 给出了以上仿真条件下三种方法的性能比较。从图中可以看出，针对多径信道条件下的目标定位问题，本章提出的 SDP, DP/NDP 方法能够准确地估计出目标位置。相比于仅利用 DP TOA 量测的 SDP, only DP 方法，SDP, DP/NDP 方法的定位性能优于 SDP,only DP 方法，这是由于 SDP, DP/NDP 方法充分利用了所有 N 个传感器节点的 TOA 量测，而 SDP, only DP 方法仅仅利用了部分 TOA 量测。此外，从图中可以发现，将所有 N 个 TOA 量测不加区分地视作 DP 量测的 SDP 方法在 $1/\sigma^2 \geqslant 10$dB 范围内性能最差，然而当 $1/\sigma^2 \leqslant 5$dB 时，该 SDP 方法的性能优于其他两种 SDP 方法，因为在低 $1/\sigma^2$ 条件下 DP TOA 量测误差已经大于 NDP TOA 量测误差，此时区分 DP 和 NDP 量测已经失去意义。

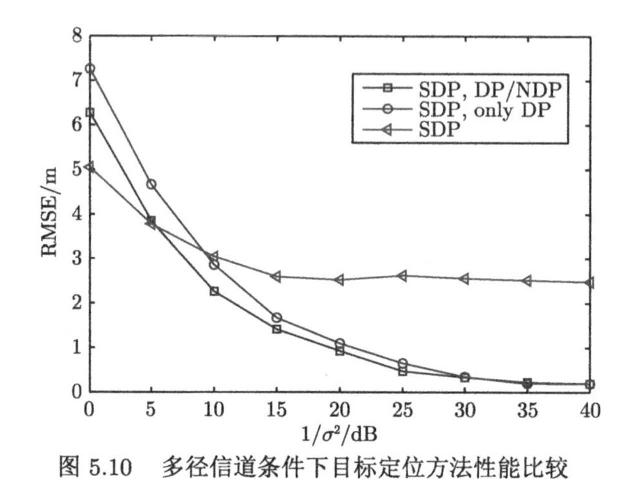

图 5.10　多径信道条件下目标定位方法性能比较

5.6.3 节点位置误差对定位性能的影响

场景 6：之前的场景均假设传感器节点位置不存在误差，但由于水声环境的

特殊性，即使水声传感器节点通过锚链固定到海底或湖底，仍然会随着洋流、风浪等水流环境飘动或波动，融合中心很难精确地获取节点的自身位置。因此，这个场景分析本章提出的 SDP 方法在传感器节点存在位置误差时的定位性能，仿真结果如图 5.11和图 5.12所示，其中目标分别位于 $\boldsymbol{y}=[25,10]^{\mathrm{T}}$、$\boldsymbol{y}=[100,80]^{\mathrm{T}}$，节点位置如式(5.51)所示。两种情形下，惩罚因子分别设置为 $\beta=5.0\times10^{-4}$ 、$\beta=1.0\times10^{-5}$ 。假设节点每一维的位置误差 $\boldsymbol{\xi}_i=[\xi_1,\cdots,\xi_n]_i^{\mathrm{T}}$ 服从截断高斯分布，则对于任意一维的节点位置 z，取值范围为 $|z|\leqslant\sigma_{\mathrm{s}}/\sqrt{\alpha}$，其中，$\sigma_{\mathrm{s}}$ 为节点位置噪声标准差，截断高斯分布的概率密度函数为

$$f(z)=\begin{cases}\dfrac{\dfrac{\sqrt{\alpha}}{\sqrt{2\pi}\sigma_{\mathrm{s}}}\exp\left(-\dfrac{\alpha z^2}{2\sigma_{\mathrm{s}}^2}\right)}{2\varPhi(\sqrt{\alpha})-1} & |z|\leqslant\dfrac{\sigma_{\mathrm{s}}}{\sqrt{\alpha}}\\ 0 & |z|>\dfrac{\sigma_{\mathrm{s}}}{\sqrt{\alpha}}\end{cases}\tag{5.53}$$

式中，$\varPhi(x)=\displaystyle\int_{-\infty}^{x}\frac{1}{\sqrt{2\pi}}\exp\left(\frac{1}{2}x^2\right)\mathrm{d}x$ 是标准正态分布的累积分布函数；系数 α 是为了保证 $\|\boldsymbol{\xi}_i\|^2$ 满足给定的位置噪声方差，即 $\|\boldsymbol{\xi}_i\|^2\leqslant\sigma_{\mathrm{s}}^2$，对于二维的监测区域，$\alpha=2$ 。在仿真实验中，给出了 $\sigma_{\mathrm{s}}=0$、$\sigma_{\mathrm{s}}=0.5$、$\sigma_{\mathrm{s}}=1$ 和 $\sigma_{\mathrm{s}}=2$ 四种参数设置，其中 $\sigma_{\mathrm{s}}=0$ 表示节点不存在位置误差。由图 5.11 和图 5.12可以看出，本章提出的 SDP 方法在传感器节点位置误差为 0（$\sigma_{\mathrm{s}}=0$）时，定位精度最高，随着位置噪声方差的逐渐增大，该方法的定位性能下降。在这种仿真条件下，方法的目标定位性能存在一个上界，此时随着 $1/\sigma^2$ 的增大，其定位精度保持不变。

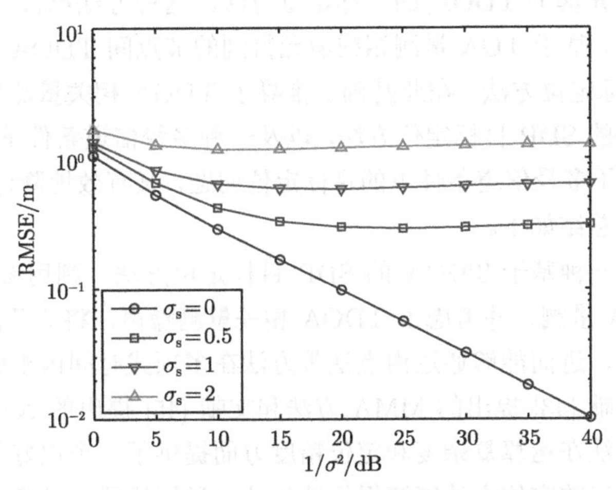

图 5.11　节点存在位置误差时 SDP 方法性能（目标位于凸包之内 $\boldsymbol{y}=[25,10]^{\mathrm{T}}$）

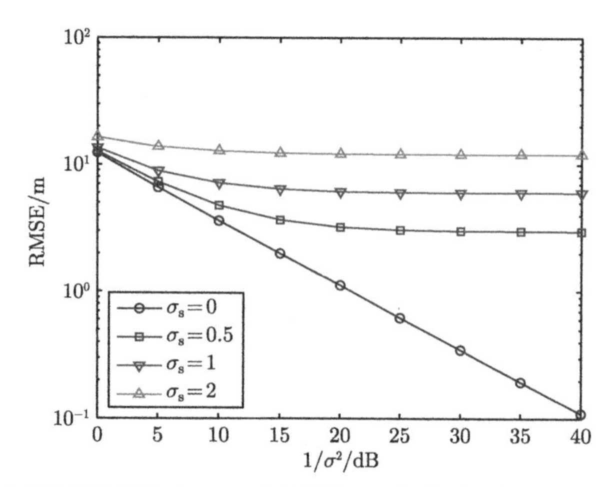

图 5.12　节点存在位置误差时 SDP 方法性能（目标位于凸包之外 $\boldsymbol{y}=[100,80]^{\mathrm{T}}$）

从以上的几个仿真实验中，可以总结出以下几点结论：

（1）相比于 MMA 方法，本章提出的基于 TDOA 的 SDP 目标定位方法在参考节点选取方面具有更强的鲁棒性，且定位性能优于 MMA 方法；

（2）当 $1/\sigma^2$ 增大时，节点存在位置误差的 SDP 方法存在一个性能上界；

（3）针对存在 DP 和 NDP TOA 量测的目标定位问题，本章提出的 SDP 目标定位方法性能优于仅利用 DP TOA 量测的 SDP 方法。

5.7　本章小结

本章重点研究基于 TDOA 的目标定位方法，这种方法已被广泛应用于雷达、声呐定位系统中。基于 TOA 量测相减消元得到的节点间 TDOA 量测，本章提出了一种 SDP 目标定位方法，在此基础上推导了 TDOA 相关量测噪声和传感器节点存在位置误差的 SDP 目标定位方法，以及一种多径信道条件下的 SDP 目标定位方法，既解决了多径信道条件下的目标定位问题，又有效地降低了运算复杂度。本章的主要贡献总结如下。

（1）提出了一种基于 TDOA 的 SDP 目标定位方法，利用参考节点的 TOA 量测得到 TDOA 量测，并考虑了 TDOA 相关量测噪声，将非凸的 MLE 问题转换为凸优化问题，进而能够通过内点法等方法在多项式时间内求解得到目标位置估计。相比于文献 [43] 提出的 MMA 方法和文献 [45] 提出的 AM 方法，本章提出的目标定位方法在运算复杂度和定位精度方面提供了一个很好的折中。仿真结果表明：本章提出的定位方法能够很好地估计出目标位置，尤其是对目标位于传感器节点形成的凸包之外的情形。

（2）考虑到本章提出的 SDP 目标定位方法仅利用了 $N-1$ 个 TDOA 量测，又提出了一种扩展的 SDP 目标定位方法，利用任意两组 TOA 量测相减得到的 $N(N-1)/2$ 个信息，并采用 SDP 将 MLE 问题转换为凸优化问题，进而能够通过求解该凸优化问题得到扩展的 SDP 目标定位结果。仿真结果表明：扩展的 SDP 目标定位方法定位性能稍优于（1）中的 SDP 方法。

（3）针对传感器节点存在位置误差情形下的水声传感器网络目标定位问题，提出了一种 SDP 目标定位方法，该方法考虑了传感器节点位置误差最大情形下的 MLE，利用控制理论中的 S-引理将隐式约束转换为凸约束，且利用 SDP 将非凸等式约束转换为凸约束。

（4）针对待定位目标与传感器节点间水声信道存在多径情形的目标定位问题，提出了一种适用于多径信道条件的 SDP 目标定位方法，将非直达路径条件下的 TOA 量测作为优化问题的约束条件。仿真结果表明：相比于仅利用直达路径条件下的 TOA 量测的 SDP 方法，该 SDP 方法能够提高目标定位精度。

第 6 章　基于距离量测的传感器网络目标定位

6.1　引言

本书第 4 章和第 5 章分别研究了基于 TOA 和 TDOA 的目标定位方法。如前所述，当将 TOA 量测用于目标定位时，要求传感器节点之间具有高精度的时间同步，但在实践中较难实现。解决此问题的一种方法是同时估算目标位置和未知信号传输时间[44,50,106]。但是，由于定位问题的目标函数是高度非凸和非线性的，解决这样一个联合优化问题非常具有挑战性。为了有效避免锚节点与目标位置之间的时间无法有效同步带来的估计问题，本章重点研究另一种方法——基于 TOF（Time of Fly，飞行时间）的目标定位方法[71,107,108]。

大多数文献中基于 TOF 的目标定位方法都假定锚节点的位置是事先完全已知的。但是，要获得准确的位置估计是有挑战性的，尤其是在全球卫星导航系统（GNSS）缺失的环境下。在本章中，我们将在锚节点位置存在误差的情况下研究基于 TOF 的稳健目标定位问题。对于锚节点位置存在误差的目标定位问题，已有文献使用了多种处理方法。文献 [84] 将锚节点位置和传播速度的不确定性纳入了目标定位模型中，并在锚节点位置误差服从高斯分布的假设下提出了半正定规划方法。通过使用锚节点和目标节点之间的 TOF 量测，文献 [109] 提出了一种二阶锥规划方法，但由于松弛步骤中缺乏等式约束而导致方法性能下降。此外，文献 [62,110] 使用 TOA 量测将目标定位问题表示为 ML 优化问题，并提出了两种 SDP 方法，联合估计了带有误差的锚节点和目标节点的位置。

应用第 4 章提到的最大值模型，文献 [45] 基于 TDOA 量测，使用 min-max 优化准则，提出了在锚节点位置不确定情况下的稳健目标定位方法。同样，本书第 5 章基于所有成对的 TDOA 量测，通过考虑锚节点位置的不确定性，提出了一种可靠的目标定位方法。值得注意的是，这里所述的方法都是通过考虑锚节点位置的不确定性来进行单个目标定位的，其中锚节点可以获取与未知目标相关的 TOA 或 TDOA 量测。但是对于节点自定位而言，它不仅利用了锚节点和目标节点之间的量测，而且利用了目标节点之间的量测，因此可以更好地提升定位性能，这也使节点自定位与单目标定位有很大不同。但是，目前缺少在 TOF 模型下应用最大值模型处理锚节点位置误差的节点自定位的相关研究。

本章的主要内容与组织结构如下：6.2 节对基于 TOF 的目标定位问题进行了建模，构建了基于 TOF 的 MLE 模型。6.3 节介绍了基于 TOF 的目标定位方法，该方法通过最大化最坏情况下的似然函数，在锚节点位置误差存在的情况下，采用半正定松弛技术来推导凸优化问题。值得指出的是，与现有文献所提出的考虑锚节点位置误差的自定位方法不同，我们使用最大值模型处理锚节点位置误差，且将目标节点之间的量测有效地融合到了目标定位方法中，这可以增强目标定位精度和无线传感器网络覆盖范围。6.4 节推导了带有和不带有锚节点位置误差的 CRLB。6.5 节和 6.6 节从理论和性能仿真两个角度分析了本章所提出方法的有效性及实用性。6.7 节是本章小结。

6.2　问题描述

考虑图 6.1中所示的无线传感器网络，其部署在 l 维空间中，由 M 个锚节点和 N 个目标节点组成。其中 $l=2$ 或 $l=3$ 分别表示二维或三维空间。假设 $\boldsymbol{x}_1,\cdots,\boldsymbol{x}_M$ 是锚节点位置矢量，而 $\boldsymbol{y}_1,\cdots,\boldsymbol{y}_N$ 是目标节点位置矢量，并定义 $\boldsymbol{X}_{\mathrm{a}}=[\boldsymbol{x}_1,\boldsymbol{x}_2,\cdots,\boldsymbol{x}_M]\in\mathbb{R}^{l\times M}$ 为锚节点位置的集合，$\boldsymbol{X}_{\mathrm{u}}=[\boldsymbol{y}_1,\boldsymbol{y}_2,\cdots,\boldsymbol{y}_N]\in\mathbb{R}^{l\times N}$ 为目标节点位置的集合。我们的任务是尽量精确地估计 N 个目标节点的位置 $\boldsymbol{X}_{\mathrm{u}}$。对于传感器节点定位，可以通过 M 个锚节点和 N 个目标节点之间的通信获得 TOF 量测。

TOF 模型的工作原理如下。它使用对称双面双向测距（Symmetrical Double Sided Two Way Ranging，SDS-TWR）技术来获得时间（距离）量测。每个节点都有自己的时钟，并且所有节点都可能不是时间同步的。以两个节点为例，节点 A 和 B 首先执行一轮双向测距（Two Way Ranging，TWR），假设节点 A 向节点 B 发送消息，则往返时间为 $t_A=2t_{\mathrm{p}}+t_B$，其中，节点 A 提供的 t_A 是从发送消息到接收消息的时间，t_B 是节点 B 的处理时间，t_{p} 是从节点 A 到节点 B 的单向 TOF，则单向 TOF 为 $t_{\mathrm{p}}=(t_A-t_B)/2$。由于 SDS-TWR 执行了两轮 TWR，因此它提供了更准确的测距信息。对于另一轮的 TWR，节点 B 向节点 A 发送一条消息，并重复上述测距过程。最终的单向 TOF 是两轮测距时间的平均值。

锚节点 i 和目标节点 j 之间的 TOF 量测可以通过乘以传播速度 c 转换为距离量测 d_{ij}，其表达式为

$$d_{ij}=r_{ij}+e_{ij},\ i=1,2,\cdots,M,\ j=1,2,\cdots,N \tag{6.1}$$

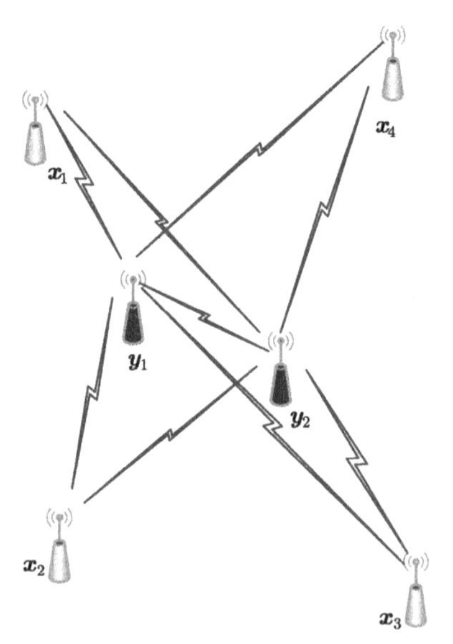

图 6.1　无线传感器网络示例

（图中包括 $M=4$ 个锚节点和 $N=2$ 个目标节点）

其中，r_{ij} 是锚节点 i 与目标节点 j 之间的实际欧几里得距离，表示为

$$r_{ij}=\| \boldsymbol{x}_i-\boldsymbol{y}_j\| \tag{6.2}$$

这里我们假设 e_{ij} 是独立的零均值高斯过程，且方差为 σ_{ij}^2，即 $e_{ij}\sim\mathcal{N}(0,\sigma_{ij}^2)$。另外，为了提高目标定位精度和 WSN 覆盖范围，模型还融合了 WSN 中目标节点之间的距离量测。目标节点 m 与目标节点 $n(m\neq n)$ 之间的距离量测 d'_{mn} 为

$$d'_{mn}=r'_{mn}+e'_{mn},\ m=1,2,\cdots,N,\ n=1,2,\cdots,N \tag{6.3}$$

其中

$$r'_{mn}=\| \boldsymbol{y}_m-\boldsymbol{y}_n\| \tag{6.4}$$

是目标节点之间的实际欧几里得距离，而 e'_{mn} 是独立的高斯过程，其均值为零且方差为 σ'^2_{mn}，即 $e'_{mn}\sim\mathcal{N}(0,\sigma'^2_{mn})$。根据距离量测 d_{ij} 和 d'_{mn} 以及高斯分布假设，多目标定位问题的最大似然估计表达式为

$$\begin{aligned}\hat{\boldsymbol{X}}_{\rm u}=\arg\min_{\boldsymbol{X}_{\rm u}}\sum_{i=1}^{M}\sum_{j=1}^{N}\frac{1}{\sigma_{ij}^2}(d_{ij}-r_{ij})^2+\\ \sum_{m=1}^{N}\sum_{n=1}^{N}\frac{1}{2\sigma'^2_{mn}}(d'_{mn}-r'_{mn})^2\end{aligned} \tag{6.5}$$

注意到，式(6.5)中的目标函数是非凸且非线性的，使用多维搜索求解方法会导致较高的计算复杂度，而迭代求解方法如果初值选取不合适，很容易陷入局部最优中。因此，有效地解决上述估计问题是具有挑战性的。

6.3 基于 TOF 的 SDP 目标定位方法

6.3.1 锚节点位置误差下最大似然问题建模

注意到，在式(6.5)中假定 M 个锚节点的位置是确切已知的。但在实际中获得 M 个锚节点的准确位置是具有挑战性的。在本节中，我们提出了一种基于 TOF 的稳健目标定位方法，采用最大值模型处理锚节点位置误差。

假设锚节点 i 的带有误差的位置表示为

$$\tilde{\boldsymbol{x}}_i = \boldsymbol{x}_i + \boldsymbol{\xi}_i,\ i = 1, 2, \cdots, M \tag{6.6}$$

其中 $\boldsymbol{\xi}_i \in \mathbb{R}^l$ 是位置误差。为了定位 N 个目标，一种典型的方法是将 $\boldsymbol{\xi}_i$ 视为具有零均值和协方差矩阵 $\boldsymbol{\Phi}_i$ 的 l 维高斯随机变量，并得到一个 MLE 问题[62,63,111]。但是，此方法的定位性能取决于对误差分布建立的模型。高斯分布假设已被广泛采用，但在某些空变和时变的环境下这种假设不再合理。例如，部署在水面的位置传感器容易因水流而产生漂移。作为替代方案，我们假设第 i 个锚节点的位置误差 $\boldsymbol{\xi}_i$ 的模小于某个给定的常数，即 $\| \boldsymbol{\xi}_i \| \leqslant \varepsilon$，从而推导得到一个和已有模型有所不同的定位模型。注意，我们对 $\boldsymbol{\xi}_i$ 的分布没有做其他任何假设。

通过应用式(6.6)，可以得到式(6.2)在 $\tilde{\boldsymbol{x}}_i$ 处的一阶泰勒展开式，为

$$\begin{gathered} \| \boldsymbol{x}_i - \boldsymbol{y}_j \| \approx \| \tilde{\boldsymbol{x}}_i - \boldsymbol{y}_j \| - \frac{{\boldsymbol{\xi}_i}^{\mathrm{T}} (\tilde{\boldsymbol{x}}_i - \boldsymbol{y}_j)}{\| \tilde{\boldsymbol{x}}_i - \boldsymbol{y}_j \|} + O(\| \boldsymbol{\xi}_i \|) \\ i = 1, 2, \cdots, M,\quad j = 1, 2, \cdots, N \end{gathered} \tag{6.7}$$

为了方便，定义 $\tilde{r}_{ij} = \|\tilde{\boldsymbol{x}}_i - \boldsymbol{y}_j\|$，$\delta_{ij} = \frac{{\boldsymbol{\xi}_i}^{\mathrm{T}}(\boldsymbol{y}_j - \tilde{\boldsymbol{x}}_i)}{\|\tilde{\boldsymbol{x}}_i - \boldsymbol{y}_j\|}$。则有如下的不等式成立

$$\begin{aligned} |\delta_{ij}|^2 &= \frac{{\boldsymbol{\xi}_i}^{\mathrm{T}}(\boldsymbol{y}_j - \tilde{\boldsymbol{x}}_i){\boldsymbol{\xi}_i}^{\mathrm{T}}(\boldsymbol{y}_j - \tilde{\boldsymbol{x}}_i)}{\| \tilde{\boldsymbol{x}}_i - \boldsymbol{y}_j\|^2} \\ &\leqslant \frac{{\boldsymbol{\xi}_i}^{\mathrm{T}}\boldsymbol{\xi}_i(\boldsymbol{y}_j - \tilde{\boldsymbol{x}}_i)^{\mathrm{T}}(\boldsymbol{y}_j - \tilde{\boldsymbol{x}}_i)}{\| \tilde{\boldsymbol{x}}_i - \boldsymbol{y}_j\|^2} = {\boldsymbol{\xi}_i}^{\mathrm{T}}\boldsymbol{\xi}_i \leqslant \varepsilon^2 \end{aligned} \tag{6.8}$$

所以，$|\delta_{ij}| \leqslant \varepsilon$ 成立。式(6.1)可以被近似为

$$d_{ij} \approx (\tilde{r}_{ij} + \delta_{ij}) + e_{ij} \tag{6.9}$$

解决式(6.5)这一 ML 优化问题非常具有挑战性，因为它是非凸且非线性的。为了找到此问题的次优解决方案，我们将其转化为最坏情况下的优化问题。通过用 $\tilde{r}_{ij}+\delta_{ij}$ 代替 r_{ij}，我们可以得出优化问题的 min-max 形式

$$\min_{\boldsymbol{x}_{\mathrm{u}},\{r'_{mn}\},\{\tilde{r}_{ij}\}} \quad \max_{|\delta_{ij}|\leqslant\varepsilon} \quad \sum_{i=1}^{M}\sum_{j=1}^{N}\frac{1}{\sigma_{ij}^2}(d_{ij}-\tilde{r}_{ij}-\delta_{ij})^2+ \sum_{m=1}^{N}\sum_{n=1}^{N}\frac{1}{2\sigma'^2_{mn}}(d'_{mn}-r'_{mn})^2 \tag{6.10}$$

$$\text{s.t.} \quad \tilde{r}_{ij}=\|\tilde{\boldsymbol{x}}_i-\boldsymbol{y}_j\|, \tag{6.10a}$$

$$i=1,2,\cdots,M, \quad j=1,2,\cdots,N,$$

$$r'_{mn}=\|\boldsymbol{y}_m-\boldsymbol{y}_n\|, \tag{6.10b}$$

$$m=1,2,\cdots,N, \quad n=1,2,\cdots,N$$

其中，$\{\tilde{r}_{ij}\}$ 表示漂移后锚节点 i 和目标节点 j 之间的所有未知真实距离，$\{r'_{mn}\}$ 表示目标节点 m 与目标节点 n 之间的未知真实距离。我们的目标是利用带噪声的 TOF 量测来估计 N 个目标节点的位置。

6.3.2 半正定松弛

为了研究出一种有效的方法来解决式(6.10)这一次优化问题，我们进行了如下推导。通过展开式(6.10)中的目标函数并删除常数项，可以将目标函数重写为

$$\sum_{i=1}^{M}\sum_{j=1}^{N}\frac{1}{\sigma_{ij}^2}(d_{ij}-\tilde{r}_{ij})^2+\sum_{m=1}^{N}\sum_{n=1}^{N}\frac{1}{2\sigma'^2_{mn}}(d'_{mn}-r'_{mn})^2+ \sum_{i=1}^{M}\sum_{j=1}^{N}\frac{1}{\sigma_{ij}^2}[\delta_{ij}^2-2(d_{ij}-\tilde{r}_{ij})\delta_{ij}] \tag{6.11}$$

为了在以后的松弛中导出严格的约束条件，我们引入两个变量 $\tilde{\gamma}_{ij}$ 和 γ_{mn}，定义为

$$\tilde{\gamma}_{ij}=\tilde{r}_{ij}^2, \quad i=1,2,\cdots,M, \quad j=1,2,\cdots,N \tag{6.12}$$

$$\gamma_{mn}=r'^2_{mn}, \quad m=1,2,\cdots,N, \quad n=1,2,\cdots,N \tag{6.13}$$

现在，优化问题式(6.10)可以被转化为

$$\min_{\boldsymbol{x}_{\mathrm{u}},\{r'_{mn}\},\{\tilde{r}_{ij}\},\{\tilde{\gamma}_{ij}\},\{\gamma_{mn}\}} \max_{|\delta_{ij}|\leqslant\varepsilon} \sum_{i=1}^{M}\sum_{j=1}^{N}\frac{1}{\sigma_{ij}^{2}}(\tilde{\gamma}_{ij}-2d_{ij}\tilde{r}_{ij})+$$
$$\sum_{m=1}^{N}\sum_{n=1}^{N}\frac{1}{2\sigma'^{2}_{mn}}(\gamma_{mn}-2d'_{mn}r'_{mn})+\sum_{i=1}^{M}\sum_{j=1}^{N}\frac{1}{\sigma_{ij}^{2}}[\delta_{ij}^{2}-2(d_{ij}-\tilde{r}_{ij})\delta_{ij}] \tag{6.14}$$
$$\text{s.t.} \quad 式(6.10a), 式(6.10b), 式(6.12), 式(6.13)$$

注意到目标函数和约束都是非凸的。接下来，我们将式(6.14)转换为凸优化问题。

定义 $\boldsymbol{\delta}=[\delta_{11},\delta_{12},\cdots,\delta_{MN}]^{\mathrm{T}}$。与第 5 章处理方式相同，将框约束 $|\delta_{ij}|\leqslant\varepsilon$ 松弛为椭圆约束 $\|\boldsymbol{\delta}\|\leqslant\varepsilon\sqrt{M\times N}$。定义

$$\boldsymbol{d}=[\boldsymbol{d}_1^{\mathrm{T}},\boldsymbol{d}_2^{\mathrm{T}}]^{\mathrm{T}}$$

其中，$\boldsymbol{d}_1=[d_{11},d_{12},\cdots,d_{MN}]^{\mathrm{T}}$ 且 $\boldsymbol{d}_2=\left[d'_{12},d'_{13},\cdots,d'_{(N-1)N}\right]^{\mathrm{T}}$。同样地，定义

$$\boldsymbol{r}=[\boldsymbol{r}_1^{\mathrm{T}},\boldsymbol{r}_2^{\mathrm{T}}]^{\mathrm{T}}$$

其中，$\boldsymbol{r}_1=[\tilde{r}_{11},\tilde{r}_{12},\cdots,\tilde{r}_{MN}]^{\mathrm{T}}$ 且 $\boldsymbol{r}_2=\left[r'_{12},r'_{13},\cdots,r'_{(N-1)N}\right]^{\mathrm{T}}$。同样地，定义

$$\boldsymbol{\gamma}=[\boldsymbol{\gamma}_1^{\mathrm{T}},\boldsymbol{\gamma}_2^{\mathrm{T}}]^{\mathrm{T}}$$

其中，$\boldsymbol{\gamma}_1=[\tilde{\gamma}_{11},\tilde{\gamma}_{12},\cdots,\tilde{\gamma}_{MN}]^{\mathrm{T}}$ 且 $\boldsymbol{\gamma}_2=\left[\gamma_{12},\gamma_{13},\cdots,\gamma_{(N-1)N}\right]^{\mathrm{T}}$。

根据以上定义，约束式 (6.12) 和式 (6.13) 可以被重写为

$$\begin{gathered}\boldsymbol{\gamma}[(i-1)N+j]=\boldsymbol{r}^2[(i-1)N+j]\\ i=1,2,\cdots,M,\ j=1,2,\cdots,N\end{gathered} \tag{6.15}$$

$$\begin{gathered}\boldsymbol{\gamma}[MN+(m-1)N+n]=\boldsymbol{r}^2[MN+(m-1)N+n]\\ m=1,2,\cdots,N,\ n=1,2,\cdots,N\end{gathered} \tag{6.16}$$

约束式 (6.10a) 和式 (6.10b) 可以被转化为

$$\begin{gathered}\boldsymbol{r}[(i-1)N+j]=\|\tilde{\boldsymbol{x}}_i-\boldsymbol{y}_j\|\\ i=1,2,\cdots,M,\ j=1,2,\cdots,N\end{gathered} \tag{6.17}$$

$$
\begin{aligned}
&\boldsymbol{r}[MN+(m-1)N+n]=\| \boldsymbol{y}_m-\boldsymbol{y}_n \| \\
&m=1,2,\cdots,N,\ n=1,2,\cdots,N
\end{aligned} \tag{6.18}
$$

其中，$\boldsymbol{\gamma}[i],\boldsymbol{r}[i]$ 分别表示向量 $\boldsymbol{\gamma},\boldsymbol{r}$ 的第 i 个元素。现在，优化问题式(6.14)可以被转化为

$$
\min_{\boldsymbol{X}_{\mathrm{u}},\boldsymbol{\gamma},\boldsymbol{r}} \max_{\|\boldsymbol{\delta}\|\leqslant\varepsilon\sqrt{M\times N}} \boldsymbol{\gamma}^{\mathrm{T}}\boldsymbol{G}\boldsymbol{\Gamma}-2\boldsymbol{r}^{\mathrm{T}}\boldsymbol{G}\boldsymbol{d}+(\boldsymbol{\delta}^{\mathrm{T}}\boldsymbol{G}_1\boldsymbol{\delta}-2\boldsymbol{\delta}^{\mathrm{T}}\boldsymbol{G}_1(\boldsymbol{d}_1-\boldsymbol{r}_1)) \tag{6.19}
$$

s.t.　式(6.15), 式(6.16), 式(6.17), 式(6.18)

其中

$$
\begin{aligned}
&\boldsymbol{\Gamma}=\mathbf{1}_{(M+N-1)\times N}\\
&\boldsymbol{G}=\mathrm{blkdiag}(\boldsymbol{G}_1,\boldsymbol{G}_2)\\
&\boldsymbol{G}_1=\mathrm{diag}\{1/\sigma_{11}^2,1/\sigma_{12}^2,\cdots,1/\sigma_{MN}^2\}\\
&\boldsymbol{G}_2=\mathrm{diag}\{1/2\sigma_{12}'^2,1/2\sigma_{13}'^2,\cdots,1/2\sigma_{(N-1),N}'^2\}
\end{aligned} \tag{6.20}
$$

$\mathbf{1}_{(M+N-1)\times N}\in\mathbb{R}^{(M+N-1)\times N\times 1}$ 是全 1 向量，即向量的元素都是 1。

通过最小化最大目标函数，该问题可以进一步转化为如下上境图的形式

$$
\begin{aligned}
\min_{\boldsymbol{X}_{\mathrm{u}},\boldsymbol{\gamma},\boldsymbol{r},\mu}\quad & \boldsymbol{\gamma}^{\mathrm{T}}\boldsymbol{G}\boldsymbol{\Gamma}-2\boldsymbol{r}^{\mathrm{T}}\boldsymbol{G}\boldsymbol{d}+\mu\\
\text{s.t.}\quad & \boldsymbol{\delta}^{\mathrm{T}}\boldsymbol{G}_1\boldsymbol{\delta}-2\boldsymbol{\delta}^{\mathrm{T}}\boldsymbol{G}_1(\boldsymbol{d}_1-\boldsymbol{r}_1)\leqslant\mu,\\
& \|\boldsymbol{\delta}\|\leqslant\varepsilon\sqrt{M\times N},\\
& \text{式(6.15), 式(6.16), 式(6.17), 式(6.18)}
\end{aligned} \tag{6.21}
$$

式(6.21)的前两个约束相当于

$$
\|\boldsymbol{\delta}\|\leqslant\varepsilon\sqrt{M\times N}\Rightarrow\boldsymbol{\delta}^{\mathrm{T}}\boldsymbol{G}_1\boldsymbol{\delta}-2\boldsymbol{\delta}^{\mathrm{T}}\boldsymbol{G}_1(\boldsymbol{d}_1-\boldsymbol{r}_1)\leqslant\mu \tag{6.22}
$$

式(6.22)可以被表示为如下的矩阵形式

$$
\begin{aligned}
&\begin{bmatrix}\boldsymbol{\delta}\\1\end{bmatrix}^{\mathrm{T}}\begin{bmatrix}\boldsymbol{I}&\mathbf{0}\\\mathbf{0}^{\mathrm{T}}&-MN\varepsilon^2\end{bmatrix}\begin{bmatrix}\boldsymbol{\delta}\\1\end{bmatrix}\leqslant 0\Rightarrow\\
&\begin{bmatrix}\boldsymbol{\delta}\\1\end{bmatrix}^{\mathrm{T}}\begin{bmatrix}\boldsymbol{G}_1&-\boldsymbol{G}_1(\boldsymbol{d}_1-\boldsymbol{r}_1)\\-(\boldsymbol{d}_1-\boldsymbol{r}_1)^{\mathrm{T}}\boldsymbol{G}_1^{\mathrm{T}}&-\mu\end{bmatrix}\begin{bmatrix}\boldsymbol{\delta}\\1\end{bmatrix}\leqslant 0
\end{aligned} \tag{6.23}
$$

为了消除向量 $\boldsymbol{\delta}$,我们使用 S-引理将约束转换为凸约束。更具体地说，式(6.23)成立，等价于当且仅当存在 $\lambda \geqslant 0$ 时以下条件成立

$$\begin{bmatrix} \boldsymbol{G}_1 & -\boldsymbol{G}_1(\boldsymbol{d}_1-\boldsymbol{r}_1) \\ -(\boldsymbol{d}_1-\boldsymbol{r}_1)^{\mathrm{T}}\boldsymbol{G}_1^{\mathrm{T}} & -\mu \end{bmatrix} \preceq \lambda \begin{bmatrix} \boldsymbol{I} & \boldsymbol{0} \\ \boldsymbol{0}^{\mathrm{T}} & -MN\varepsilon^2 \end{bmatrix} \tag{6.24}$$

为了方便，将该条件重新表示为

$$\exists\lambda \geqslant 0, \quad \begin{bmatrix} \lambda\boldsymbol{I}-\boldsymbol{G}_1 & \boldsymbol{G}_1(\boldsymbol{d}_1-\boldsymbol{r}_1) \\ (\boldsymbol{d}_1-\boldsymbol{r}_1)^{\mathrm{T}}\boldsymbol{G}_1^{\mathrm{T}} & -MN\lambda\varepsilon^2+\mu \end{bmatrix} \succeq \boldsymbol{0} \tag{6.25}$$

现在这个约束是凸的。在此注意，位置误差向量 $\boldsymbol{\delta}$ 已经通过 S-引理消除。这样，多目标定位问题的定位结果仅与锚节点位置误差向量模的上界相关，而不是 $\boldsymbol{\delta}$。

同时注意，式(6.21)中的其他约束仍然是非凸的。为了将这些非凸约束转化为凸约束，定义矩阵 $\boldsymbol{Y}_{\mathrm{u}}$

$$\boldsymbol{Y}_{\mathrm{u}} = \begin{bmatrix} {\boldsymbol{X}_{\mathrm{u}}}^{\mathrm{T}}\boldsymbol{X}_{\mathrm{u}} & {\boldsymbol{X}_{\mathrm{u}}}^{\mathrm{T}} \\ \boldsymbol{X}_{\mathrm{u}} & \boldsymbol{I}_l \end{bmatrix} \tag{6.26}$$

由此，约束式(6.17)和式(6.18)可以被转化为

$$\begin{gathered} \boldsymbol{\gamma}[(i-1)N+j] = \boldsymbol{Y}_{\mathrm{u}}[j,j] + \tilde{\boldsymbol{x}}_i^{\mathrm{T}}\tilde{\boldsymbol{x}}_i - 2\boldsymbol{y}_j^{\mathrm{T}}\tilde{\boldsymbol{x}}_i \\ i=1,2,\cdots,M,\ j=1,2,\cdots,N \end{gathered} \tag{6.27}$$

$$\begin{gathered} \boldsymbol{\gamma}[MN+(m-1)N+n] = \boldsymbol{Y}_{\mathrm{u}}[m,m] + \boldsymbol{Y}_{\mathrm{u}}[n,n] - \boldsymbol{Y}_{\mathrm{u}}[m,n] - \boldsymbol{Y}_{\mathrm{u}}[n,m] \\ m=1,2,\cdots,N,\ n=1,2,\cdots,N \end{gathered} \tag{6.28}$$

式(6.15)和式(6.16)这两个等式约束可以被松弛为如下的不等式约束

$$\begin{gathered} \boldsymbol{\gamma}[(i-1)N+j] \geqslant \boldsymbol{r}^2[(i-1)N+j] \\ i=1,2,\cdots,M,\ j=1,2,\cdots,N \end{gathered} \tag{6.29}$$

$$\begin{gathered} \boldsymbol{\gamma}[MN+(m-1)N+n] \geqslant \boldsymbol{r}^2[MN+(m-1)N+n] \\ m=1,2,\cdots,N,\ n=1,2,\cdots,N \end{gathered} \tag{6.30}$$

这样，式(6.27)~ 式(6.30)对于 $\boldsymbol{Y}_{\mathrm{u}}$ 变成了凸约束。

另外，为了让约束更紧，我们添加一些有关 $\boldsymbol{Y}_{\mathrm{u}}$ 的约束条件

$$\boldsymbol{y}_m = \boldsymbol{Y}_{\mathrm{u}}[m, N+1:N+l], \quad m = 1,2,\cdots,N \tag{6.31}$$

$$\boldsymbol{Y}_{\mathrm{u}}[N+1:N+l, N+1:N+l] = \boldsymbol{I}_l \tag{6.32}$$

$$\boldsymbol{Y}_{\mathrm{u}} \succeq \boldsymbol{0}_{N+l} \tag{6.33}$$

通过这些松弛与约束，式(6.21)中的所有约束都变成了凸约束。目标函数可以转化为

$$\mathrm{Tr}[\boldsymbol{G}(\boldsymbol{\Gamma}\boldsymbol{\gamma}^{\mathrm{T}} - 2\boldsymbol{d}\boldsymbol{r}^{\mathrm{T}})] + \mu \tag{6.34}$$

现在，我们已将式(6.21)中的多目标定位问题转化为以下 SDP 凸优化问题

$$\begin{aligned} \min_{\boldsymbol{X}_{\mathrm{u}},\boldsymbol{Y}_{\mathrm{u}},\boldsymbol{\gamma},\boldsymbol{r},\lambda,\mu} \quad & \mathrm{Tr}[\boldsymbol{G}(\boldsymbol{\Gamma}\boldsymbol{\gamma}^{\mathrm{T}} - 2\boldsymbol{d}\boldsymbol{r}^{\mathrm{T}})] + \mu \\ \text{s.t.} \quad & \mu \geqslant 0, \lambda \geqslant 0, \\ & \text{式(6.25), 式(6.27)} \sim \text{式(6.33)} \end{aligned} \tag{6.35}$$

这样的凸优化问题可以使用内点法[79] 有效地解决。在本章中，我们在仿真中应用 SDP 求解器 `Sedumi` 来解决该问题。

6.4 Cramer-Rao 下界

Cramer-Rao 下界是评估位置估计方法性能的标准。它充当任何无偏位置估计方差的下限，并为目标位置估计方法的性能提供了限制。在本节中，我们推导多目标定位问题的 CRLB，包括不存在锚节点位置误差和存在锚节点位置误差两种情况。首先，我们导出没有锚节点位置误差的 CRLB。令

$$\boldsymbol{z} = [d_{11}, d_{12}, \cdots, d_{MN}, d'_{12}, \cdots, d'_{(N-1)N}]^{\mathrm{T}} \tag{6.36}$$

是包含所有可用距离量测的向量。很容易得出 $\boldsymbol{z}$ 服从均值为 $\boldsymbol{v}$、协方差矩阵为 $\boldsymbol{C}$ 的高斯分布，即

$$\boldsymbol{z} \sim \mathcal{N}(\boldsymbol{v}, \boldsymbol{C}) \tag{6.37}$$

其中

$$
\begin{aligned}
\boldsymbol{v} &= \left[r_{11}, r_{12}, \cdots, r_{MN}, r'_{12}, \cdots, r'_{(N-1)N}\right]^{\mathrm{T}} \\
\boldsymbol{C}_{11} &= \operatorname{diag}\left(\sigma_{11}^2, \sigma_{12}^2, \cdots, \sigma_{MN}^2\right) \\
\boldsymbol{C}_{22} &= \frac{1}{2}\operatorname{diag}\left(\sigma_{12}'^2, \sigma_{13}'^2, \cdots, \sigma_{(N-1)N}'^2\right) \\
\boldsymbol{C} &= \operatorname{blkdiag}\left(\boldsymbol{C}_{11}, \boldsymbol{C}_{22}\right)
\end{aligned}
$$

为了方便，我们考虑二维定位问题，而三维定位问题的推导可由二维定位问题直接得到。令 $\boldsymbol{x}_i = [x_{i1}, x_{i2}]^{\mathrm{T}}$ $(i = 1, \cdots, M)$ 是第 i 个锚节点的真实位置，$\boldsymbol{y}_j = [y_{j1}, y_{j2}]^{\mathrm{T}}$ $(j = 1, \cdots, N)$ 是第 j 个目标节点的真实位置。如果要导出 CRLB，首先要获取未知向量的 Fisher 信息矩阵，再通过取 Fisher 信息矩阵的逆来直接得出 CRLB。未知向量 $[y_{11}, y_{12}, y_{21}, y_{22}, \cdots, y_{N1}, y_{N2}]^{\mathrm{T}}$ 的 Fisher 信息矩阵 $\boldsymbol{I}_{\mathrm{u}}$ 为

$$
\boldsymbol{I}_{\mathrm{u}} = \boldsymbol{H}\boldsymbol{C}^{-1}\boldsymbol{H}^{\mathrm{T}} \tag{6.38}
$$

其中

$$
\begin{aligned}
&\boldsymbol{H} = \left[\frac{\partial \boldsymbol{v}}{\partial y_{11}}, \frac{\partial \boldsymbol{v}}{\partial y_{12}}, \frac{\partial \boldsymbol{v}}{\partial y_{21}}, \frac{\partial \boldsymbol{v}}{\partial y_{22}}, \cdots, \frac{\partial \boldsymbol{v}}{\partial y_{N1}}, \frac{\partial \boldsymbol{v}}{\partial y_{N2}}\right]^{\mathrm{T}} \\
&\frac{\partial r_{ij}}{\partial y_{j1}} = \frac{y_{j1} - x_{i1}}{r_{ij}}, \quad \frac{\partial r_{ij}}{\partial y_{j2}} = \frac{y_{j2} - x_{i2}}{r_{ij}} \\
&\qquad i = 1, 2, \cdots, M, \quad j = 1, 2, \cdots, N \\
&\frac{\partial r'_{mn}}{\partial y_{n1}} = \frac{y_{n1} - y_{m1}}{r'_{mn}}, \quad \frac{\partial r'_{mn}}{\partial y_{n2}} = \frac{y_{n2} - y_{m2}}{r'_{mn}} \\
&\qquad m = 1, 2, \cdots, N, \quad n = 1, 2, \cdots, N
\end{aligned} \tag{6.39}
$$

多目标定位问题的 CRLB 可从 Fisher 信息矩阵的逆矩阵的对角线元素中得到，即

$$
\begin{aligned}
\operatorname{var}(y_{11}) &= [\boldsymbol{I}_{\mathrm{u}}^{-1}]_{11} \\
\operatorname{var}(y_{12}) &= [\boldsymbol{I}_{\mathrm{u}}^{-1}]_{22} \\
&\vdots \\
\operatorname{var}(y_{N1}) &= [\boldsymbol{I}_{\mathrm{u}}^{-1}]_{2N-1,2N-1} \\
\operatorname{var}(y_{N2}) &= [\boldsymbol{I}_{\mathrm{u}}^{-1}]_{2N,2N}
\end{aligned} \tag{6.40}
$$

同时，我们定义目标位置估计的误差为 $e=\|\boldsymbol{y}\|^2$，它的 CRLB 为

$$\text{CRLB}=\frac{1}{N}\left(\text{var}\left(y_{11}\right)+\text{var}\left(y_{12}\right)+\cdots+\text{var}\left(y_{N2}\right)\right) \tag{6.41}$$

上述 CRLB 的推论假定锚节点的位置是完全已知的。接下来，我们讨论锚节点位置不确定情况下的 CRLB。我们假设锚节点位置误差的矢量服从截断的高斯分布。这是因为截断的高斯分布是有界的，并且易于与其他具有高斯分布的锚节点位置误差的目标定位方法进行比较。当锚节点位置存在不确定性时，观测向量变为

$$\boldsymbol{z}_1=\left[\boldsymbol{z}^{\text{T}},\boldsymbol{x}_1^{\text{T}},\boldsymbol{x}_2^{\text{T}},\cdots,\boldsymbol{x}_M^{\text{T}}\right]^{\text{T}} \tag{6.42}$$

并且 $\boldsymbol{x}_1,\boldsymbol{x}_2,\cdots,\boldsymbol{x}_M$ 服从联合截断高斯分布。截断的高斯分布是概率分布，其变量分布在范围 (α,β) 上。它的概率密度函数由下式给出

$$f(x;\mu_{\text{tr}},\sigma_x,\alpha,\beta)=\frac{1}{\sigma_x}\phi\left(\frac{x-\mu_{\text{tr}}}{\sigma_x}\right)\times Z^{-1} \tag{6.43}$$

其中，$\phi(\cdot)$ 表示标准高斯分布的概率密度函数，μ_{tr} 和 σ_x 表示截断高斯分布的均值与标准差，Z 的定义如下

$$Z=\varPhi\left(\frac{\beta-\mu_{\text{tr}}}{\sigma_x}\right)-\varPhi\left(\frac{\alpha-\mu_{\text{tr}}}{\sigma_x}\right) \tag{6.44}$$

其中，$\varPhi(\cdot)$ 表示标准高斯分布的分布函数。请注意，当 $\alpha=-\infty$ 和 $\beta=\infty$ 时，截断的高斯分布等效于标准高斯分布。

在导出锚节点位置不确定情况下的 CRLB 时，我们假设 $\mu_{\text{tr}}=0,\beta=-\alpha=\sigma_x\times\gamma$，则截断的高斯分布的概率密度函数可以转换为

$$f(x)=\begin{cases}\dfrac{1/\sqrt{2\pi}\sigma_x}{2\varPhi(\gamma)-1}\exp\left(\dfrac{-x^2}{2\sigma_x^2}\right), & |x|\leqslant\gamma\sigma_x\\ 0, & |x|>\gamma\sigma_x\end{cases} \tag{6.45}$$

此时，方差由下式给出[112]

$$\sigma_x'^2=\sigma_x^2\left(1-\frac{2\gamma\phi(\gamma)}{2\varPhi(\gamma)-1}\right) \tag{6.46}$$

基于以上假设，未知变量 $[y_{11},y_{12},y_{21},y_{22},\cdots,y_{N1},y_{N2},x_{11},x_{12},\cdots,x_{M1},x_{M2}]^{\mathrm{T}}$ 的 Fisher 信息矩阵 $\boldsymbol{I}$ 可以表示为

$$\boldsymbol{I}=\boldsymbol{H}'\boldsymbol{C}^{-1}\boldsymbol{H}'^{\mathrm{T}}+\kappa^{-1}\boldsymbol{H}_1\boldsymbol{C}_1^{-1}\boldsymbol{H}_1^{\mathrm{T}} \tag{6.47}$$

其中

$$\begin{aligned}
&\kappa=1-\frac{2\gamma\phi(\gamma)}{2\Phi(\gamma)-1}\\
&\boldsymbol{C}_1=\mathrm{diag}\left(\sigma_{x_{11}}^2,\sigma_{x_{12}}^2,\sigma_{x_{21}}^2,\cdots,\sigma_{x_{M1}}^2,\sigma_{x_{M2}}^2\right)\\
&\boldsymbol{H}_1=[\ \boldsymbol{0}_{2M\times 2N}\quad \boldsymbol{I}_{2M}]^{\mathrm{T}}\\
&\boldsymbol{H}'=\left[\frac{\partial \boldsymbol{v}}{\partial y_{11}},\frac{\partial \boldsymbol{v}}{\partial y_{12}},\cdots,\frac{\partial \boldsymbol{v}}{\partial y_{N2}},\frac{\partial \boldsymbol{v}}{\partial x_{11}},\frac{\partial \boldsymbol{v}}{\partial x_{12}},\cdots,\frac{\partial \boldsymbol{v}}{\partial x_{M2}}\right]^{\mathrm{T}}\\
&\frac{\partial r_{ij}}{\partial x_{i1}}=-\frac{y_{j1}-x_{i1}}{r_{ij}},\quad \frac{\partial r_{ij}}{\partial x_{i2}}=-\frac{y_{j2}-x_{i2}}{r_{ij}}\\
&\qquad i=1,2,\cdots,M,\quad j=1,2,\cdots,N
\end{aligned} \tag{6.48}$$

对 $\boldsymbol{I}$ 求逆，就可以得到锚节点位置存在误差情况下的 CRLB。

6.5 理论分析

在前面的部分中，我们使用了锚节点位置不确定情况下的最大似然模型来推导优化方法并给出了 CRLB。在本节中，我们从理论上分析提出的方法，并给出一些相应的结论。

6.5.1 方法计算复杂度

在本小节中，我们分析不同目标定位方法的计算复杂度，使用的是与文献 [109] 中类似的分析方法。表 6.1给出了 SDP 方法[84]、SOCP 方法[109] 以及本章提出的多目标定位方法（称之为“Proposed RSDP”）在计算复杂度方面的比较，它主要包括变量数、等式与不等式约束的情况。类似于文献 [109]，我们还给出了总约束数，这是约束的大小和约束数量的乘积。方法的计算复杂度随着总约束数的增加而增加。

从表 6.1中，我们可以看到文献 [84] 提出的 SDP 方法具有 $2\mathcal{E}+(K+2)^2+4M+K$ 个变量，而文献 [109] 中的 SOCP 方法只有 $2\mathcal{E}+K+M+1$ 个变量。

相比之下，本章提出的方法 [式(6.35)] 具有 $2\mathcal{E}+(K-M+2)^2+K-M+2$ 个变量，小于文献 [84] 中的 SDP 方法，但是当 M 较大时，比文献 [109] 中的 SOCP 方法多。此外，本章提出的方法的总约束数也小于 SDP 方法。通常，我们有 $\mathcal{E}=\Omega(K)$，因此这两种基于 SDP 的方法随着节点数量的增加，计算复杂度呈平方增长。然而，由于本章提出的方法的二次项较小，因此对比文献 [84]，本章提出的方法的计算复杂度比 SDP 方法的增长要慢得多。文献 [109] 中的 SOCP 方法具有比这两种基于 SDP 的方法更少的变量，并且计算复杂度随着节点数量线性增长。但是，由于过度松弛，其性能较差，这可以在后续的仿真结果中得到证明。

表 6.1　方法计算复杂度比较

方法	变量数	等式约束和它们的大小	不等式约束和它们的大小	总约束数（约束数目 × 大小）
SDP [84]	$2\mathcal{E}+(K+2)^2+4M+K$	1 of size 2，$\mathcal{E}$ of size 5，$K+M$ of size 3	$\mathcal{E}$ of size 2，M of size 3，1 of size $K+2$	$7\mathcal{E}+4K+6M+4$
SOCP [109]	$2\mathcal{E}+K+M+1$	0	$\mathcal{E}+M$ of size 2，$\mathcal{E}$ of size 3，1 of size $\mathcal{E}+M+1$	$6\mathcal{E}+3M+1$
Proposed RSDP	$2\mathcal{E}+(K-M+2)^2+K-M+2$	$\mathcal{E}_1$ of size 2，$\mathcal{E}_2$ of size 5，$(K-M)$ of size 3，1 of size 2	1 of size 1，1 of size 1，1 of size $M+2$，$\mathcal{E}$ of size 2，1 of size $K-M+2$	$2\mathcal{E}+2\mathcal{E}_1+5\mathcal{E}_2+4K-3M+8$

注：M 是锚节点的数量，$K=M+N$ 为所有的传感器节点的数量，$\mathcal{E}$ 为除了锚节点之间的所有传感器节点之间的通信量测数，$\mathcal{E}_1$、$\mathcal{E}_2$ 分别表示锚节点和目标节点之间的通信量测数、目标节点之间的通信量测数。表中 a of size b 表示方法的约束数量为 a、大小为 b。

6.5.2　与已有 SDP 方法的关系

现在，我们证明本章提出的 SDP 方法 [式(6.35)] 可以较为容易地转换为锚节点位置不存在误差情况下的定位方法，即有如下命题成立：

命题 1　将变量 μ 添加到标准 SDP 方法的目标函数中，然后添加约束式(6.25)、$\lambda\geqslant 0$ 和 $\mu\geqslant 0$，则标准 SDP 方法可以转换为本章提出的方法。

证明 1　回顾文献 [84] 中现有的标准 SDP 方法的表达式

$$\min_{\boldsymbol{X}_{\mathrm{u}},\boldsymbol{Y}_{\mathrm{u}},\{r'_{mn}\},\{\tilde{r}_{ij}\},\{\tilde{\gamma}_{ij}\},\{\gamma_{mn}\}}\sum_{i=1}^{M}\sum_{j=1}^{N}\frac{1}{\sigma_{ij}^2}(\tilde{\gamma}_{ij}-2d_{ij}\tilde{r}_{ij})+$$

$$
\begin{aligned}
&\sum_{m=1}^{N}\sum_{n=1}^{N}\frac{1}{2\sigma_{mn}^{\prime 2}}(\gamma_{mn}-2d'_{mn}r'_{mn})\\
\text{s.t.}\quad &\tilde{\gamma}_{ij}=\tilde{r}_{ij}^{2},\quad i=1,2,\cdots,M,\quad j=1,2,\cdots,N,\\
&\gamma_{mn}=r_{mn}^{\prime 2},\quad m=1,2,\cdots,N,\quad n=1,2,\cdots,N,\\
&\gamma_{ij}=\boldsymbol{Y}_{\mathrm{u}}[j,j]+\tilde{\boldsymbol{x}}_i^{\mathrm{T}}\tilde{\boldsymbol{x}}_i-2\boldsymbol{y}_j^{\mathrm{T}}\tilde{\boldsymbol{x}}_i,\\
&\qquad\qquad i=1,2,\cdots,M,\ j=1,2,\cdots,N,\\
&\gamma_{mn}=\boldsymbol{Y}_{\mathrm{u}}[m,m]+\boldsymbol{Y}_{\mathrm{u}}[n,n]-\boldsymbol{Y}_{\mathrm{u}}[m,n]-\boldsymbol{Y}_{\mathrm{u}}[n,m],\\
&\qquad\qquad m=1,2,\cdots,N,\ n=1,2,\cdots,N,\\
&\boldsymbol{y}_m=\boldsymbol{Y}_{\mathrm{u}}[m,N+1:N+l],\quad m=1,2,\cdots,N,\\
&\boldsymbol{Y}_{\mathrm{u}}[N+1:N+l,N+1:N+l]=\boldsymbol{I}_l,\\
&\boldsymbol{Y}_{\mathrm{u}}\succeq\boldsymbol{0}_{N+l}
\end{aligned}\tag{6.49}
$$

（注：为了使符号系统一致，我们对文献 [84] 中标准 SDP 方法的符号进行了一些修改。）

从上述表达式中可以清楚地看到，标准 SDP 方法的第一个和第二个约束与式(6.12)和式(6.13)相同。只不过在标准 SDP 方法中，锚节点位置是精确的，而本章提出的方法将已知但存在误差的锚节点位置视为“准确值”，并像标准 SDP 方法一样使用它们直接估算目标的位置。类似地，第三个和第四个约束与式(6.27)和式(6.28)相同，后三个约束与式(6.31)至式(6.33)相同。如果再添加从 S-引理导出的约束式(6.25)，同时将变量 μ 添加到目标函数，然后添加 $\lambda\geqslant 0$、$\mu\geqslant 0$，就可以将标准 SDP 方法转换为本章提出的方法。

6.5.3　与锚节点位置误差有关的约束的实质

从上面的推导过程可以看出，在本章提出的方法中，与锚节点位置不确定性有关的仅有的约束是式(6.25)和添加到目标函数的变量 μ。现在的问题是，约束式(6.25)如何解决具有锚节点位置不确定性的优化问题，换句话说，该约束的本质是什么。

命题 2　式(6.25)的实质是加权最小二乘公式，它具有可自动调整的加权因子 $1/\sigma_{ij}^2(\lambda\sigma_{ij}^2-1)$。

证明 2 我们可以将约束式(6.25)重写为

$$\begin{bmatrix} \lambda-\dfrac{1}{\sigma_{11}^2} & 0 & \cdots & 0 & \dfrac{d_{11}-\tilde{r}_{11}}{\sigma_{11}^2} \\ 0 & \lambda-\dfrac{1}{\sigma_{12}^2} & \cdots & 0 & \dfrac{d_{12}-\tilde{r}_{12}}{\sigma_{12}^2} \\ \vdots & \vdots & \ddots & \vdots & \vdots \\ 0 & 0 & \cdots & \lambda-\dfrac{1}{\sigma_{MN}^2} & \dfrac{d_{MN}-\tilde{r}_{MN}}{\sigma_{MN}^2} \\ \dfrac{d_{11}-\tilde{r}_{11}}{\sigma_{11}^2} & \dfrac{d_{12}-\tilde{r}_{12}}{\sigma_{12}^2} & \cdots & \dfrac{d_{MN}-\tilde{r}_{MN}}{\sigma_{MN}^2} & -MN\lambda\varepsilon^2+\mu \end{bmatrix} \succeq \mathbf{0} \tag{6.50}$$

矩阵为半正定的充要条件是，其所有顺序主子式的行列式都必须大于或等于 0。对于上式即 $\lambda \geqslant \max\left\{\dfrac{1}{\sigma_{11}^2},\dfrac{1}{\sigma_{12}^2},\cdots,\dfrac{1}{\sigma_{MN}^2}\right\}$ 和上述矩阵的行列式必须大于或等于 0。该矩阵的行列式可表示为

$$\left(-MN\lambda\varepsilon^2+\mu-\sum_{i=1}^{M}\sum_{j=1}^{N}\frac{(d_{ij}-\tilde{r}_{ij})^2}{\sigma_{ij}^2(\lambda\sigma_{ij}^2-1)}\right)\times\prod_{i=1}^{M}\prod_{j=1}^{N}\left(\lambda-\frac{1}{\sigma_{ij}^2}\right) \tag{6.51}$$

因为 $\lambda\sigma_{ij}^2-1\neq 0$ 必须被满足，所以有 $\lambda > \max\left\{\dfrac{1}{\sigma_{11}^2},\dfrac{1}{\sigma_{12}^2},\cdots,\dfrac{1}{\sigma_{MN}^2}\right\}$ 和

$$-MN\lambda\varepsilon^2+\mu-\sum_{i=1}^{M}\sum_{j=1}^{N}\frac{(d_{ij}-\tilde{r}_{ij})^2}{\sigma_{ij}^2(\lambda\sigma_{ij}^2-1)}\geqslant 0 \tag{6.52}$$

它可以被转化为

$$MN\lambda\varepsilon^2+\sum_{i=1}^{M}\sum_{j=1}^{N}\frac{(d_{ij}-\tilde{r}_{ij})^2}{\sigma_{ij}^2(\lambda\sigma_{ij}^2-1)}\leqslant \mu \tag{6.53}$$

上述不等式的左侧可以看作加权最小二乘项，且具有可自动调整的加权因子 $1/\sigma_{ij}^2(\lambda\sigma_{ij}^2-1)$，因为 λ 是一个待优化的变量。因此，通过将 μ 添加到目标函数中和添加约束式(6.25)，可以有效解决与锚节点位置不确定性有关的优化问题。

6.5.4 唯一可定位性分析

关于本章提出的方法的另一个基本问题是它们是否可以唯一地定位目标。在本小节中，我们讨论本章提出的方法可以唯一地定位目标的条件。有如下命题成立：

命题 3　对于第 $j(j=1,2,\cdots,N)$ 个目标节点，如果存在 $i\in\{1,2,\cdots,M\}$ 满足

$$\|\tilde{\boldsymbol{x}}_i-\boldsymbol{y}_j^*\|=\tilde{r}_{ij}^* \tag{6.54}$$

对于所有的 $(\boldsymbol{X}_{\mathrm{u}}^*,\boldsymbol{r}_1^*,\lambda^*,\mu^*)$[即 $(\boldsymbol{y}_1^*,\boldsymbol{y}_2^*,\cdots,\boldsymbol{y}_N^*,\tilde{r}_{11}^*,\tilde{r}_{12}^*,\cdots,\tilde{r}_{MN}^*,\lambda^*,\mu^*)$] 都成立，那么本章提出的方法 [式 (6.35)] 可以唯一地定位目标。

证明 3　令 $(\boldsymbol{X}_{\mathrm{u}}^*,\boldsymbol{r}_1^*,\lambda^*,\mu^*)$ 和 $(\bar{\boldsymbol{X}}_{\mathrm{u}}^*,\bar{\boldsymbol{r}}_1^*,\lambda^*,\mu^*)$ 为式(6.35)的两个最优解集，注意到 λ^*,μ^* 是常数变量，因此对于两个最优解集而言，它们是相同的。由于式(6.35)的最优解集是凸的，所以解 $\left(\dfrac{\boldsymbol{X}_{\mathrm{u}}^*+\bar{\boldsymbol{X}}_{\mathrm{u}}^*}{2},\dfrac{\boldsymbol{r}_1^*+\bar{\boldsymbol{r}}_1^*}{2},\lambda^*,\mu^*\right)$ 对于式(6.35)也是最优的。通过之前的假设，我们有

$$\begin{aligned}&\|\tilde{\boldsymbol{x}}_i-\boldsymbol{y}_j^*\|=r_{ij}^*\\&\|\tilde{\boldsymbol{x}}_i-\bar{\boldsymbol{y}}_j^*\|=\bar{r}_{ij}^*\\&\left\|\tilde{\boldsymbol{x}}_i-\frac{\boldsymbol{y}_j^*+\bar{\boldsymbol{y}}_j^*}{2}\right\|=\frac{r_{ij}^*+\bar{r}_{ij}^*}{2}\end{aligned} \tag{6.55}$$

对于 $j=1,2,\cdots,N$ 和一些 $i\in\{1,2,\cdots,M\}$ 成立。这表明

$$\left\|\frac{\tilde{\boldsymbol{x}}_i-\boldsymbol{y}_j^*}{2}+\frac{\tilde{\boldsymbol{x}}_i-\bar{\boldsymbol{y}}_j^*}{2}\right\|=\frac{\|\tilde{\boldsymbol{x}}_i-\boldsymbol{y}_j^*\|}{2}+\frac{\|\tilde{\boldsymbol{x}}_i-\bar{\boldsymbol{y}}_j^*\|}{2} \tag{6.56}$$

由于 L_2 范数函数是凸函数，所以有 $\tilde{\boldsymbol{x}}_i-\boldsymbol{y}_j^*=\tilde{\boldsymbol{x}}_i-\bar{\boldsymbol{y}}_j^*$，即 $\boldsymbol{y}_j^*=\bar{\boldsymbol{y}}_j^*$ 对于 $j=1,2,\cdots,N$ 成立，原命题得证。

尽管命题 3 为本章提出方法的唯一可定位性提供了充分条件，但该条件很难进行分析和计算验证。不过，它可以用来建立另一个可以有效验证的充分条件。具体来说，有如下结论成立：

命题 4　对于第 $j(j=1,2,\cdots,N)$ 个目标，如果存在 $i\in\{1,2,\cdots,M\}$ 满足

$$\gamma_{ij}^*=\tilde{r}_{ij}^{*2} \tag{6.57}$$

对于所有的最优解 $(\boldsymbol{X}_{\mathrm{u}}^*,\boldsymbol{r}_1^*,\gamma_1^*,\lambda^*,\mu^*)$ 都成立，那么，本章提出的方法 [式(6.35)] 可以唯一地定位目标。

证明 4　若证明对于第 $j(j=1,2,\cdots,N)$ 个目标，只要存在 $i\in\{1,2,\cdots,M\}$ 对于所有最优解 $(\boldsymbol{X}_{\mathrm{u}}^*,\boldsymbol{r}_1^*,\gamma_1^*,\lambda^*,\mu^*)$ 都满足 $\|\tilde{\boldsymbol{x}}_i-\boldsymbol{y}_j^*\|^2=\gamma_{ij}^*$，那么根据命题 3，就可以得到命题 4 的结论。令 $(\boldsymbol{X}_{\mathrm{u}}^*,\gamma_1^*,\lambda^*,\mu^*)$ 和 $(\bar{\boldsymbol{X}}_{\mathrm{u}}^*,\bar{\gamma}_1^*,\lambda^*,\mu^*)$ 为式(6.35)的两

个最优解集，注意到 λ^*,μ^* 是常数变量，因此对于两个最优解集而言，它们是相同的。由于式(6.35)的最优解集是凸的，所以解 $\left(\frac{\boldsymbol{X}_{\mathrm{u}}^*+\bar{\boldsymbol{X}}_{\mathrm{u}}^*}{2},\frac{\gamma_1^*+\bar{\gamma}_1^*}{2},\lambda^*,\mu^*\right)$ 也是最优的。然后，我们有

$$\begin{aligned}&\|\tilde{\boldsymbol{x}}_i-\boldsymbol{y}_j^*\|^2=\gamma_{ij}^*\\&\|\tilde{\boldsymbol{x}}_i-\bar{\boldsymbol{y}}_j^*\|^2=\bar{\gamma}_{ij}^*\\&\left\|\tilde{\boldsymbol{x}}_i-\frac{\boldsymbol{y}_j^*+\bar{\boldsymbol{y}}_j^*}{2}\right\|^2=\frac{\gamma_{ij}^*+\bar{\gamma}_{ij}^*}{2}\end{aligned}\tag{6.58}$$

对于 $j=1,2,\cdots,N$ ，存在 $i\in\{1,2,\cdots,M\}$ 成立。这表明

$$\left\|\frac{\tilde{\boldsymbol{x}}_i-\boldsymbol{y}_j^*}{2}+\frac{\tilde{\boldsymbol{x}}_i-\bar{\boldsymbol{y}}_j^*}{2}\right\|^2=\frac{\|\tilde{\boldsymbol{x}}_i-\boldsymbol{y}_j^*\|^2}{2}+\frac{\|\tilde{\boldsymbol{x}}_i-\bar{\boldsymbol{y}}_j^*\|^2}{2}\tag{6.59}$$

由于 L_2 范数函数和平方函数是严格凸的，所以根据两个凸函数的复合函数仍是凸的原理，我们得出的结论是 $\tilde{\boldsymbol{x}}_i-\boldsymbol{y}_j^*=\tilde{\boldsymbol{x}}_i-\bar{\boldsymbol{y}}_j^*$，即对于 $j=1,2,\cdots,N$，有 $\boldsymbol{y}_j^*=\bar{\boldsymbol{y}}_j^*$ 成立。然后，根据命题 3 可以得出，如果存在 $i\in\{1,2,\cdots,M\}$ 满足 $\gamma_{ij}^*=\tilde{r}_{ij}^{*2}$，那么本章提出的方法 [式(6.35)] 可以唯一地定位目标。如下一节中的仿真结果所示，这个条件通常可以被满足。

6.6 性能仿真及分析

在本节中，我们通过蒙特卡罗仿真实验来验证所提出方法的性能。式(6.35)中的凸优化问题是通过 MATLAB CVX 工具箱解决的，其中的求解器是 Sedumi[79]。此外，仿真实验还对照了文献 [84] 提出的 SDP 方法和文献 [109] 提出的 SOCP 方法。为了说明本章提出的方法与式(6.5)中原始 ML 估计问题的近似最优值求解方法之间的性能差距，我们通过使用拟牛顿方法的 MATLAB 函数 fminunc 解决 ML 估计问题，在初值选择上，将 N 个目标节点的真实位置值作为初值，这种方法被标记为 ML-Init-True。同时，仿真实验还包括带有和不带有锚节点位置误差的 RCRLB，它们分别被标记为 RCRLB 和 RCRLB-U。

在以下仿真实验中，除非另有说明，否则都是在二维空间中放置 $M=4$ 个锚节点，并且这些锚节点的准确位置为 $\boldsymbol{x}_1=[-600,600]^{\mathrm{T}}$, $\boldsymbol{x}_2=[-600,-600]^{\mathrm{T}}$, $\boldsymbol{x}_3=[600,600]^{\mathrm{T}}$, $\boldsymbol{x}_4=[600,-600]^{\mathrm{T}}$。我们以水声传感器网络为例，因此假设 $c=1500\mathrm{m/s}$。同时，放置 $N=3$ 个目标节点，其坐标为 $\boldsymbol{y}_1=[-150,50]^{\mathrm{T}}$, $\boldsymbol{y}_2=[-50,100]^{\mathrm{T}}$, $\boldsymbol{y}_3=[-100,-100]^{\mathrm{T}}$。锚节点和目标节点的放置情况如图 6.2所示。

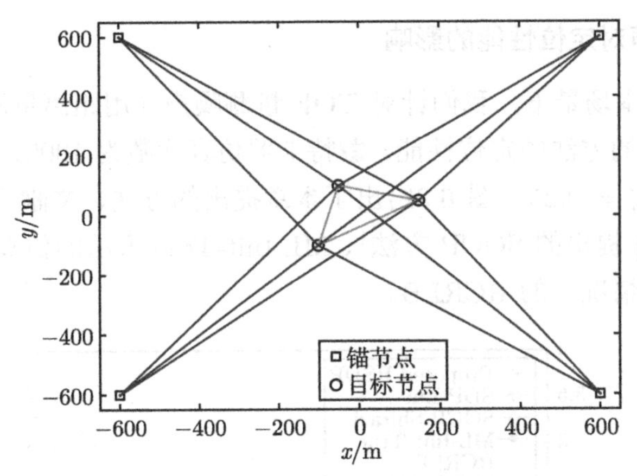

图 6.2　水声传感器网络的几何拓扑结构

（图中实线表示不同节点之间的通信）

带误差的锚节点位置可以被表示为 $\tilde{\boldsymbol{x}}_i = \boldsymbol{x}_i + \boldsymbol{\xi}_i, i = 1, 2, \cdots, M$，其中 $\boldsymbol{\xi}_i$ 服从零均值、标准差为 σ_x 的截断高斯分布。因此，锚节点位置误差向量模的最大值为 $\varepsilon = \gamma \times \sqrt{2}\sigma_x$。在仿真实验中，我们设置 $\gamma = 1.5$。对于距离量测模型，噪声方差定义为

$$\sigma_{\text{dis}}^2 = 10\lg(c^2\sigma^2) \tag{6.60}$$

单位是 dB。其中 σ^2 是 TOF 量测噪声的方差。我们根据均方根误差来评估方法性能，RMSE 定义为

$$\text{RMSE} = \frac{1}{L}\sqrt{\sum_{k=1}^{L}\sum_{m=1}^{N}\frac{\| \boldsymbol{y}_{km} - \boldsymbol{y}_m\|^2}{N}} \tag{6.61}$$

其中，$\boldsymbol{y}_{km}$ 是在第 k 次的蒙特卡罗仿真中的第 m 个目标的位置估计，$\boldsymbol{y}_m$ 是第 m 个目标的真实位置，L 是蒙特卡罗仿真次数，N 是要估计的目标数量。

在这里，我们考虑七个仿真场景，每个场景都设置不同的参数，并比较不同的参数设置下前述目标定位方法的性能。具体分为：6.6.1 节分析量测噪声对目标定位方法性能的影响（场景 1）；6.6.2 节分析目标节点之间量测、锚节点位置误差向量模的最大值对目标定位方法性能的影响（场景 2、场景 3），并进行唯一可定位性仿真分析（场景 4）；6.6.3 节分析传感器节点位置误差对目标定位方法性能的影响（场景 5）；6.6.4 节分析锚节点数量、目标节点数量对目标定位方法性能的影响（场景 6、场景 7）。

6.6.1 量测噪声对定位性能的影响

场景 1：在本场景下，我们针对 TOF 量测噪声（用距离量测噪声方差描述）分析了本章提出的方法的定位性能。蒙特卡罗仿真次数为 1000，锚节点位置误差的方差设置为 $\sigma_x^2 = 0.25$。图 6.3给出了本章提出的方法、文献 [84] 提出的 SDP 方法、文献 [109] 提出的 SOCP 方法[1]、ML-Init-True 方法的仿真结果，以及锚节点位置有无误差情况下的 RCRLB。

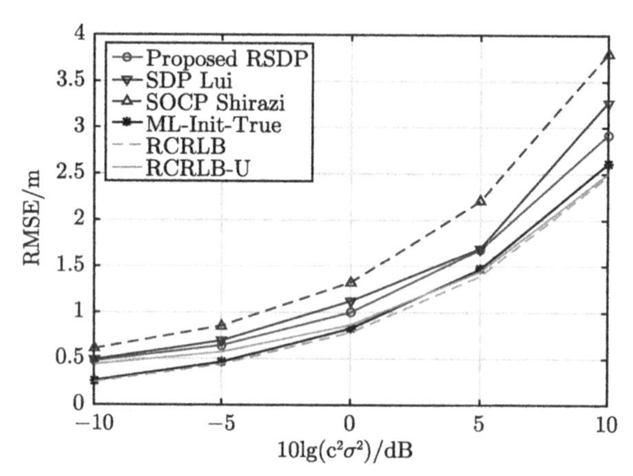

图 6.3　各目标定位方法性能与距离量测噪声方差的关系

从图中可以清楚地看到，前述方法都随着距离量测噪声方差增加而性能下降。相比之下，本章提出的方法和文献 [84] 提出的 SDP 方法都比文献 [109] 提出的 SOCP 方法表现出更好的性能。对于 SOCP 方法，松弛是直接的，但不是紧密的，因此较大的量测噪声会导致其性能显著下降。同时，本章提出的方法的性能比文献 [84] 提出的 SDP 方法要好一些。还要注意，在噪声较小时，将传感器节点真实位置作为初始值来求解的 ML 估计方法的 RMSE 非常接近多目标定位的 RCRLB，甚至比考虑锚节点位置误差的 RCRLB 更好。

此外，为了更好地说明本章提出的方法的计算复杂性，我们在表 6.2 中给出了各方法的平均 CPU 运行时间。为了获得这些结果，我们在 MATLAB v.9.5.0（R2018b）上进行了仿真，配置为 Intel 双核 i7-8700U 处理器，该处理器具有 3.2 GHz CPU 和 8GB RAM。从表中可以清楚地看到，本章提出的方法的计算复杂度小于文献 [84] 提出的 SDP 方法，从表 6.1也可以得出类似的结论。可能的原因是，本章提出的方法仅估算未知目标的位置，这会将锚节点的位置视为已知参数。相比之下，文献 [84] 提出的 SDP 方法估计了未知目标的位置和具有误差的锚节点

1 前述三种方法在后续仿真结果中分别表示为 Proposed RSDP、SDP Lui、SOCP Shirazi。

点的位置，换句话说，它将锚节点的位置视为要优化的变量，这将增加目标定位方法的负担。

表 6.2　各目标定位方法的运行时间比较

方法	平均 CPU 运行时间/ms
SDP Lui	973.3
SOCP Shirazi	852.3
Proposed RSDP	931.7

6.6.2　特征参数对定位性能的影响

场景 2: 在式(6.5)这一原始的多目标定位问题中，除了包含锚节点和目标节点之间的 TOF 量测，还包含目标节点之间的 TOF 量测。为了反映由于加入了目标节点之间量测产生的性能改进，我们对本章提出的多目标定位方法（带有和不带有目标节点之间的距离量测）进行了性能比较，并将其标记为“Proposed RSDP”和“Proposed RSDP-A”。在这种场景下，运行 $L = 1000$ 次蒙特卡罗仿真实验，锚节点位置误差的方差设置为 $\sigma_x^2 = 0.25$，这意味着每个锚节点位置误差向量模的最大值约为 1.06m。图 6.4显示了本章提出的方法在有无添加目标节点之间距离量测的情况下的 RMSE 结果。从图中可以清楚地看到，添加目标节点之间的距离量测可以提高定位精度。此外，当 σ_{dis} 增大时，这两种设置方法之间的性能差距也会增大，这意味着对于较大的噪声，加入目标节点之间的距离量测对于方法性能的改善是显而易见的。

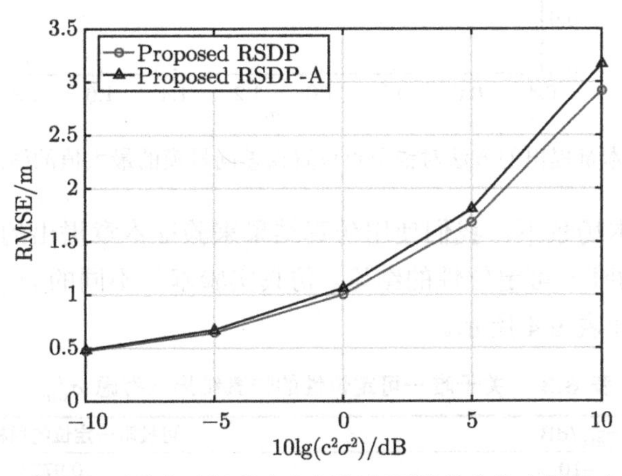

图 6.4　带有和不带有目标节点之间距离量测的定位方法的定位性能

场景 3: 在本场景下，我们测试本章提出的多目标定位方法性能对 ξ 的幅度上限（即锚节点位置误差向量模的最大值的估计值）的敏感程度。注意到，我们假设该上限值是事先已知的，并且式(6.35)中没有假设锚节点位置误差的其他任何统计信息。但是，这个上限值需要依据经验和实际情况事先估计。因此，一个很自然的问题是对锚节点位置误差向量模的最大值的估计误差是否对本章提出的方法的定位精度有影响。为了探讨这个问题，我们将距离量测噪声的方差设置为 $\sigma_{\mathrm{dis}}^2 = -2\mathrm{dB}$；将锚节点位置误差的方差设置为 $\sigma_x^2 = 0.25$，这意味着每个锚节点位置估计误差向量模的大小近似为 1.06m，这个值被视为真值。在仿真实验中，有界误差估计从 0.4m 变化到 1.8m，蒙特卡罗仿真次数设置为 $L = 1000$ 次。仿真结果如图 6.5所示。注意到，文献 [84] 提出的 SDP 方法和文献 [109] 提出的 SOCP 方法都不依赖于误差上限估计。在这里，我们将这两个方法的结果作为参考一并绘制。从仿真结果可以看出，本章提出的方法对误差上限估计不敏感：尽管边界估计变化很大，但该方法的性能仅稍有变化。此外，本章提出的方法显示出比 SDP[84] 和 SOCP[109] 更好的定位精度。

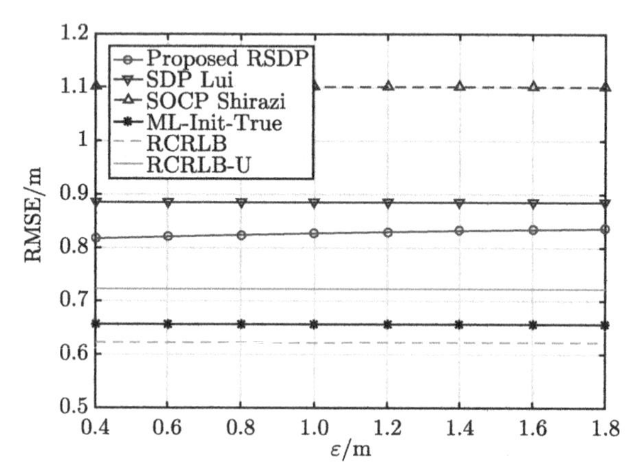

图 6.5　本章提出的方法对锚节点位置误差向量模的最大值的敏感性仿真

场景 4：在本场景下，我们使用仿真结果来验证本章提出的方法是否满足在 6.5 节中所证明的唯一可定位性的结论。仿真实验基于不同的 σ_{dis}^2 和 σ_x 展示，仿真结果如表 6.3 和表 6.4 所示。

表 6.3　关于唯一可定位性的仿真结果（考虑 σ_{dis}^2）

σ_{dis}^2/dB	可被唯一定位的目标的比例
−10	0.9723
−5	0.9587
0	0.9643
5	0.9673
10	0.9877

表 6.4　关于唯一可定位性的仿真结果（考虑 σ_x）

σ_x	可被唯一定位的目标的比例
0.4	0.9603
0.6	0.9733
0.8	0.9700
1.0	0.9810

注：如果估计的 $\tilde{\gamma}_{ij}$ 与 $\tilde{r}_{ij}^2$ 之间的差在 0.005 以内，则这两个变量被认为是相等的，此时目标可以被唯一地定位。

从仿真结果可以看出，有 95%以上的目标位置被唯一地估计出来，从而证明了本章提出的方法的有效性。

6.6.3　节点位置误差对定位性能的影响

场景 5：本场景比较了不同方法对锚节点位置不确定性的敏感程度。距离量测噪声的方差固定为 $\sigma_{\text{dis}}^2 = -3\text{dB}$，蒙特卡罗仿真次数为 1000，锚节点位置误差的标准差 σ_x 的范围设置为 0.4 ~ 1.0。因此，有界误差 ε 为 $0.4\times\sqrt{2}\gamma \sim 1.0\times\sqrt{2}\gamma$，其中 $\gamma = 1.5$。仿真结果如图 6.6所示。

从图 6.6中可以看到，随着锚节点位置误差标准差的增加，除 ML-Init-True 方法外的所有方法都表现出性能下降。但本章提出的方法和 SDP[84] 方法均优于 SOCP[109] 方法。同样，本章提出的方法的性能也非常接近 SDP[84] 方法。

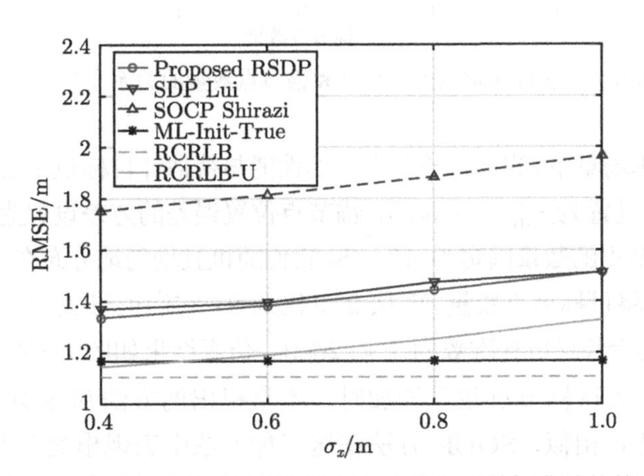

图 6.6　各目标定位方法性能和锚节点位置误差标准差的关系

6.6.4　网络规模对定位性能的影响

场景 6：在上述场景中，锚节点和目标节点数是固定的。在本场景下，为了测试各方法在不同数量的锚节点下的定位精度，我们固定距离量测误差的方差为 $\sigma_{\text{dis}}^2 = -3\text{dB}$、锚节点位置误差的方差为 $\sigma_x^2 = 0.25$，设置锚节点的数量 M 为 $4 \sim 12$。M 个锚节点在 $1200\text{m} \times 1200\text{m}$ 的范围内随机部署，并且 N 个目标节点的位置仍与本节初始假设相同。蒙特卡罗仿真次数为 $L = 2000$。仿真结果如图 6.7所示。

从图中可以清楚地看到，SOCP 方法无法在锚节点数量较少时得到合理的估计，但随着锚节点数量的增加，它的定位精度急剧提高。而本章提出的方法和 SDP 方法的性能都比 SOCP 方法好得多，并且当锚节点数量较多时，它们的 RMSE 都非常接近 RCRLB。同样地，通过比较这两种方法，本章提出的方法的性能略好于 SDP 方法。

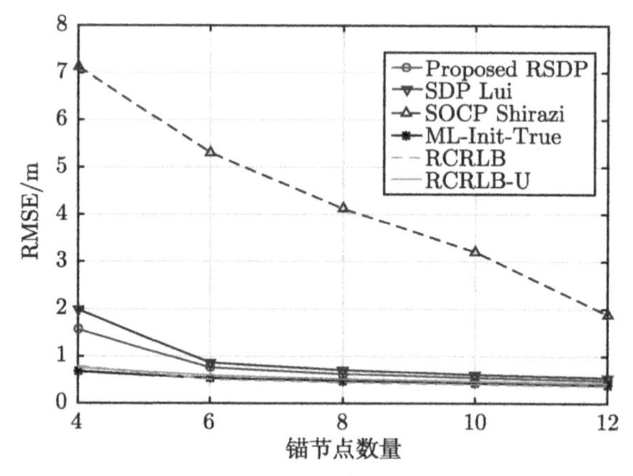

图 6.7　各目标定位方法性能和锚节点数量的关系（$N = 3$）

场景 7: 在本场景下，我们讨论各方法的性能与待估计目标数量之间的关系。距离量测噪声的方差设置为 $\sigma_{\text{dis}}^2 = -3\text{dB}$，锚节点位置误差的方差设置为 $\sigma_x^2 = 0.25$。在这里，我们将锚节点的数量固定为 $M = 8$，它们随机且均匀地分布在 $1200\text{m} \times 1200\text{m}$ 的范围内，同时将目标节点数量 N 从 2 变化到 8，它们也与 M 个锚节点分布在相同的范围内。蒙特卡罗仿真次数为 $L = 2000$。仿真结果如图 6.8所示。

结果表明，当目标节点数量增加时，本章提出的方法和 SDP 方法的性能都会提高。与场景 6 相似，SOCP 方法在这三种方法中表现出最差的定位性能，因为该方法没有等式约束，导致了过度松弛。此外，本章提出的方法比 SDP 方法表现更好，特别是对于要定位的目标节点数量较少的情况。当 N 较大（$N = 8$）时，这两种方法的 RMSE 彼此接近。以真实值为初始值进行迭代的 ML 估计方法具有最佳性能，且它的 RMSE 与 RCRLB 较为接近。

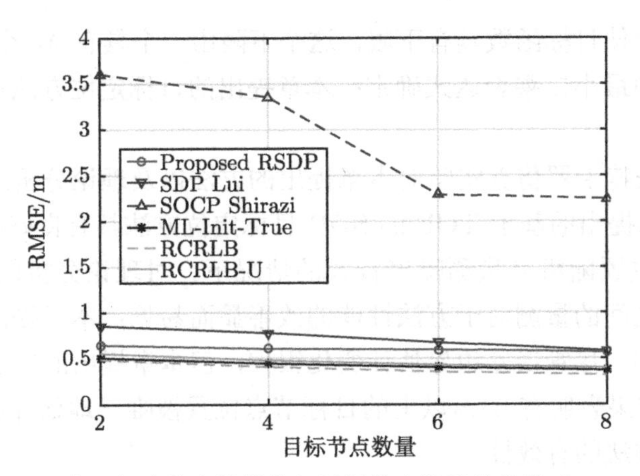

图 6.8　各目标定位方法性能与目标节点数量的关系（$M=8$）

6.7　本章小结

在本章中，我们研究了传感器网络中锚节点位置不确定情况下基于 TOF 的目标定位问题。基于锚节点与目标节点之间的 TOF 量测以及不同目标节点之间的 TOF 量测，我们提出了一种凸优化目标定位方法来解决原始的 ML 估计问题。本章主要贡献如下。

（1）首先对锚节点位置不确定情况下的最大似然估计问题进行建模，提出了一种基于节点位置误差最大值模型的稳健自定位方法，并有效融合了锚节点与目标节点及目标节点之间的量测。和已有的自定位方法将节点位置误差建模为高斯模型不同的是，该方法不假设任何有关节点位置误差项的先验分布，只假设节点位置误差向量模的最大值已知。并将此 ML 估计问题转化为最坏情况下的次优化问题。

（2）对节点位置误差向量化，并将框约束松弛为椭圆约束，通过极小极大化目标函数，将原始问题进一步转化为上境图的形式，通过 S-引理将位置误差向量项消除，这样，多目标定位问题的定位结果仅取决于锚节点位置误差向量模的上界。并利用 SDP 松弛技术将问题进一步转化为凸优化问题。

（3）推导了带有和不带有锚节点位置误差的上述所提出方法的 CRLB。

（4）从理论上分析本章提出的方法，主要包括：方法计算复杂度分析、与已有的标准的基于 TOF 的 SDP 目标定位方法的关系、与锚节点位置误差有关的约束的实质，以及唯一可定位性分析。理论分析结果表明：本章提出的方法可以较为容易地转换为锚节点位置不存在误差情况下的定位方法；与锚节点位置发生漂移相关的约束会使目标函数具有下限，这个下限由一个具有 M 个（锚节点数量）自动可调权重的最小二乘表达式确定；本章提出的目标定位方法可以唯一地确定目标。

（5）通过蒙特卡罗仿真实验对本章提出的方法以及理论分析进行仿真，仿真结果表明：本章提出的基于 TOF 的 SDP 目标定位方法具有良好的估计性能，特别是在锚节点位置随机且量测噪声较大的情况下。对理论分析的仿真结果表明：加入目标节点之间的量测对于方法性能的改善显而易见；本章提出的方法对误差上限估计不敏感，尽管误差边界估计变化很大，但本章提出的方法的性能仅稍有变化，且仿真结果表明有 95%以上的目标节点位置被唯一地估计出来，从而证明了本章提出的方法的有效性。

第 7 章 基于接收信号强度的传感器网络目标定位

7.1 引言

基于 TOA 或 TDOA 的目标定位方法虽能够获取较高的定位精度，但是这两种方法要求 UASN 系统中节点间具有高精度的时间同步，而在 UASN 系统中，时间同步较难实现。因此，结合水中存在直达路径的这一特点，利用能量有限、结构简单的传感器对目标进行定位的方法成为 UASN 目标定位的一个迫切需求。这种应用背景下，基于接收信号强度的传感器网络目标定位成为一种很好的选择。

研究表明，无线设备接收到的信号强度随着目标距离的增加呈指数衰减，因此反映接收信号强度信息的量测可以用于 WSN 目标定位。近年来，国内外学者对基于声音强度衰减模型的声源目标定位问题进行了大量的研究 [10,31,113-119]。2003 年，威斯康星大学的 Yuhen Hu 团队率先构建了基于 RSS 的传感器网络目标定位模型，并通过外场实验验证了能量衰减模型的正确性 [113]。之后，他们将 RSS 定位模型扩展到多目标定位中，并采用 MLE 得到多目标定位的结果 [10]。由于 MLE 中的目标函数是目标位置的强非线性、非凸函数，求解时依赖于迭代方法，但是迭代法需要一个合适的初始值，不恰当的初始值往往使估计值陷入局部最小值或鞍点值，这样的问题称作收敛性问题。解决这个问题可行的方法是网格搜索法、多精度搜索法以及通过等价、近似变换将原 MLE 问题转换为 LS、WLS 问题，从而能够直接获得目标位置的闭式解。一般地，对于 MLE 问题，网格搜索法和多精度搜索方法的运算量大，且定位精度与搜索步长有关。LS 和 WLS 定位方法能够达到性能和运算复杂度之间的折中。YuHen Hu 等人利用传感器节点接收到的能量比值，提出了基于 LS 的二次项消除（Quadratic Elimination）方法（LS-QE）[31]，该方法通过相减方式消除未知目标位置的二次项，进而得到目标位置的线性估计。文献 [115] 提出了一种两步 WLS 方法，在第一步中引入辅助变量得到该中间量的线性估计，第二步利用辅助变量与目标位置的关系得到目标位置的精确估计。利用同样的思路，文献 [31] 提出了一种直接加权 LS 方法，利用辅助变量与目标位置的关系进一步提高目标定位性能。但是，在低信噪比情况下，这种基于 LS 和 WLS 的目标定位方法存在着明显的性能下降，这是由于 MLE 线性逼近引起的。此外，针对 MLE 收敛性问题，文献 [114] 提出了一种基于 RSS 的凸集投影方法，这种方法能够很快收敛到全局最优值，但是，当目标位于传感器节点形成的凸包之外时，凸集投影方法会失去作用。

针对迭代搜索、LS/WLS、凸集投影等方法的不足，一种可行的方法是半正定规划。SDP 方法可追溯到 1995 年 Goemans 和 Williamson 的研究成果 [120]，现在已被广泛应用于信号处理和通信领域，如波束形成 [121]、传感器网络目标定位 [122,123]、盲源分离 [124,125]、MIMO 通信 [126-128] 等。如果将一个问题转化为凸优化问题，则该问题可以通过内点法求解 [129]。本章重点研究基于 RSS 的 SDP 目标定位方法，利用 SDP 将 MLE 这一非凸问题转化为凸优化问题。由于在 MLE（或 WLS）问题中，未知的目标位置出现在能量衰减模型的分母上，因此可以通过泰勒展开将原 MLE 问题转化为渐近最大似然（Asymptotic Maximum Likelihood，AML）或渐近加权最小二乘（Asymptotic Weighted Least Squares，AWLS）问题 [116,117]，然后将该问题转化为 SDP 问题，进而得到目标位置的估计。

本章的主要内容与组织结构如下：7.2 节对基于 RSS 的目标定位问题进行了建模，利用舰船辐射噪声信息，构建了基于 RSS 的 WLS 模型；7.3 节介绍了两种 SOCP 目标定位方法和基于极小极大化逼近的目标定位方法；7.4 节介绍了两步（Two-Step，TS）SDP 目标定位方法以及基于极小极大化准则和范数逼近理论的目标定位方法；7.5 节推导了目标辐射能量已知和未知两种情况下 RSS 目标定位的 CRLB；7.6 节和 7.7 节从理论分析和性能仿真两个角度分析了本章所提出方法的有效性及实用性；7.8 节是本章小结。

7.2 问题描述

如图 7.1所示的传感器网络中基于 RSS 的声源目标定位系统，由 N 个空间分布的传感器节点和一个融合中心组成。当声信号在自由空间传播时，传感器节点接收到来自目标的信号能量与目标距离成反比 [10]。第 i 个传感器节点接收到的信号强度为

$$r_i(\ell) = \frac{\sqrt{g_i}s\left(\ell/f_s - \tau_i\right)}{\|\boldsymbol{x}_i - \boldsymbol{y}\|^{\alpha/2}} + \omega_i(\ell), \quad i = 1, \cdots, N, \quad \ell = 1, \cdots, L \tag{7.1}$$

其中，$\sqrt{g_i}$ 是增益系数；$s\left(\dfrac{\ell}{f_s} - \tau_i\right)$ 是第 i 个传感器节点在第 ℓ 次采样时接收到的声强；τ_i 是从目标到第 i 个节点信号的传播时延；f_s 是采样频率；$\boldsymbol{x}_i$ 和 $\boldsymbol{y}$ 分别代表第 i 个传感器节点和目标的 m 维（$m = 2$ 或 $m = 3$）位置向量，$\|\boldsymbol{x}_i - \boldsymbol{y}\|$

是传感器节点距离目标的欧式距离；α 是传播衰减因子，不同环境中 α 不同。考虑到水声信号的球面扩展特点，本章假设 $\alpha=2$，基于 RSS 的目标定位方法还可以扩展到 $\alpha\neq 2$ 的情形；ω_i 是均值为零、方差为 ζ_i^2 的加性高斯白噪声，即 $\omega_i\sim\mathcal{N}(0,\zeta_i^2)$；$N$ 是传感器节点数目；L 是采样点数。

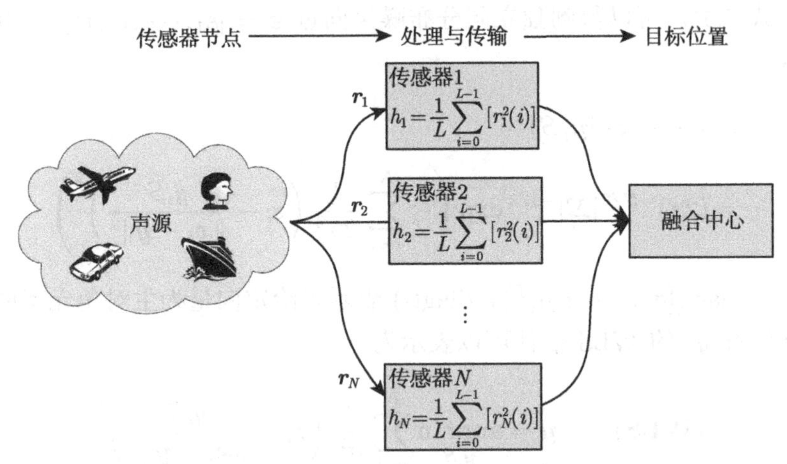

图 7.1　传感器网络中基于 RSS 的声源目标定位系统框图

假设 $s(\ell/f_s-\tau_i)$ 是一零均值、方差为 Q 的高斯随机过程，且与噪声 ω_i 独立，即期望 $E[(s(\ell/f_s-\tau_i))\omega_i(\ell)]=0$。则接收信号能量为

$$\begin{aligned}E[r_i^2(\ell)]=&g_i\frac{E[s^2(\ell/f_s-\tau_i)]}{\|\boldsymbol{x}_i-\boldsymbol{y}\|^2}+E[\omega_i^2(\ell)]+E\left[\frac{2g_is(\ell/f_s-\tau_i)\omega_i(\ell)}{\|\boldsymbol{x}_i-\boldsymbol{y}\|}\right]\\=&\frac{g_iS}{\|\boldsymbol{x}_i-\boldsymbol{y}\|^2}+E[\omega_i^2(\ell)]\end{aligned}\tag{7.2}$$

其中，期望 $E(\cdot)$ 通过在时间窗 $T=\dfrac{L}{f_s}$ 内时间平均来实现，将式(7.2)表示成离散形式有

$$h_i=\frac{g_iS}{\|\boldsymbol{x}_i-\boldsymbol{y}\|^2}+\frac{1}{L}\sum_{\ell=0}^{L}\omega_i^2(\ell)\tag{7.3}$$

由于 $\omega_i\sim\mathcal{N}(0,\zeta_i^2)$，则能量噪声项 $\frac{1}{L}\sum_{\ell=0}^{L}\omega_i^2(\ell)$ 服从 χ^2 分布，其均值为 ζ_i^2，方差为 $2\zeta_i^4/L$，依据中心极限定理（Central Limit Theorem，CLT），当采样点数 L 较大时，$\frac{1}{L}\sum_{\ell=0}^{L}\omega_i^2(\ell)\sim\mathcal{N}(\zeta_i^2,2\zeta_i^4/L)$，式(7.3)可以表示为

$$z_i = h_i - \zeta_i^2 = \frac{g_i S}{\|\boldsymbol{x}_i - \boldsymbol{y}\|^2} + \varepsilon_i \tag{7.4}$$

定义 $\varepsilon_i = \dfrac{1}{L}\sum_{\ell=0}^{L}\omega_i^2(\ell) - \zeta_i^2 \sim \mathcal{N}(0, \sigma_i^2)$，其中 σ_i^2 是独立随机变量 ε_i 的方差。基于此，依据转化后的新量测 $z_i(i = 1, \cdots, N)$ 可得到目标位置估计。

对于式(7.4)，可以得到独立同分布噪声向量 $\boldsymbol{\varepsilon} = [\varepsilon_1, \cdots, \varepsilon_N]^{\mathrm{T}}$ 的联合概率密度函数

$$\begin{aligned} & p(z_1, \cdots, z_N | \boldsymbol{y}, S) \\ & = (2\boldsymbol{\pi})^{-N/2}|\boldsymbol{\Sigma}|^{-1/2}\exp\left(-\sum_{i=1}^{N}\frac{1}{2\sigma_i^2}\left(z_i - \frac{g_i S}{\|\boldsymbol{x}_i - \boldsymbol{y}\|^2}\right)^2\right) \end{aligned} \tag{7.5}$$

其中，$\boldsymbol{\Sigma} = \mathrm{diag}\left([\sigma_1, \cdots, \sigma_N]^{\mathrm{T}}\right)$，$\mathrm{diag}(\cdot)$ 表示以给定向量为主对角元素的对角矩阵。目标位置 $\boldsymbol{y}$ 的 WLS 估计可以表示为

$$(\textbf{WLS}) \qquad \hat{\boldsymbol{y}} = \underset{\boldsymbol{y}, S}{\mathrm{argmin}}\sum_{i=1}^{N}\frac{1}{\sigma_i^2}\left(z_i - \frac{g_i S}{\|\boldsymbol{x}_i - \boldsymbol{y}\|^2}\right)^2 \tag{7.6}$$

由式(7.6)可以看出，目标函数是未知目标位置 $\boldsymbol{y}$ 的非线性、非凸函数。注意到 $\boldsymbol{y}$ 出现在目标函数的分母上，很难直接求解。考虑函数 $\|\boldsymbol{x}_i - \boldsymbol{y}\|^2$ 在 z_i 处的一阶泰勒逼近，有

$$\|\boldsymbol{x}_i - \boldsymbol{y}\|^2 = \frac{g_i S}{z_i - \varepsilon_i} \approx \frac{g_i S}{z_i} + \frac{g_i S}{z_i^2}\varepsilon_i + O\left((\varepsilon_i)^2\right) \tag{7.7}$$

将 $g_i S\varepsilon_i / z_i^2$ 视为噪声项，依据式(7.7)，可以得到原 WLS 问题的逼近

$$(\textbf{AWLS}) \qquad \hat{\boldsymbol{y}} = \underset{\boldsymbol{y}, S}{\mathrm{argmin}}\sum_{i=1}^{N}\frac{z_i^4}{S^2 g_i^2 \sigma_i^2}\left(\|\boldsymbol{x}_i - \boldsymbol{y}\|^2 - \frac{g_i S}{z_i}\right)^2 \tag{7.8}$$

文献 [116] 首先使用了该模型。以下考虑两种情况：协作目标定位——目标辐射能量 S 已知；非协作目标定位——目标辐射能量 S 未知。

7.3 基于 RSS 的协作目标定位方法

对于基于 RSS 的协作目标定位（如 UASN 中节点自定位）问题，目标辐射能量 S 通过信息交互传输到观测节点，可以将 S 视作一个已知量。针对该问题，本章提出了两种 SOCP 目标定位方法，并构建了相应的极小极大化逼近模型。

7.3.1 两种 SOCP 目标定位方法

考虑到 AWLS 问题中目标函数是未知变量 $\boldsymbol{y}$ 的非凸函数，需要将非凸的 AWLS 问题转换为凸优化问题。定义辅助变量

$$\begin{aligned}
\boldsymbol{r} &= [r_1, \cdots, r_N]^{\mathrm{T}} \\
r_i &= \frac{z_i^2}{S g_i \sigma_i}\left(\|\boldsymbol{x}_i - \boldsymbol{y}\|^2 - \frac{g_i S}{z_i}\right)
\end{aligned} \tag{7.9}$$

式(7.8)进一步表示为

$$\hat{\boldsymbol{y}} = \underset{\boldsymbol{y},\boldsymbol{r}}{\operatorname{argmin}} \|\boldsymbol{r}\|^2 \tag{7.10}$$

目标函数中的 L_2 范数是凸函数，但等式约束条件式(7.9)不是凸集，引入变量

$$d_i = \|\boldsymbol{x}_i - \boldsymbol{y}\|^2, \quad i = 1, \cdots, N \tag{7.11}$$

将该等式约束松弛为不等式约束 $\|\boldsymbol{x}_i - \boldsymbol{y}\|^2 \leqslant d_i$ ，写作矩阵不等式形式，有

$$\left\|\begin{bmatrix} 2(\boldsymbol{x}_i - \boldsymbol{y}) \\ d_i - 1 \end{bmatrix}\right\| \leqslant d_i + 1 \tag{7.12}$$

联合以上约束，引入上境图变量 η ，通过 SDP 松弛后，AWLS 问题可以写为如下带约束的 SOCP 问题

$$\begin{aligned}
\textbf{(SOCP1)} \quad & \min_{\boldsymbol{y},\boldsymbol{r},\eta} \quad \eta \\
\text{s.t.} \quad & \left\|\begin{bmatrix} 2(\boldsymbol{x}_i - \boldsymbol{y}) \\ d_i - 1 \end{bmatrix}\right\| \leqslant d_i + 1, \quad \left\|\begin{bmatrix} 2\boldsymbol{r} \\ \eta - 1 \end{bmatrix}\right\| \leqslant \eta + 1, \\
& \boldsymbol{r} = [r_1, \cdots, r_N]^{\mathrm{T}}, \\
& r_i = \frac{z_i^2}{S g_i \sigma_i}\left(d_i - \frac{g_i S}{z_i}\right), i = 1, \cdots, N
\end{aligned} \tag{7.13}$$

这个 SOCP 问题（称作 SOCP1）是一个凸优化问题，可以通过内点法（如 SeSuMi[103]、SDP3[130]）等高效地求解。

可以看出，SOCP1 方法直接将距离的等式约束 $\|\boldsymbol{x}_i - \boldsymbol{y}\|^2 = d_i$ 松弛为不等式约束 $\|\boldsymbol{x}_i - \boldsymbol{y}\|^2 \leqslant d_i (i = 1, \cdots, N)$。但当目标位于传感器节点形成的凸包之外时，这种直接松弛距离的 SDP 方法定位性能明显下降，这种现象称之为“凸包效

应”。下面以 3 个传感器节点协作目标定位为例（见图 7.2），说明造成这种现象的原因。对于等式约束，目标位置 $\boldsymbol{y}$ 的可行域是图中圆的交叉点（二维）；对于松弛后的不等式约束，可行域是圆的重合部分。当目标位于传感器节点形成的凸包之内时，可行域 [图 7.2(a) 中阴影部分] 范围较小；当目标位于传感器节点形成的凸包之外时，可行域 [图 7.2(b) 中阴影部分] 范围较大，此时，目标处于可行域边缘位置，获得到真实位置的概率很小。因此，当目标从传感器节点形成的凸包之内转换到凸包之外时，这种直接松弛方法的定位性能严重下降。

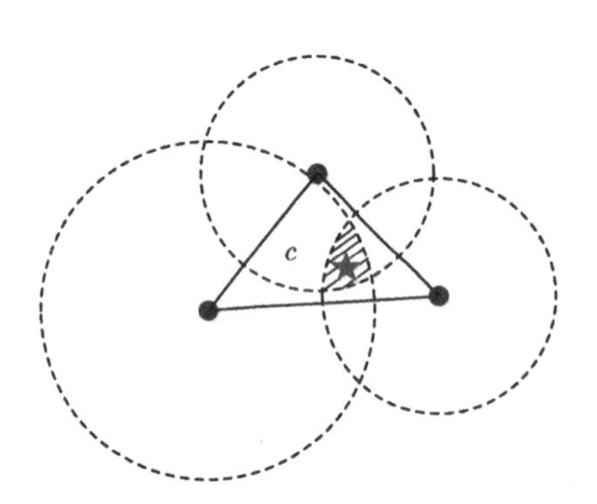

(a) 当目标位于3个传感器节点形成的凸包（区域c）之内时的声源定位

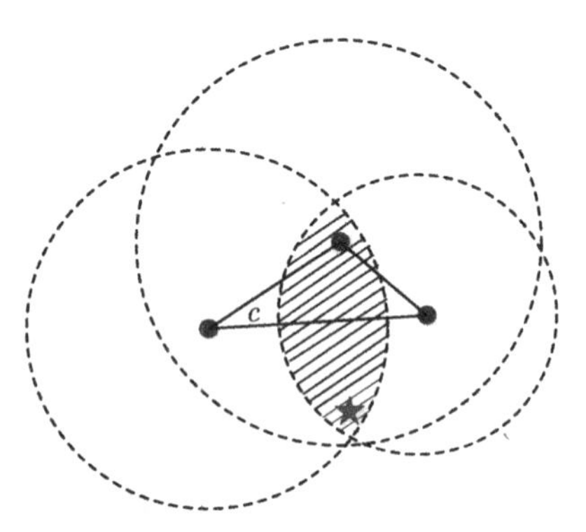

(b) 当目标位于3个传感器节点形成的凸包（区域c）之外时的声源定位

图 7.2　SOCP1 定位方法凸包效应示例

基于 RSS 的 SOCP1 方法存在着凸包效应，为了克服这种方法的缺陷，提出了另外一种 SOCP 协作目标定位方法。

等式约束式(7.11)可以进一步表示为

$$\begin{aligned} d_i &= \boldsymbol{x}_i^{\mathrm{T}}\boldsymbol{x}_i - 2\boldsymbol{x}_i^{\mathrm{T}}\boldsymbol{y} + \boldsymbol{y}^{\mathrm{T}}\boldsymbol{y} \\ &= \boldsymbol{x}_i^{\mathrm{T}}\boldsymbol{x}_i - 2\boldsymbol{x}_i^{\mathrm{T}}\boldsymbol{y} + y_s \end{aligned} \tag{7.14}$$

其中，$y_s = \boldsymbol{y}^{\mathrm{T}}\boldsymbol{y}$ 。这个等式约束是未知向量 $\boldsymbol{\theta} = [d_i, \boldsymbol{y}, y_s]^{\mathrm{T}}$ 的线性函数，注意到 $y_s = \boldsymbol{y}^{\mathrm{T}}\boldsymbol{y}$ 仍是一个非线性约束，将该等式约束松弛为不等式约束 $\boldsymbol{y}^{\mathrm{T}}\boldsymbol{y} \leqslant y_s$ ，写成矩阵不等式形式，有

$$\left\| \begin{bmatrix} 2\boldsymbol{y} \\ y_s - 1 \end{bmatrix} \right\| \leqslant y_s + 1 \tag{7.15}$$

综合考虑所有约束以及松弛后的不等式约束,引入上境图变量 τ,将原逼近的 WLS

问题写为如下凸优化问题

$$
\begin{aligned}
(\textbf{SOCP2}) \quad & \min_{\boldsymbol{y},\boldsymbol{r},\tau} \quad \tau \\
\text{s.t.} \quad & \left\| \begin{bmatrix} 2\boldsymbol{y} \\ y_s - 1 \end{bmatrix} \right\| \leqslant y_s + 1, \quad \left\| \begin{bmatrix} 2\boldsymbol{r} \\ \tau - 1 \end{bmatrix} \right\| \leqslant \tau + 1, \\
& \boldsymbol{r} = [r_1, \cdots, r_N]^{\mathrm{T}}, \quad r_i = \frac{z_i^2}{S g_i \sigma_i}\left(d_i - \frac{g_i S}{z_i}\right), \\
& d_i = y_s - 2\boldsymbol{x}_i^{\mathrm{T}}\boldsymbol{y} + \boldsymbol{x}_i^{\mathrm{T}}\boldsymbol{x}_i, \quad i = 1, \cdots, N
\end{aligned} \tag{7.16}
$$

该凸优化问题（称作 SOCP2），可以高效地求解出未知的目标位置 $\boldsymbol{y}$。

对比优化问题式(7.13)、式(7.16)，可以看出两者之间的不同：对于 SOCP1，松弛的等式约束是 $\|\boldsymbol{x}_i - \boldsymbol{y}\|^2 = d_i$；对于 SOCP2，松弛的等式约束是 $\boldsymbol{y}^{\mathrm{T}}\boldsymbol{y} = y_s$。后者的这种松弛不会造成凸包效应，因为其对未知的目标位置进行松弛，与传感器节点和目标的相对位置没有关系。

7.3.2 非高斯噪声下协作目标定位方法

在 RSS 量测噪声为独立同分布的高斯随机过程的假设下，得到的 WLS [式(7.6)]是渐近最优的求解方法，而 AWLS[式(7.8)] 是高斯噪声假设下 WLS 的一阶泰勒逼近。然而当 RSS 量测噪声呈现出非高斯特性时，即使可以通过中心极限定理逼近高斯分布，但在采样点数 L 较少的情况下，逼近带来的误差较大。因此，需要寻求一种对 RSS 量测噪声分布不敏感的定位方法，以便能够在非高斯 RSS 量测噪声背景下完成目标定位。

式(7.7)等价变形为

$$
\frac{z_i^2}{g_i S}\|\boldsymbol{x}_i - \boldsymbol{y}\|^2 - z_i = \varepsilon_i, \quad i = 1, \cdots, N \tag{7.17}
$$

当噪声项 ε_i 的统计特性未知时，可以考虑采用极小极大化准则获得目标位置的估计，即

$$
\hat{\boldsymbol{y}} = \underset{\boldsymbol{y}}{\operatorname{argmin}} \max_{i=1,\cdots,N} \left| \frac{z_i^2}{g_i S}\|\boldsymbol{x}_i - \boldsymbol{y}\|^2 - z_i \right| \tag{7.18}
$$

其中，$|\cdot|$ 指的是求绝对值。可以从范数逼近（Norm Approximation，NA）的角度来理解式(7.18)，式(7.10)可以表示为

$$
\hat{\boldsymbol{y}} = \underset{\boldsymbol{y},\boldsymbol{r}}{\operatorname{argmin}}\, f^2(\boldsymbol{r}) = \underset{\boldsymbol{y},\boldsymbol{r}}{\operatorname{argmin}}\, f(\boldsymbol{r}) \tag{7.19}
$$

其中

$$
\begin{aligned}
f(\cdot) &= \|\cdot\| \geqslant 0 \\
\boldsymbol{r} &= [r_1, \cdots, r_N]^{\mathrm{T}} \\
r_i &= \frac{1}{\sigma_i}\left(\frac{z_i^2}{g_i S}\|\boldsymbol{x}_i - \boldsymbol{y}\|^2 - z_i\right)
\end{aligned} \tag{7.20}
$$

式(7.19)成立是由于 $f(\cdot) = \|\cdot\| \geqslant 0$。式(7.20)中目标函数 $f(\cdot)$ 可以用 Chebyshev 范数（也称作 L_∞ 范数）来逼近，因此，逼近的 AWLS 表示为

$$
\begin{aligned}
\hat{\boldsymbol{y}} &= \underset{\boldsymbol{y}}{\operatorname{argmin}} \max_{i=1,\cdots,N} |r_i| \\
&= \underset{\boldsymbol{y}}{\operatorname{argmin}} \max_{i=1,\cdots,N} \left|\frac{1}{\sigma_i}\left(\frac{z_i^2}{g_i S}\|\boldsymbol{x}_i - \boldsymbol{y}\|^2 - z_i\right)\right|
\end{aligned} \tag{7.21}
$$

当各个传感器节点量测噪声的方差相同时，即 $\sigma_i = \sigma\ (i = 1, \cdots, N)$，常数项 $1/\sigma$ 可以舍去。接下来，利用 SDP 将非凸的优化问题转化为凸优化问题。

非高斯噪声背景下基于极小极大化准则的 AWLS 目标定位问题，可以写成上境图形式，有

$$
\begin{aligned}
&\min_{\boldsymbol{y}, \varphi, y_s} \quad \varphi \\
&\text{s.t.} \quad -\varphi \leqslant \frac{z_i^2}{g_i S}\left(y_s - 2\boldsymbol{x}_i \boldsymbol{y} + \boldsymbol{x}_i \boldsymbol{x}_i^{\mathrm{T}}\right) - z_i \leqslant \varphi, \\
&\qquad\quad y_s = \boldsymbol{y}^{\mathrm{T}}\boldsymbol{y}, \quad i = 1, 2, \cdots, N
\end{aligned} \tag{7.22}
$$

将等式约束 $y_s = \boldsymbol{y}^{\mathrm{T}}\boldsymbol{y}$ 松弛为不等式约束 $y_s \geqslant \boldsymbol{y}^{\mathrm{T}}\boldsymbol{y}$ ，写成矩阵不等式，有

$$
\begin{bmatrix} \boldsymbol{I}_m & \boldsymbol{y} \\ \boldsymbol{y}^{\mathrm{T}} & y_s \end{bmatrix} \succeq \boldsymbol{0} \tag{7.23}
$$

其中，$\boldsymbol{I}_m$ 是 $m \times m$ 的单位阵。非高斯噪声背景下基于极小极大化准则的协作目标定位问题可以表述为如下凸优化问题

$$
\begin{aligned}
\textbf{(MMA)} \quad &\min_{\boldsymbol{y}, \varphi, y_s, d_i} \quad \varphi \\
&\text{s.t.} \quad -\varphi \leqslant \frac{z_i^2}{g_i S} d_i - z_i \leqslant \varphi, \quad d_i = \left(y_s - 2\boldsymbol{x}_i^{\mathrm{T}}\boldsymbol{y} + \boldsymbol{x}_i^{\mathrm{T}}\boldsymbol{x}_i\right), \\
&\qquad\quad \begin{bmatrix} \boldsymbol{I}_m & \boldsymbol{y} \\ \boldsymbol{y}^{\mathrm{T}} & y_s \end{bmatrix} \succeq \boldsymbol{0}, \quad i = 1, 2, \cdots, N
\end{aligned} \tag{7.24}
$$

该凸优化问题（称作 MMA）可以通过内点法求解得到目标位置 $\boldsymbol{y}$ 。

7.4　基于 RSS 的非协作目标定位方法

上一节假设目标之间是有协作性的，即目标辐射能量 S 已知，而对于非协作目标（如战场目标），目标辐射能量 S 未知，需要在式(7.6)中联合估计 S 和目标位置 $\boldsymbol{y}$，直接求解式(7.6)是异常困难的。文献 [116] 给出了逼近的 AWLS 模型 [式(7.8)]，以联合求解未知的 S 和目标位置 $\boldsymbol{y}$。本节基于 AWLS 模型提出了一种基于 RSS 的两步（Two-Step，TS）半正定规划目标定位方法。仿真结果表明，该方法在低信噪比情况下，优于文献 [116] 提出的联合目标估计方法。在此基础上，针对非高斯噪声背景下非协作目标定位问题，分别从极小极大化逼近、范数逼近两个角度出发，构建了相应的目标定位模型。

7.4.1　Two-Step 目标定位方法

未知的目标辐射能量 S 与目标位置 $\boldsymbol{y}$ 不相关，且从式(7.4) 可知，各个传感器节点量测 z_i 是 S 的线性函数，因此可以考虑 Two-Step 目标定位方法（TS 方法）：第一步，通过最小二乘估计未知 S，其特点是对量测没有做任何的概率假设，只需要假设信号模型；第二步，依据获得的 S 估计目标位置 $\boldsymbol{y}$。

从式(7.4)出发，节点观测到的 RSS 量测是 S 的线性函数，S 的最小二乘估计为

$$\hat{S}=\left\{\begin{bmatrix}\dfrac{g_1}{\|\boldsymbol{x}_1-\boldsymbol{y}\|^2}\\ \vdots\\ \dfrac{g_N}{\|\boldsymbol{x}_N-\boldsymbol{y}\|^2}\end{bmatrix}^{\mathrm{T}}\begin{bmatrix}\dfrac{g_1}{\|\boldsymbol{x}_1-\boldsymbol{y}\|^2}\\ \vdots\\ \dfrac{g_N}{\|\boldsymbol{x}_N-\boldsymbol{y}\|^2}\end{bmatrix}\right\}^{-1}\begin{bmatrix}\dfrac{g_1}{\|\boldsymbol{x}_1-\boldsymbol{y}\|^2}\\ \vdots\\ \dfrac{g_N}{\|\boldsymbol{x}_N-\boldsymbol{y}\|^2}\end{bmatrix}^{\mathrm{T}}\begin{bmatrix}z_1\\ \vdots\\ z_N\end{bmatrix}=\frac{\sum_{i=1}^{N}\dfrac{g_i z_i}{\|\boldsymbol{x}_i-\boldsymbol{y}\|^2}}{\sum_{i=1}^{N}\dfrac{g_i^2}{\|\boldsymbol{x}_i-\boldsymbol{y}\|^4}} \tag{7.25}$$

未知的目标位置 $\boldsymbol{y}$ 集中在分母上，在 TS 方法的第二步中式(7.25)很难转化为凸优化问题。因此，考虑逼近的最小二乘估计，根据式(7.4)，有

$$z_i\|\boldsymbol{x}_i-\boldsymbol{y}\|^2=g_i S+\underbrace{\varepsilon_i\|\boldsymbol{x}_i-\boldsymbol{y}\|^2}_{v_i} \tag{7.26}$$

将 $v_i = \varepsilon_i \|\boldsymbol{x}_i - \boldsymbol{y}\|^2$ 视为噪声项，则未知的目标辐射能量 S 的最小二乘估计为

$$\hat{S} = \left\{ \begin{bmatrix} g_1 \\ \vdots \\ g_N \end{bmatrix}^{\mathrm{T}} \begin{bmatrix} g_1 \\ \vdots \\ g_N \end{bmatrix} \right\}^{-1} \begin{bmatrix} g_1 \\ \vdots \\ g_N \end{bmatrix}^{\mathrm{T}} \begin{bmatrix} z_1 \|\boldsymbol{x}_1 - \boldsymbol{y}\|^2 \\ \vdots \\ z_N \|\boldsymbol{x}_N - \boldsymbol{y}\|^2 \end{bmatrix} = \frac{\sum_{i=1}^N z_i g_i \|\boldsymbol{x}_i - \boldsymbol{y}\|^2}{\sum_{i=1}^N g_i^2} \tag{7.27}$$

在得到目标辐射能量的最小二乘估计后，将式(7.8)中的 S 替换为 $\hat{S}$ ，AWLS 目标函数表示为

$$\begin{aligned} &\sum_{i=1}^N \frac{z_i^4}{S^2 g_i^2 \sigma_i^2} \left(\|\boldsymbol{x}_i - \boldsymbol{y}\|^2 - \frac{g_i \hat{S}}{z_i} \right)^2 \\ &= \sum_{i=1}^N \frac{z_i^4}{S^2 g_i^2 \sigma_i^2} \left(\|\boldsymbol{x}_i - \boldsymbol{y}\|^2 - K_i \sum_{j=1}^N z_j g_j \|\boldsymbol{x}_j - \boldsymbol{y}\|^2 \right)^2 \end{aligned} \tag{7.28}$$

其中，定义

$$K_i = \frac{g_i}{z_i \sum_{j=1}^N g_j^2} \tag{7.29}$$

由于 S^2 与未知的目标位置 $\boldsymbol{y}$ 无关，基于 TS 方法的目标定位问题可以表示为

$$\hat{\boldsymbol{y}} = \underset{\boldsymbol{y}}{\operatorname{argmin}} \sum_{i=1}^N \frac{z_i^4}{g_i^2 \sigma_i^2} \left(\|\boldsymbol{x}_i - \boldsymbol{y}\|^2 - K_i \sum_{j=1}^N z_j g_j \|\boldsymbol{x}_j - \boldsymbol{y}\|^2 \right)^2 \tag{7.30}$$

式(7.30)中的目标函数可以进一步表示为

$$[(\boldsymbol{U} - \boldsymbol{I}_N)\,\boldsymbol{d}]^{\mathrm{T}}\, \boldsymbol{\Sigma}^{-1}\, [(\boldsymbol{U} - \boldsymbol{I}_N)\,\boldsymbol{d}] \tag{7.31}$$

其中

$$\begin{aligned} \boldsymbol{U} &= \begin{bmatrix} K_1 z_1 g_1 & K_1 z_2 g_2 & \cdots & K_1 z_N g_N \\ K_2 z_1 g_1 & K_2 z_2 g_2 & \cdots & K_2 z_N g_N \\ \vdots & \vdots & \ddots & \vdots \\ K_N z_1 g_1 & K_N z_2 g_2 & \cdots & K_N z_N g_N \end{bmatrix} \\ \boldsymbol{d} &= [\|\boldsymbol{x}_1 - \boldsymbol{y}\|^2, \cdots, \|\boldsymbol{x}_N - \boldsymbol{y}\|^2]^{\mathrm{T}} \\ \boldsymbol{\Sigma}^{-1} &= \operatorname{diag}\left(\left[\frac{z_1^4}{g_1^2 \sigma_1^2}, \cdots, \frac{z_N^4}{g_N^2 \sigma_N^2} \right]^{\mathrm{T}} \right) \end{aligned} \tag{7.32}$$

$\boldsymbol{I}_N$ 是一个 $N\times N$ 的单位阵，diag(·) 表示以给定向量为主对角元素的对角矩阵。引入上境图变量 λ，以式(7.31) 为目标函数的 TS 方法可以写作如下上境图形式

$$\begin{aligned}&\min_{\boldsymbol{y},\boldsymbol{d},\lambda}\quad \lambda\\ &\text{s.t.}\quad \left[(\boldsymbol{U}-\boldsymbol{I}_N)\,\boldsymbol{d}\right]^{\mathrm{T}}\boldsymbol{\Sigma}^{-1}\left[(\boldsymbol{U}-\boldsymbol{I}_N)\,\boldsymbol{d}\right]\leqslant\lambda,\\ &\qquad\quad \boldsymbol{d}=[d_1,d_2,\cdots,d_N]^{\mathrm{T}},\\ &\qquad\quad d_i=\|\boldsymbol{x}_i-\boldsymbol{y}\|^2,\ i=1,\cdots,N\end{aligned}\tag{7.33}$$

其中，不等式约束可以表示为矩阵不等式形式

$$\begin{bmatrix}\boldsymbol{\Sigma} & (\boldsymbol{U}-\boldsymbol{I}_N)\,\boldsymbol{d}\\ \left[(\boldsymbol{U}-\boldsymbol{I}_N)\,\boldsymbol{d}\right]^{\mathrm{T}} & \lambda\end{bmatrix}\succeq\boldsymbol{0}\tag{7.34}$$

式(7.33)中等式约束 $d_i=\|\boldsymbol{x}_i-\boldsymbol{y}\|^2$ 是非凸的，将该等式展开有

$$d_i=y_s-2\boldsymbol{x}_i^{\mathrm{T}}\boldsymbol{y}+\boldsymbol{x}_i^{\mathrm{T}}\boldsymbol{x}_i\tag{7.35}$$

其中，$y_s=\boldsymbol{y}^{\mathrm{T}}\boldsymbol{y}$，该约束集合不是一个凸集，采用 SDP 方法将其松弛为不等式约束 $y_s\geqslant\boldsymbol{y}^{\mathrm{T}}\boldsymbol{y}$，进一步写为矩阵不等式形式，有

$$\begin{bmatrix}\boldsymbol{I}_m & \boldsymbol{y}\\ \boldsymbol{y}^{\mathrm{T}} & y_s\end{bmatrix}\succeq\boldsymbol{0}\tag{7.36}$$

其中，$\boldsymbol{I}_m$ 是一个 $m\times m$ 的单位阵。通过 SDP 松弛，将 AWLS 问题转化为如下凸优化问题

$$\begin{aligned}&(\textbf{SDP-TS})\quad\min_{\boldsymbol{y},y_s,\boldsymbol{d},\lambda}\quad\lambda\\ &\qquad\text{s.t.}\quad\begin{bmatrix}\boldsymbol{\Sigma} & (\boldsymbol{U}-\boldsymbol{I}_N)\,\boldsymbol{d}\\ \left[(\boldsymbol{U}-\boldsymbol{I}_N)\,\boldsymbol{d}\right]^{\mathrm{T}} & \lambda\end{bmatrix}\succeq\boldsymbol{0},\\ &\qquad\qquad\begin{bmatrix}\boldsymbol{I}_m & \boldsymbol{y}\\ \boldsymbol{y}^{\mathrm{T}} & y_s\end{bmatrix}\succeq\boldsymbol{0},\quad \boldsymbol{d}=[d_1,d_2,\cdots,d_N]^{\mathrm{T}},\\ &\qquad\qquad d_i=y_s-2\boldsymbol{x}_i^{\mathrm{T}}\boldsymbol{y}+\boldsymbol{x}_i^{\mathrm{T}}\boldsymbol{x}_i,\ i=1,\cdots,N\end{aligned}\tag{7.37}$$

上述凸优化问题可以通过内点法求解得到目标位置 $\boldsymbol{y}$。为了便于在后续仿真中比较，称这种基于 RSS 的 Two-Step 目标定位方法为 SDP-TS。

1. 非高斯噪声下 Two-Step 目标定位方法

MMA 方法可应用于非高斯 RSS 量测噪声背景下对目标位置 $\boldsymbol{y}$ 的估计，该方法对 RSS 量测噪声未做任何假设。根据式(7.26)，给合 TS 方法的 MMA 方法可以表示为

$$\hat{\boldsymbol{y}} = \underset{\boldsymbol{y}}{\operatorname{argmin}} \max_{i=1,\cdots,N} \left| z_i \|\boldsymbol{x}_i - \boldsymbol{y}\|^2 - K_i z_i \sum_{j=1}^{N} z_j g_j \|\boldsymbol{x}_j - \boldsymbol{y}\|^2 \right| \tag{7.38}$$

注意到该方法统一将 $v_i = \varepsilon_i \|\boldsymbol{x}_i - \boldsymbol{y}\|^2$ 项视作噪声项。引入辅助变量

$$\begin{aligned} \boldsymbol{d} &= \left[\|\boldsymbol{x}_1 - \boldsymbol{y}\|^2, \cdots, \|\boldsymbol{x}_N - \boldsymbol{y}\|^2\right]^{\mathrm{T}} \\ y_s &= \boldsymbol{y}^{\mathrm{T}} \boldsymbol{y} \end{aligned} \tag{7.39}$$

并将后者松弛为不等式约束 $y_s \geqslant \boldsymbol{y}^{\mathrm{T}} \boldsymbol{y}$，写为矩阵不等式形式，有

$$\begin{bmatrix} \boldsymbol{I}_m & \boldsymbol{y} \\ \boldsymbol{y}^{\mathrm{T}} & y_s \end{bmatrix} \succeq \boldsymbol{0} \tag{7.40}$$

则基于 MMA 的 TS 目标定位问题可以转化为上境图形式的优化问题

$$\begin{aligned} (\textbf{MMA-TS}) \quad & \min_{\boldsymbol{y}, y_s, \boldsymbol{d}, t} \ t \\ \text{s.t.} \quad & -t \leqslant z_i \boldsymbol{D}(i,:) \boldsymbol{d} \leqslant t, \\ & \begin{bmatrix} \boldsymbol{I}_m & \boldsymbol{y} \\ \boldsymbol{y}^{\mathrm{T}} & y_s \end{bmatrix} \succeq \boldsymbol{0}, \quad \boldsymbol{d} = [d_1, d_2, \cdots, d_N]^{\mathrm{T}}, \\ & d_i = y_s - 2\boldsymbol{x}_i^{\mathrm{T}} \boldsymbol{y} + \boldsymbol{x}_i^{\mathrm{T}} \boldsymbol{x}_i, \ i = 1, \cdots, N \end{aligned} \tag{7.41}$$

其中，t 是上境图变量，$\boldsymbol{D}(i,:)$ 表示矩阵 $\boldsymbol{D}$ 的第 i 行，矩阵 $\boldsymbol{D}$ 的定义为

$$\boldsymbol{D} = \boldsymbol{U} - \boldsymbol{I}_N \tag{7.42}$$

$\boldsymbol{U}$ 在式 (7.32) 中给出。该凸优化问题可以通过内点法来求解。为了便于后续性能比较，称该目标定位 Two-Step 方法为 MMA-TS。

2. 基于范数逼近的 Two-Step 目标定位方法

受基于 MMA 的 AWLS[式(7.18)] 和基于 NA 的 AWLS[式(7.21)] 之间关系的启发，将基于 TS 的 AWLS[式(7.30)] 目标函数中的 $f(\cdot) = \|\cdot\|^2$ 替换为

$f(\cdot) = \|\cdot\|_\infty$。$L_\infty$ 范数逼近可以减少求解优化问题的运算复杂度，有关以上几种方法的运算复杂度分析将在本章后续小节中给出。

通过 L_∞ 范数逼近，式(7.30)可以逼近为

$$\hat{\boldsymbol{y}} = \underset{\boldsymbol{y}}{\operatorname{argmin}} \max_{i=1,\cdots,N} \left| \frac{z_i^2}{g_i \sigma_i} \left(\|\boldsymbol{x}_i - \boldsymbol{y}\|^2 - K_i \sum_{j=1}^{N} z_j g_j \|\boldsymbol{x}_j - \boldsymbol{y}\|^2 \right) \right| \tag{7.43}$$

与 MMA-TS 目标定位方法相同，定义辅助变量 $y_s = \boldsymbol{y}^{\mathrm{T}}\boldsymbol{y}$，并将该等式约束松弛为不等式约束 $y_s \geqslant \boldsymbol{y}^{\mathrm{T}}\boldsymbol{y}$，则基于 L_∞ 范数逼近的优化问题式(7.43)写为

$$\begin{aligned}
&(\textbf{NA-TS}) \quad \min_{\boldsymbol{y}, y_s, \boldsymbol{d}, \phi} \ \phi \\
&\qquad \text{s.t.} \quad -\phi \leqslant \frac{z_i^2}{g_i \sigma_i} \boldsymbol{D}(i,:)\boldsymbol{d} \leqslant \phi, \\
&\qquad\qquad \begin{bmatrix} \boldsymbol{I}_m & \boldsymbol{y} \\ \boldsymbol{y}^{\mathrm{T}} & y_s \end{bmatrix} \succeq \boldsymbol{0}, \ \boldsymbol{d} = [d_1, d_2, \cdots, d_N]^{\mathrm{T}}, \\
&\qquad\qquad \boldsymbol{d}_i = y_s - 2\boldsymbol{x}_i^{\mathrm{T}}\boldsymbol{y} + \boldsymbol{x}_i^{\mathrm{T}}\boldsymbol{x}_i, \ i = 1, 2, \cdots, N
\end{aligned} \tag{7.44}$$

其中，ϕ 是上境图变量，$\boldsymbol{D}$ 由式(7.42)给出。显然，式(7.44)是凸优化问题，可以很方便地求解出未知的目标位置 $\boldsymbol{y}$。为方便讨论，将该种基于 L_∞ 范数逼近的 TS 目标定位方法称为 NA-TS。

比较非高斯噪声背景下基于 MMA 的 TS 目标定位方法 [式(7.41)] 和基于 L_∞ 范数逼近的 TS 目标定位方法 [式(7.44)]，二者之间的不同在于不等式约束中未知数 $\boldsymbol{D}(i,:)\boldsymbol{d}$ 的系数不同：对于式(7.41)，未对噪声做任何概率假设，不等式约束中未知数 $\boldsymbol{D}(i,:)\boldsymbol{d}$ 的系数仅仅是 z_i；而式(7.44)，是对原 TS 方法中目标函数的 L_∞ 范数逼近得到的，建立在高斯噪声背景下，未知数的系数与高斯噪声假设下的标准差 σ_i 有关。

7.4.2　目标辐射能量和位置联合估计方法

基于 AWLS 模型 [式(7.8)]，Gang Wang 等人在文献 [116] 中将未知的目标辐射能量 S 与目标位置 $\boldsymbol{y}$ 联合估计。由于 S 与 $\boldsymbol{y}$ 相互独立，式(7.8)可以写为

$$\hat{\boldsymbol{y}} = \underset{\boldsymbol{y}}{\operatorname{argmin}} \sum_{i=1}^{N} \frac{z_i^4}{g_i^2 \sigma_i^2} \left(\|\boldsymbol{x}_i - \boldsymbol{y}\|^2 - \frac{g_i S}{z_i} \right)^2 \tag{7.45}$$

通过 SDP 松弛，AWLS 问题可以表示为如下优化问题

$$
\begin{aligned}
(\mathbf{JE})\ \min_{\boldsymbol{y},y_s,\boldsymbol{a},S,\tau}\ & \tau \\
\text{s.t.}\quad & \begin{bmatrix} \boldsymbol{C} & (\boldsymbol{a}-S\mathbf{1}_N) \\ (\boldsymbol{a}-S\mathbf{1}_N)^{\mathrm{T}} & \tau \end{bmatrix} \succeq \mathbf{0}, \\
& \boldsymbol{a}=[a_1,a_2,\ldots,a_N]^{\mathrm{T}}, \\
& a_i=\frac{z_i}{g_i}\left(y_s-2\boldsymbol{x}_i^{\mathrm{T}}\boldsymbol{y}+\|\boldsymbol{x}_i\|^2\right), i=1,2,\cdots,N, \\
& \begin{bmatrix} \boldsymbol{I}_m & \boldsymbol{y} \\ \boldsymbol{y}^{\mathrm{T}} & y_s \end{bmatrix} \succeq \mathbf{0}
\end{aligned}
\tag{7.46}
$$

其中， $\boldsymbol{C}=\mathrm{diag}(\sigma_1^2/z_1^2,\cdots,\sigma_N^2/z_N^2)$。该凸优化问题，可以通过内点法来求解出未知的目标位置 $\boldsymbol{y}$。本章将这种基于联合估计的目标定位方法称为 JE（Joint Estimation，联合估计）。

在联合估计方法的基础上，本小节提出了基于 MMA、NA 的 SDP 目标定位方法。这两种方法在保证求解精度的同时，大大减少了运算复杂度。

1. 非高斯噪声下联合目标定位方法

将式(7.45)中的目标函数写为矩阵形式，有

$$
z_i\|\boldsymbol{x}_i-\boldsymbol{A}^{\mathrm{T}}\boldsymbol{\theta}\|^2=g_i\boldsymbol{l}^{\mathrm{T}}\boldsymbol{\theta}+\underbrace{\varepsilon_i\|\boldsymbol{x}_i-\boldsymbol{A}^{\mathrm{T}}\boldsymbol{\theta}\|^2}_{\varsigma_i}
\tag{7.47}
$$

其中

$$
\boldsymbol{\theta}=[\boldsymbol{y}^{\mathrm{T}},S]^{\mathrm{T}},\quad \boldsymbol{A}=[\boldsymbol{I}_m;\mathbf{0}_{1\times m}],\quad \boldsymbol{l}=[0,0,1]^{\mathrm{T}}
$$

$\mathbf{0}_{u\times v}$ 表示 u 行 v 列全 0 矩阵，$\boldsymbol{I}_m$ 表示维数为 $m\times m$ 的单位矩阵。当 RSS 量测噪声 ε_i 为非高斯噪声或其统计特性未知时，将式(7.47) 中的 $\varsigma_i=\varepsilon_i\|\boldsymbol{x}_i-\boldsymbol{A}^{\mathrm{T}}\boldsymbol{\theta}\|^2$ 视为噪声项，式(7.47) 的 MMA 表示为

$$
\hat{\boldsymbol{y}}=\underset{\boldsymbol{y}}{\mathrm{argmin}}\max_{i=1,\cdots,N}\left|z_i\|\boldsymbol{x}_i-\boldsymbol{A}^{\mathrm{T}}\boldsymbol{\theta}\|^2-g_i\boldsymbol{l}^{\mathrm{T}}\boldsymbol{\theta}\right|
\tag{7.48}
$$

引入辅助变量

$$
\rho_i=\|\boldsymbol{x}_i-\boldsymbol{A}^{\mathrm{T}}\boldsymbol{\theta}\|^2
\tag{7.49}
$$

优化问题式(7.48)可以写为

$$\hat{\boldsymbol{y}} = \underset{\boldsymbol{y}}{\operatorname{argmin}} \max_{i=1,\cdots,N} \left| z_i \rho_i - g_i \boldsymbol{l}^{\mathrm{T}} \boldsymbol{\theta} \right| \tag{7.50}$$

该问题是一关于未知量 $\boldsymbol{\theta}$ 、 ρ_i 的凸函数，但是等式约束 $\rho_i = \|\boldsymbol{x}_i - \boldsymbol{A}^{\mathrm{T}}\boldsymbol{\theta}\|^2$ 是非凸的，需要进一步处理。将该等式展开，有

$$\begin{aligned} \rho_i &= \boldsymbol{x}_i^{\mathrm{T}} \boldsymbol{x}_i - 2\boldsymbol{x}_i^{\mathrm{T}} \boldsymbol{A}^{\mathrm{T}} \boldsymbol{\theta} + \left(\boldsymbol{A}^{\mathrm{T}}\boldsymbol{\theta}\right)^{\mathrm{T}} \left(\boldsymbol{A}^{\mathrm{T}}\boldsymbol{\theta}\right) \\ &= \boldsymbol{x}_i^{\mathrm{T}} \boldsymbol{x}_i - 2\boldsymbol{x}_i^{\mathrm{T}} \boldsymbol{A}^{\mathrm{T}} \boldsymbol{\theta} + \mathrm{Tr}(\boldsymbol{A}^{\mathrm{T}} \boldsymbol{\theta}\boldsymbol{\theta}^{\mathrm{T}} \boldsymbol{A}) \end{aligned} \tag{7.51}$$

其中，$\mathrm{Tr}(\cdot)$ 是方阵的迹，第二个等号成立是因为对于向量 $\boldsymbol{b}$，有 $\boldsymbol{b}^{\mathrm{T}}\boldsymbol{b} = \mathrm{Tr}(\boldsymbol{b}\boldsymbol{b}^{\mathrm{T}})$ 。该等式约束仍然是非凸的，引入辅助变量 $\boldsymbol{\Theta} = \boldsymbol{\theta}\boldsymbol{\theta}^{\mathrm{T}}$ ，并松弛为不等式约束 $\boldsymbol{\Theta} \succeq \boldsymbol{\theta}\boldsymbol{\theta}^{\mathrm{T}}$ ，写为矩阵不等式形式有

$$\begin{bmatrix} \boldsymbol{\Theta} & \boldsymbol{\theta} \\ \boldsymbol{\theta}^{\mathrm{T}} & 1 \end{bmatrix} \succeq \boldsymbol{0} \tag{7.52}$$

综合以上等式、不等式约束，通过 SDP 松弛，原问题式(7.45)可以表示为

$$\begin{aligned} (\textbf{MMA-JE}) \ \min_{\boldsymbol{\theta},\boldsymbol{\Theta},\beta} \ & \beta \\ \text{s.t.} \ & -\beta \leqslant \rho_i z_i - g_i \boldsymbol{l}^{\mathrm{T}} \boldsymbol{\theta} \leqslant \beta, \\ & \rho_i = \boldsymbol{x}_i^{\mathrm{T}} \boldsymbol{x}_i - 2\boldsymbol{x}_i^{\mathrm{T}} \boldsymbol{A}^{\mathrm{T}} \boldsymbol{\theta} + \mathrm{Tr}(\boldsymbol{A}^{\mathrm{T}} \boldsymbol{\Theta} \boldsymbol{A}), \\ & \begin{bmatrix} \boldsymbol{\Theta} & \boldsymbol{\theta} \\ \boldsymbol{\theta}^{\mathrm{T}} & 1 \end{bmatrix} \succeq \boldsymbol{0}, \quad i = 1, \cdots, N \end{aligned} \tag{7.53}$$

显然，该问题是凸优化问题，通过内点法可以求解得到未知向量 $\boldsymbol{\theta} = [\boldsymbol{y}^{\mathrm{T}}, S]^{\mathrm{T}}$。本章将这种基于 MMA 的联合目标定位方法称作 MMA-JE。

2. 基于范数逼近的联合目标定位方法

从另一个角度出发，式(7.45)中目标函数可以表示为

$$\begin{aligned} \sum_{i=1}^{N} \frac{z_i^4}{g_i^2 \sigma_i^2} \left(\|\boldsymbol{x}_i - \boldsymbol{y}\|^2 - \frac{g_i S}{z_i} \right)^2 &= \sum_{i=1}^{N} \frac{z_i^4}{g_i^2 \sigma_i^2} \left(\|\boldsymbol{x}_i - \boldsymbol{A}^{\mathrm{T}}\boldsymbol{\theta}\|^2 - \frac{g_i \boldsymbol{l}^{\mathrm{T}} \boldsymbol{\theta}}{z_i} \right)^2 \\ &= \|\boldsymbol{z}_{\mathrm{e}}\|^2 \end{aligned} \tag{7.54}$$

其中

$$\boldsymbol{z}_{\mathrm{e}}=\left[\frac{z_1^2}{g_1\sigma_1}\left(\|\boldsymbol{x}_1-\boldsymbol{A}^{\mathrm{T}}\boldsymbol{\theta}\|^2-\frac{g_1\boldsymbol{l}^{\mathrm{T}}\boldsymbol{\theta}}{z_1}\right),\cdots,\frac{z_N^2}{g_N\sigma_N}\left(\|\boldsymbol{x}_N-\boldsymbol{A}^{\mathrm{T}}\boldsymbol{\theta}\|^2-\frac{g_N\boldsymbol{l}^{\mathrm{T}}\boldsymbol{\theta}}{z_N}\right)\right]^{\mathrm{T}}$$

原 AWLS 问题式(7.45)可以表示为

$$\hat{\boldsymbol{y}}=\underset{\boldsymbol{y}}{\operatorname{argmin}}\|\boldsymbol{z}_{\mathrm{e}}\|^2=\underset{\boldsymbol{y}}{\operatorname{argmin}}\|\boldsymbol{z}_{\mathrm{e}}\| \tag{7.55}$$

对于一个 n 维向量 $\boldsymbol{x}$ ，其范数之间存在如下关系

$$\|\boldsymbol{x}\|_\infty\leqslant\|\boldsymbol{x}\|_2\leqslant\sqrt{n}\|\boldsymbol{x}\|_\infty \tag{7.56}$$

其中，$\|\cdot\|_\infty$ 为 L_∞ 范数；$\|\cdot\|_2$ 为 L_2 范数，一般简写为 $\|\cdot\|$ 。为了简化计算，原 L_2 范数最小化问题可以逼近为

$$\begin{aligned}\hat{\boldsymbol{y}}&=\underset{\boldsymbol{y}}{\operatorname{argmin}}\|\boldsymbol{z}_{\mathrm{e}}\|_\infty\\&=\underset{\boldsymbol{y}}{\operatorname{argmin}}\max_{i=1,\cdots,N}\left|\frac{z_i^2}{g_i\sigma_i}\left(\|\boldsymbol{x}_i-\boldsymbol{A}^{\mathrm{T}}\boldsymbol{\theta}\|^2-\frac{g_i\boldsymbol{l}^{\mathrm{T}}\boldsymbol{\theta}}{z_i}\right)\right|\end{aligned} \tag{7.57}$$

注意到该问题不是一个凸优化问题，同样地，通过 SDP 松弛，可以将式(7.57)转换为凸优化问题。定义辅助变量

$$\rho_i=\|\boldsymbol{x}_i-\boldsymbol{A}^{\mathrm{T}}\boldsymbol{\theta}\|^2,\quad \boldsymbol{\Theta}=\boldsymbol{\theta}\boldsymbol{\theta}^{\mathrm{T}} \tag{7.58}$$

并将后一个等式约束松弛为 $\boldsymbol{\Theta}\succeq\boldsymbol{\theta}\boldsymbol{\theta}^{\mathrm{T}}$，则原优化问题式(7.54)可以表示为

$$\begin{aligned}\textbf{(NA-JE)}\quad&\min_{\boldsymbol{\theta},\boldsymbol{\Theta},\mu}\ \mu\\&\text{s.t.}\quad -\mu\leqslant\frac{z_i}{g_i\sigma_i}\left(\rho_i z_i-g_i\boldsymbol{l}^{\mathrm{T}}\boldsymbol{\theta}\right)\leqslant\mu,\\&\rho_i=\boldsymbol{x}_i^{\mathrm{T}}\boldsymbol{x}_i-2\boldsymbol{x}_i^{\mathrm{T}}\boldsymbol{A}^{\mathrm{T}}\boldsymbol{\theta}+\mathrm{Tr}(\boldsymbol{A}^{\mathrm{T}}\boldsymbol{\Theta}\boldsymbol{A}),\\&\begin{bmatrix}\boldsymbol{\Theta}&\boldsymbol{\theta}\\\boldsymbol{\theta}^{\mathrm{T}}&1\end{bmatrix}\succeq\mathbf{0},\quad i=1,\cdots,N\end{aligned} \tag{7.59}$$

其中，μ 是上境图变量。显然，该问题是凸优化问题，通过内点法可以求解得到未知向量 $\boldsymbol{\theta}=[\boldsymbol{y}^{\mathrm{T}},S]^{\mathrm{T}}$。本章将这种基于 NA 的联合目标定位方法称作 NA-JE。

7.5 Cramer-Rao 下界

本节给出了 RSS 目标定位的 Cramer-Rao 下界（CRLB），包括目标辐射能量 S 已知和未知两种情形。

由统计信号处理知识可知，Fisher 信息矩阵为

$$\boldsymbol{J}=E\left\{\left[\frac{\partial\ln p(\boldsymbol{Z}\mid\boldsymbol{\theta})}{\partial\boldsymbol{\theta}}\right]\left[\frac{\partial\ln p(\boldsymbol{Z}\mid\boldsymbol{\theta})}{\partial\boldsymbol{\theta}}\right]^{\mathrm{T}}\right\} \tag{7.60}$$

其中，$\boldsymbol{Z}$ 是对估计量的某种量测，$\boldsymbol{\theta}$ 是未知向量，对于协作目标，目标辐射能量假设已知，则未知向量 $\boldsymbol{\theta}=\boldsymbol{y}$，对于非协作目标，目标辐射能量未知，则 $\boldsymbol{\theta}=[\boldsymbol{y}^{\mathrm{T}},S]^{\mathrm{T}}$。根据式(7.5)，对于已知的目标辐射能量，Fisher 信息矩阵为

$$\boldsymbol{J}_{\mathrm{S}}=\boldsymbol{B}^{\mathrm{T}}\boldsymbol{B} \tag{7.61}$$

其中

$$\boldsymbol{B}=\left[\frac{2g_1S(\boldsymbol{x}_1-\boldsymbol{y})}{\sigma_1d_1^4},\frac{2g_2S(\boldsymbol{x}_2-\boldsymbol{y})}{\sigma_2d_2^4},\cdots,\frac{2g_NS(\boldsymbol{x}_N-\boldsymbol{y})}{\sigma_Nd_N^4}\right]^{\mathrm{T}}$$

$d_i=\|\boldsymbol{x}_i-\boldsymbol{y}\|$ 表示第 i 个传感器节点距目标的距离。注意到 $\boldsymbol{J}_{\mathrm{S}}$ 是一个 $m\times m$ 维的矩阵（m 是节点坐标维数，$m=2$ 或 $m=3$）。则 S 已知情形下，CRLB 为

$$\begin{aligned}\mathrm{CRLB}_{\mathrm{S}}&=\left[\boldsymbol{J}_{\mathrm{S}}^{-1}\right]_{11}+\cdots+\left[\boldsymbol{J}_{\mathrm{S}}^{-1}\right]_{mm}\\&=\mathrm{Tr}\left(\boldsymbol{J}_{\mathrm{S}}^{-1}\right)\end{aligned} \tag{7.62}$$

对于未知的 S，Fisher 信息矩阵 [10] 为

$$\boldsymbol{J}_{\mathrm{US}}=\begin{bmatrix}\boldsymbol{B}^{\mathrm{T}}\\\boldsymbol{D}^{\mathrm{T}}\end{bmatrix}\begin{bmatrix}\boldsymbol{B}&\boldsymbol{D}\end{bmatrix} \tag{7.63}$$

其中

$$\boldsymbol{D}=\left[\frac{g_1}{\sigma_1d_1^2},\frac{g_2}{\sigma_2d_2^2},\cdots,\frac{g_N}{\sigma_Nd_N^2}\right]^{\mathrm{T}}$$

则 S 未知情形下 CRLB 为

$$\mathrm{CRLB}_{\mathrm{US}}=\left[\boldsymbol{J}_{\mathrm{US}}^{-1}\right]_{11}+\cdots+\left[\boldsymbol{J}_{\mathrm{US}}^{-1}\right]_{mm} \tag{7.64}$$

7.6 理论分析

7.6.1 方法对比

针对非协作目标定位问题，7.4.1 节提出了 Two-Step 目标定位方法，以及相应的非高斯噪声或噪声统计特性未知背景下的目标定位方法（MMA-TS），构建了两步目标定位方法的范数逼近模型，并给出了相应的目标定位方法（NA-TS）；针对 Gang Wang 等人提出的目标辐射能量 S、目标位置 $\boldsymbol{y}$ 联合估计方法（JE）[116]，7.4.2 节提出了非高斯噪声或噪声统计特性未知背景下的目标定位方法（MMA-JE），给出了基于联合估计的范数逼近模型以及相应的目标定位方法（NA-JE）。针对以上提出的几种 RSS 非协作目标定位方法，本节分别从各个方法适用情形、所需先验知识、运算复杂度等角度做对比，结果如表 7.1所示。

表 7.1　RSS 非协作目标定位方法比较

类型	方法名	所属先验知识（假设）	运算复杂度
Two-Step	TS	RSS 量测噪声服从高斯分布	$(m+2)^2N^{2.5}\lg(1/\epsilon)$
	MMA-TS	未对 RSS 量测噪声做出假设	$(m+1)^2N^{1.5}\lg(1/\epsilon)$
	NA-TS	RSS 量测噪声服从高斯分布	$(m+1)^2N^{1.5}\lg(1/\epsilon)$
Joint Estimation	JE	RSS 量测噪声服从高斯分布	$(m+3)^2N^{2.5}\lg(1/\epsilon)$
	MMA-JE	未对 RSS 量测噪声做出假设	$(m^2+m+1)^2N^{1.5}\lg(1/\epsilon)$
	NA-JE	RSS 量测噪声服从高斯分布	$(m^2+m+1)^2N^{1.5}\lg(1/\epsilon)$

注：表中 m 为目标位置坐标维数，N 为传感器节点数，ϵ 为求解精度。

可以看出，基于 MMA 的 RSS 目标定位方法对噪声统计特性不敏感，未对 RSS 量测噪声做出任何概率假设，适用于未知噪声统计特性或色噪声背景下的目标定位。基于 NA 的 RSS 目标定位方法是对原始优化问题中的范数逼近，相比于原方法，这种逼近会大大减少目标估计的运算量。

7.6.2 运算复杂度

从统计信号处理角度出发，MLE 具有渐近最优的性能，且性能优于 LS 和 WLS[31]。但是，在目标定位问题中，除了性能，方法的复杂程度仍然是一个很重要的技术指标，因为它反映了方法在实际应用中的执行时间。

考虑一个通用的 SDP 问题

$$\begin{aligned} \min_{\boldsymbol{x}} \quad & \boldsymbol{c}^{\mathrm{T}}\boldsymbol{x} \\ \text{s.t.} \quad & \boldsymbol{F}(\boldsymbol{x}) \succeq \boldsymbol{0} \end{aligned} \tag{7.65}$$

其中，$\boldsymbol{x}\in\mathbb{R}^u$，且

$$\boldsymbol{F}(\boldsymbol{x})=\boldsymbol{F}_0+\sum_{i=1}^{u}x_i\boldsymbol{F}_i$$

已知的数据包括向量 $\boldsymbol{c}\in\mathbb{R}^u$ ， $u+1$ 个对称矩阵 $\boldsymbol{F}_0,\cdots,\boldsymbol{F}_u\in\mathbb{R}^{v\times v}$ 。对于这样标准的 SDP 问题，最坏情况下计算该问题需要 $O(\sqrt{v}\lg(1/\epsilon))$ 次迭代，其中 ϵ 是 SDP 解要求的精度，每次迭代需要 $O(u^2v^2)$ 次运算 [131]。

作为标准 SDP 问题的一个特例，线性规划问题的标准形式为

$$\begin{aligned}&\min\ \boldsymbol{c}^{\mathrm{T}}\boldsymbol{x}\\&\text{s.t.}\ \ \boldsymbol{A}\boldsymbol{x}+\boldsymbol{b}\geqslant\boldsymbol{0}\end{aligned}\tag{7.66}$$

其中，$\boldsymbol{c},\boldsymbol{x}\in\mathbb{R}^u$，$\boldsymbol{A}\in\mathbb{R}^{v\times u}$，$\boldsymbol{b}\in\mathbb{R}^v$。对于该线性规划问题，最坏情况下计算该问题需要 $O(\sqrt{v}\lg(1/\epsilon))$ 次迭代，其中 ϵ 是 SDP 解要求的精度，每次迭代需要 $O(u^2v)$ 次运算 [131]。

根据以上分析，将提出的基于 RSS 的 SDP 目标定位方法写成标准形式，得到表 7.1中的运算复杂度结果。需要指出的是，这种基于大 O 表示的分析方法是一种渐近时间复杂度，反映的是当问题规模增大时，时间复杂度增大的速度。

7.7 性能仿真及分析

本节通过仿真实验验证本章提出的几种基于 RSS 的 SDP 目标定位方法的有效性。本章提出的凸优化目标定位方法在求解过程中均采用的是 MATLAB CVX 工具包 [132] 中 SeDuMi 求解方法 [103]。具体地，分别针对协作目标定位和非协作目标定位，将本章提出的方法与现有的几种 RSS 目标定位方法进行对比，对比方法主要有：① 文献 [31] 提出的一步加权最小二乘（WLS）目标定位方法；② 文献 [116] 提出的联合估计（JE）目标定位方法；③ AWLS 估计的迭代搜索方法，采用 MATLAB 中 `fminsearch` 函数，机理是 derivative-free 方法 [133]。在初始值选取方面，分别选取目标真实位置为初始值（对应方法记为 ML with the true source location，ML-T）、远离目标真实位置的值为初始值（对应方法记为 ML with a point far from the true source location，ML-F）。

需要指出的是，一些文献对凸优化求解的结果进一步提炼以得到更加准确的目标位置估计 [116]，即目标定位方法分为两步：① 求解得到 SDP 问题的解；② 采用随机化方法提炼步骤①中得到的结果。为了比较不同 SDP 目标定位方法的性能，本节仅考虑第一步直接得到的目标位置估计。

在仿真实验中，采用式(7.4)来模拟 RSS 衰减过程。同时假设传感器节点位置固定，将 $N=8$ 个传感器节点放置在一个二维区域内，传感器节点位置如下

$$\begin{aligned} &x_1=[40,-40]^{\mathrm{T}}, x_2=[40,40]^{\mathrm{T}}, x_3=[-40,40]^{\mathrm{T}}, \\ &x_4=[-40,-40]^{\mathrm{T}}, x_5=[40,0]^{\mathrm{T}}, x_6=[0,40]^{\mathrm{T}}, \\ &x_7=[-40,0]^{\mathrm{T}}, x_8=[0,-40]^{\mathrm{T}} \end{aligned} \tag{7.67}$$

方法性能采用误差的均方根值（Root Mean Square Error，RMSE）来评价，定义为

$$\mathrm{RMSE}=\sqrt{\sum_{m=1}^{M}\frac{\|\hat{\boldsymbol{y}}_m-\boldsymbol{y}\|^2}{M}} \tag{7.68}$$

其中，$\hat{\boldsymbol{y}}_m$ 是第 m 次蒙特卡罗（Monte Carlo，MC）仿真估计结果，M 是 MC 仿真的次数，$\boldsymbol{y}$ 是真实目标位置。定义信噪比（Singal Noise Ratio，SNR）为

$$\mathrm{SNR}=\frac{S}{\zeta_i^2}$$

仿真中假设各个传感器节点接收的信号强度噪声的标准差相同，即 $\zeta_i=\zeta$，那么各个传感器节点接收的信号能量噪声的标准差 $\sigma_i=\sqrt{2\zeta_i^4/L}=\sigma$。

接下来，针对 RSS 目标定位问题，考虑 6 种场景，分析比较前述目标定位方法的性能。具体地，7.7.1 节分析 WSN 固定几何拓扑结构下，信噪比对协作、非协作目标定位方法性能的影响（场景 1、场景 2）；7.7.2 节分析 WSN 非固定几何拓扑结构下特征参数（包括采样点数、信噪比、传感器节点个数）对协作、非协作目标定位方法性能的影响（场景 3、场景 4）；7.7.3 节分析传感器节点位置误差对协作、非协作目标定位方法性能的影响（场景 5、场景 6）。

7.7.1 信噪比对定位性能的影响

场景 1：为了分析 WSN 固定几何拓扑结构下，信噪比对目标辐射能量已知的协作目标定位方法性能的影响 [134]，固定传感器节点数目及位置，并假设目标分别位于 $[10,10]^{\mathrm{T}}$ 、 $[50,80]^{\mathrm{T}}$ 。对于位置 $[10,10]^{\mathrm{T}}$，目标位于传感器节点形成的凸包之内，对于位置 $[50,80]^{\mathrm{T}}$ ，目标位于传感器节点形成的凸包之外，两种几何拓扑结构如图 7.3所示。RSS 量测噪声是独立同分布的高斯随机过程，假设目标辐射能量 $S=500$ ，数据采样点数 $L=1000$ ，MC 仿真次数 $M=1000$。对于求解式(7.8)这一 AWLS 问题，ML-T 选择目标真实位置为初始值，ML-F 选择 $[40,30]^{\mathrm{T}}$ 为初始值。

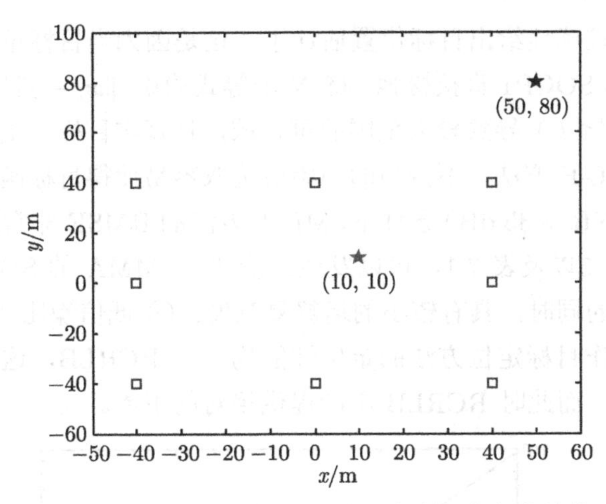

图 7.3　场景 1 中传感器节点与目标的几何拓扑结构

图 7.4给出了几种 RSS 协作目标定位方法性能与信噪比的关系，此时，$N=8$ 个传感器节点位置如式(7.67) 所示，目标位于 $[10,10]^{\mathrm{T}}$。可以看出，当目标位于传感器节点形成的凸包之内时，ML-T 和 ML-F 有相同的定位性能，即这种条件下初始值的选取对 MLE 结果没有影响。本章提出的 SOCP1、SOCP2、MMA 方法性能比较接近，SOCP1 和 SOCP2 方法定位性能稍优于 MMA 方法。MMA 方法提供与 SOCP1 和 SOCP2 方法可比的性能，且运算复杂度低。

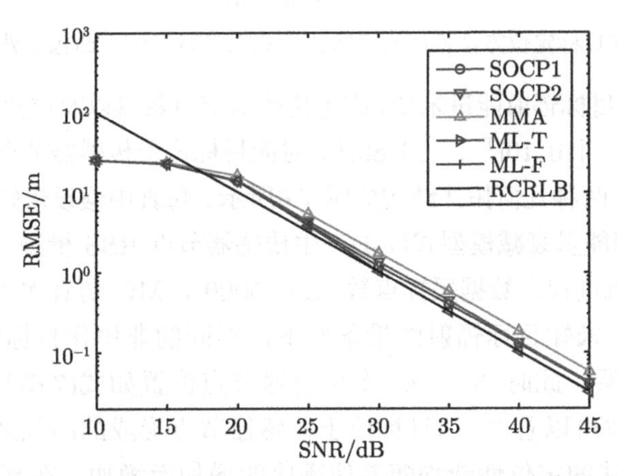

图 7.4　协作目标定位方法性能与信噪比的关系（目标位于凸包之内 $[10,10]^{\mathrm{T}}$）

图 7.5给出了几种 RSS 协作目标定位方法性能与信噪比的关系，此时 $N=8$ 个传感器节点位置如式(7.67) 所示，目标位于 $[50,80]^{\mathrm{T}}$。从图 7.5可以看出，当目标位于传感器节点形成的凸包之外时，尽管信噪比大于 25dB，SOCP1 和 ML-F

方法已经不能够准确地给出目标位置估计了。这是因为当目标位于传感器节点形成的凸包之外时，SOCP1 直接松弛（将 N 个等式约束 $\|\boldsymbol{x}_i-\boldsymbol{y}\|^2=d_i$ 松弛为不等式约束 $\|\boldsymbol{x}_i-\boldsymbol{y}\|^2\leqslant d_i$）导致较大范围的可行域，且真实目标位置处于可行域的边缘位置；对于 ML-F 方法，不恰当的初始值选取容易使得目标函数陷入局部最小值。高信噪比（$\mathrm{SNR}>35$ dB）条件下，ML-T 方法的 RMSE 非常接近于 RCRLB。对比图 7.4、图 7.5以及表 7.1，可以发现：① 基于 MMA 的 SDP 目标定位方法在保证定位精度的同时，具有较小的运算复杂度；② 低信噪比（$\mathrm{SNR}<15$ dB）情况下，几种协作目标定位方法的定位性能均优于 RCRLB，这是因为这几种方法均是有偏估计，而此时 RCRLB 不能提供绝对的下界。

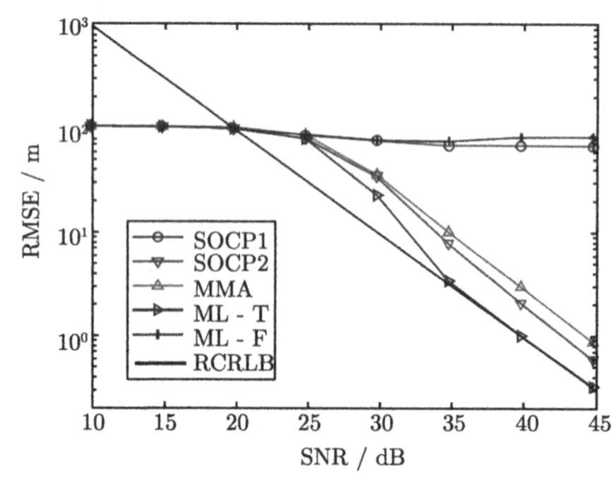

图 7.5　协作目标定位方法性能与信噪比的关系（目标位于凸包之外 $[50,80]^{\mathrm{T}}$）

场景 2: 假设目标辐射能量未知，固定传感器节点数目以及位置 [见式(7.67)]，并假设目标分别位于 $[10,10]^{\mathrm{T}}$ 、$[10,80]^{\mathrm{T}}$，对应目标位于传感器节点形成的凸包之内和之外两种情形，两种几何拓扑结构如图 7.6所示。仿真中假设未知的目标辐射能量 $S=500$ ，并依据能量衰减模型式(7.4)产生传感器节点 RSS 量测，其中噪声是独立同分布的高斯随机过程，数据采样点数 $L=5000$ ，MC 仿真次数 $M=1000$。

图 7.7给出了未知目标辐射能量条件下，不同的非协作目标定位方法性能与信噪比之间的关系，此时 $N=8$ 个传感器节点位置如式(7.67)所示，目标位于 $[10,10]^{\mathrm{T}}$。从图 7.7可以看出，当目标位于传感器节点形成的凸包之内时，所有的非协作目标定位方法的定位性能均随着信噪比的增加而增加。在高 SNR（ $\mathrm{SNR}\geqslant 25\mathrm{dB}$ ）条件下，文献 [116] 提出的联合估计（JE）方法表现出较好的目标定位性能，RMSE 非常接近于 RCRLB。但是，在低 SNR（ $\mathrm{SNR}<25\mathrm{dB}$ ）条件下，7.4.1 节提出的 SDP-TS 方法 [式(7.37)] 在所有定位方法中是最优的。在高斯噪声背景下或者接收能量噪声的统计特性未知情况下，相比于 SDP-TS 和 JE，两种极小极

大化方法（MMA-TS 和 MMA-JE）在高信噪比时定位性能较差，MMA-JE 方法的定位性能略优于 MMA-TS 方法，这是由于 TS 目标定位方法在得到未知目标辐射能量 S 的估计时舍去了式(7.26)中的噪声项，即式(7.27)本身就存在误差。此外，在高斯噪声假设下，当目标位于传感器节点形成的凸包之内时，本章提出的基于范数逼近（NA）的目标定位方法（NA-TS 和 NA-JE）在高信噪比条件下性能非常接近于 SDP-TS 和 JE 方法，且两种范数逼近方法具有较低的运算复杂度，NA-JE 方法性能略优于 NA-TS 方法。综合对比 NA 和 MMA 方法，较高信噪比条件下 NA 方法性能优于 MMA 方法，较低信噪比条件下 MMA 方法性能优于 NA 方法。图 7.7中也给出了 RSS 非协作目标定位的 RCRLB，由于考察的这些方法是有偏估计，因此在 SNR < 15 dB 时，几种定位方法性能均优于 RCRLB。

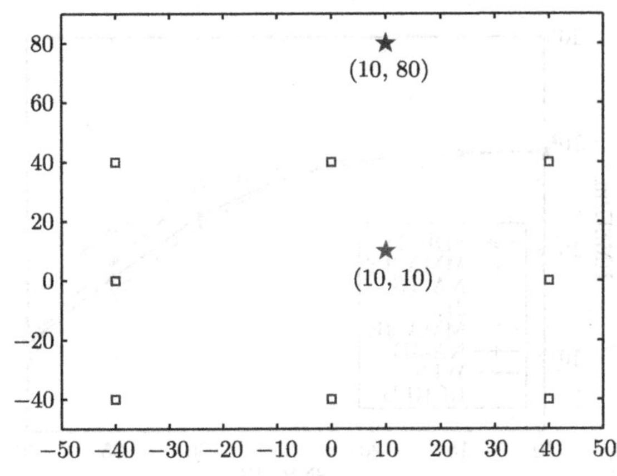

图 7.6　场景 2 中传感器节点与目标的几何拓扑结构

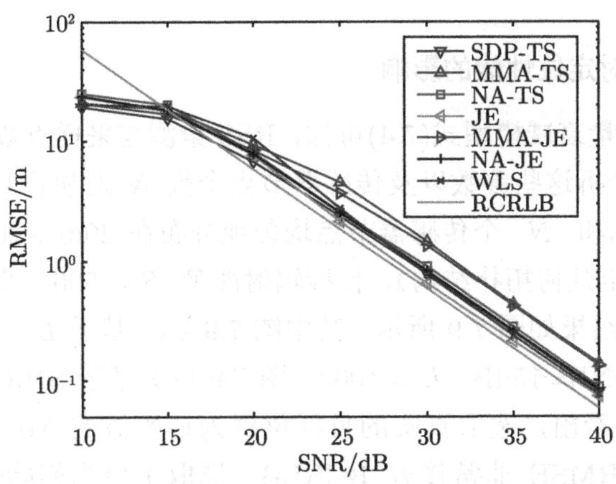

图 7.7　非协作目标定位方法性能与信噪比的关系（目标位于凸包之内 $[10,10]^{\mathrm{T}}$）

图 7.8给出了未知目标辐射能量条件下，不同的非协作目标定位方法与信噪比之间的关系，此时 $N=8$ 个传感器节点位置如式(7.67)所示，目标位于 $[10,80]^{\mathrm{T}}$。从图 7.8 可以看出，当目标位于传感器节点形成的凸包之外时，相比于目标位于传感器节点形成的凸包之内的结果（见图 7.7），各方法性能均明显下降。在这种配置下，在低信噪比条件下，所有的非协作目标定位方法定位效果基本相同，定位的 RMSE 为 100m 左右，对于一个 $20\ \mathrm{m}\times 20\ \mathrm{m}$ 的监测区域而言，已经失去了定位的价值。在高信噪比条件下，JE 方法性能最优，WLS 方法次之，但是随着信噪比的下降，在 20dB 处，WLS 方法性能最差。相对于 JE 方法，两种 NA 方法（NA-TS 和 NA-JE）定位性能稍有下降，但是这两种方法具有较低的运算复杂度。

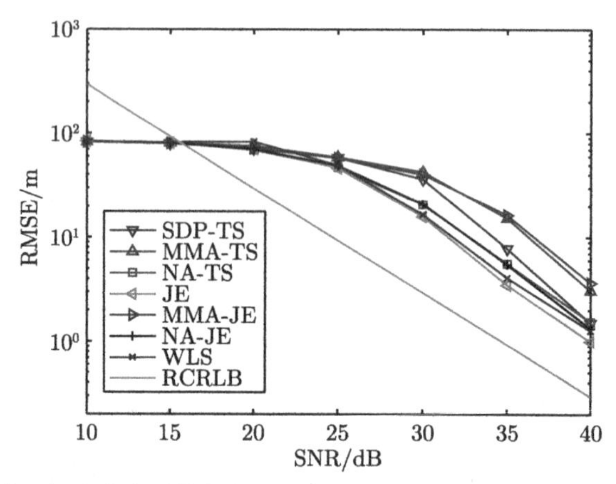

图 7.8　非协作目标定位方法性能与信噪比的关系（目标位于凸包之外 $[10,80]^{\mathrm{T}}$）

7.7.2　特征参数对定位性能的影响

场景 3：从能量衰减模型式(7.4)可知，RSS 量测与采样点数 L、信噪比 SNR 有关，本场景中分析这些参数以及传感器节点个数 N 对协作目标定位方法性能的影响。假设目标和 N 个传感器节点均匀地分布在 20m ×20m 的监测区域中（模拟 WSN 非固定几何拓扑结构），目标辐射能量 $S=500$ ，蒙特卡罗仿真次数 $M=5000$ 。仿真结果如图 7.9 所示，其中图 7.9（a）基于 $L=1000$ 、 $N=10$ ，图 7.9（b）基于 SNR=15dB、$L=1000$，图 7.9（c）基于 SNR=20dB、$N=10$。

从图 7.9可以看出，选取真实的目标位置为初始值的 ML-T 方法具有最好的定位性能，其 RMSE 非常接近 RCRLB，选取不恰当初始值的 ML-F 方法和 SOCP1 方法已不能精确地定位出目标；相比于 SOCP2 方法，能够应用于非

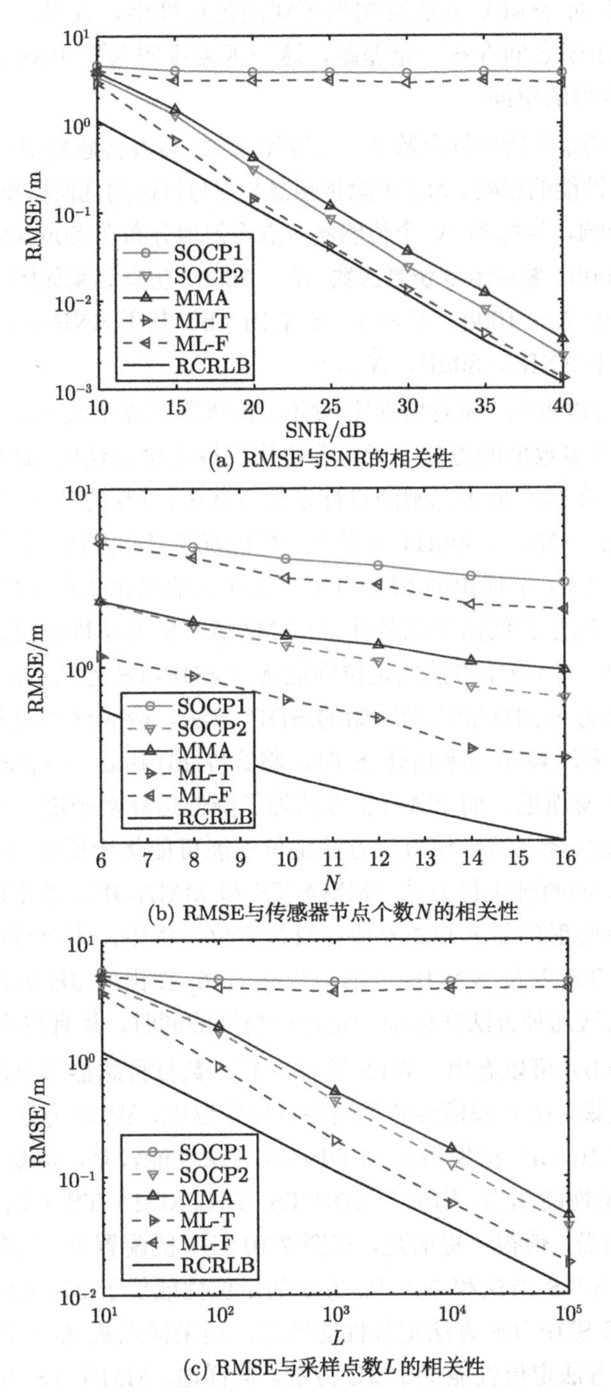

图 7.9　目标辐射能量已知时几种 RSS 协作目标定位方法性能

高斯噪声背景下的 MMA 方法有相当可观的定位性能。此外，几种定位方法的 RMSE 与 RCRLB 之间存在一定差距，这一现象说明基于 RSS 的协作目标定位方法仍存在着改善的空间。

场景 4：本场景分析采样点数 L、信噪比 SNR 以及传感器节点个数 N 对非协作目标定位方法性能的影响。为了消除传感器节点与目标的几何拓扑结构对各目标定位方法性能的影响，目标和 N 个传感器节点均匀地分布在 20m×20m 的监测区域内，假设 $S=1000$、蒙特卡罗仿真次数 $M=5000$，仿真结果如图 7.10 所示，其中图 7.10（a）基于 $L=1000$、$N=8$，图 7.10（b）基于 SNR=30dB、$L=1000$，图 7.10（c）基于 SNR = 30dB、$N=8$。

从图 7.10 可以看出，随着信噪比 SNR、传感器节点个数 N，以及计算能量的采样点数 L 这些参数值的增加，所有非协作目标定位方法的 RMSE 均减小。依据图 7.10（a），在基于最小二乘的目标定位方法中，LS 方法性能最差；WLS 方法在较高信噪比（SNR > 30dB）条件下，性能优于 JE 方法，在较低信噪比条件下，性能较差。7.4.1 节提出的 SDP-TS 方法在高信噪比条件下性能与 MMA-TS 方法相差较多，但是在低信噪比条件下与 MMA-TS 方法性能接近。注意到一个非常有趣的现象：NA-TS 方法的定位性能优于 SDP-TS 方法，也就是说对于 TS 方法，范数逼近方法的性能优于原始的 SDP 方法。造成这种现象的原因是，在 TS 方法第一步采用最小二乘估计 S 时，将式(7.26)中 $v_i=\varepsilon_i\|\boldsymbol{x}_i-\boldsymbol{y}\|^2$ 直接视作噪声项，存在着逼近，而 NA-TS 方法为了降低运算复杂度，又存在着范数逼近，这两种逼近综合之后，使得该方法定位性能可能优于原始的 SDP 方法。此外，基于 MMA 的两种定位方法（MMA-TS 和 MMA-JE）的定位性能接近。总而言之，在目标辐射能量未知的非协作目标定位过程中，本章提出的 MMA-TS、MMA-JE、NA-TS 以及 NA-JE 方法与文献 [116] 提出的 JE 方法性能相当，换句话说，提出的这几种方法在保证一定定位精度的同时，具有较小的运算复杂度。

从图 7.10（b）可以看出，WLS 方法在较大数量传感器节点的情况下定位性能最佳，也就是说，在大规模传感器网络目标定位中，WLS 方法可以作为首选定位方法。与图 7.10（a）结果相同，SDP-TS 方法性能较差，但是 NA-TS 方法与 NA-JE 方法定位性能相当，均优于 SDP-TS 方法。MMA-TS 方法和 MMA-JE 方法定位性能也相当。值得一提的是，在图 7.10（b）的配置下，当传感器节点数目 $N\geqslant 10$ 时，NA-TS 方法和 NA-JE 方法的定位性能优于 JE 方法。根据图 7.10（c），LS 方法和 SDP-TS 方法定位性能较差，当采样点数 $L\geqslant 10^3$ 时，NA-TS 方法和 NA-JE 方法定位性能优于 JE 方法。同样地，MMA-TS 方法和 MMA-JE 方法定位性能相当，均优于 SDP-TS 方法。

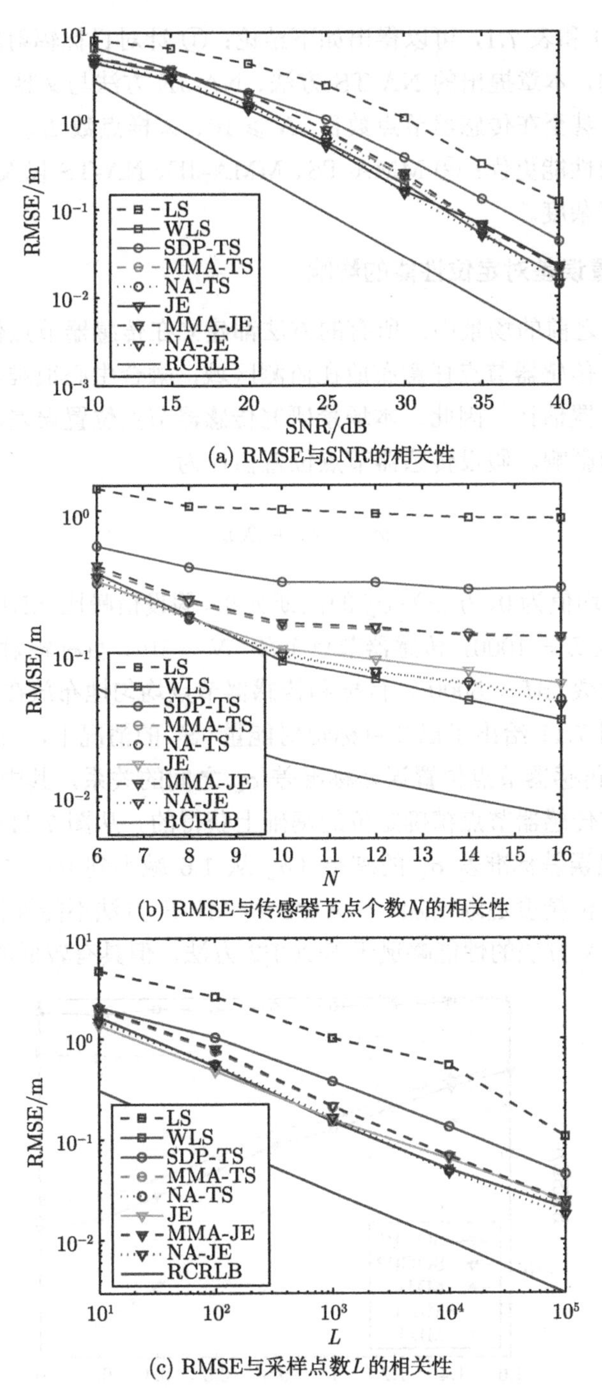

(a) RMSE与SNR的相关性

(b) RMSE与传感器节点个数N的相关性

(c) RMSE与采样点数L的相关性

图 7.10　目标辐射能量未知时几种 RSS 非协作目标定位方法性能

根据图 7.10 和表 7.1，可以得出如下结论：① 针对目标辐射能量未知的非协作目标定位问题，本章提出的 NA-TS 方法、NA-JE 方法与文献 [116] 提出的 JE 方法性能相当，甚至在传感器节点数目 $N \geqslant 10$、采样点数 $L \geqslant 10^3$ 时，本章提出的这些方法的性能更优；② MMA-TS、MMA-JE、NA-TS 以及 NA-JE 方法具有较低的运算复杂度。

7.7.3 节点位置误差对定位性能的影响

场景 5：在之前的场景中，所有的方法都建立在传感器节点位置精确已知的基础上。但由于传感器节点任意布放在监测区域，融合中心很难实时地获取传感器节点精确的位置估计。因此，本场景研究传感器节点位置误差对几种协作目标定位方法性能的影响。假设传感器节点位置估计为

$$\hat{\boldsymbol{x}}_i = \boldsymbol{x}_i + \Delta\boldsymbol{x}_i \tag{7.69}$$

其中，$\Delta\boldsymbol{x}_i$ 服从均值为 0、方差为 σ_{e}^2 的高斯分布。假设信噪比 $\mathrm{SNR} = 15\ \mathrm{dB}$，计算 RSS 的采样点数 $L = 1000$，传感器节点个数 $N = 10$，目标辐射能量 $S = 500$，蒙特卡罗仿真次数 $M = 5000$。目标和传感器节点均匀地布放在 20 m×20 m 的监测区域内。图 7.11 给出了已知目标辐射能量 S 的情况下，几种 RSS 定位方法的 RMSE 与传感器节点位置误差标准差 σ_{e} 之间的关系，其中 $\sigma_{\mathrm{e}} = 0$ 表示目标位置估计是在传感器节点精确定位的基础上获得的。从图 7.11可以看出，随着传感器节点位置误差标准差 σ_{e} 的减小（σ_{e} 从 1.6 减小到 0），ML-T、SOCP2、MMA 方法的定位精度逐渐增加，SOCP1 和 ML-F 方法不能够提供准确的目标位置估计。MMA 方法的性能略逊于 SOCP2 方法，但具有较低的运算复杂度。

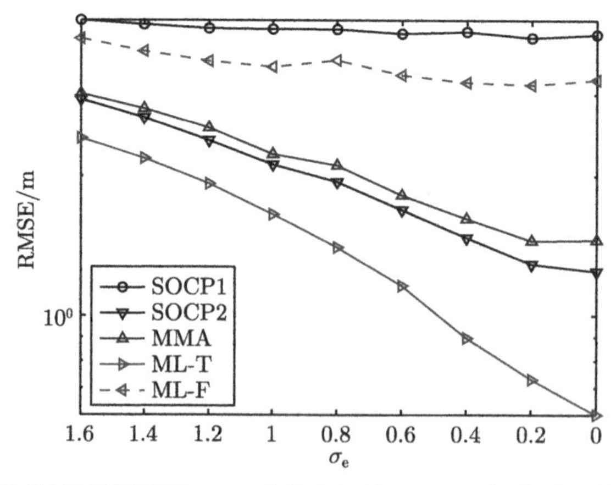

图 7.11　已知目标辐射能量情况下 RSS 定位方法的 RMSE 与传感器节点位置误差的关系

场景 6：此场景分析了传感器节点存在位置误差时几种非协作目标定位方法的定位性能。假设传感器节点均匀布放在 20 m×20 m 的监测区域，目标也随机地出现在这一区域，传感器节点位置误差模型如式(7.69)所示。此外，假设信噪比 $\mathrm{SNR}=30$ dB，计算能量的采样点数 $L=1000$，传感器节点数 $N=10$，目标辐射能量 $S=1000$，蒙特卡罗仿真次数 $M=5000$。图 7.12给出了未知目标辐射能量 S 条件下，几种 RSS 定位方法的 RMSE 与传感器节点位置误差标准差 σ_{e} 之间的关系，其中，$\sigma_{\mathrm{e}}=0$ 表示目标位置估计是在传感器节点精确定位的基础上获得的。

从图 7.12可以看出，随着传感器节点位置误差标准差 σ_{e} 的减小，各方法的 RMSE 逐渐减小，但不同的方法对节点位置误差的敏感程度不同。基于最小二乘的目标定位方法（LS 方法和 WLS 方法）对节点位置误差比较敏感，当 $\sigma_{\mathrm{e}}\geqslant 0.5$ 时，定位效果较差，而其他定位方法对节点位置误差不敏感，尤其是 7.4.1 节提出的 SDP-TS 方法，当 $\sigma_{\mathrm{e}}\geqslant 1.5$ 时，其定位性能最优。

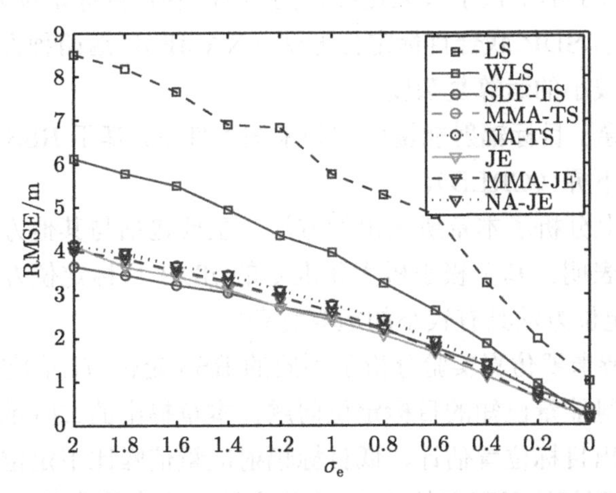

图 7.12　未知目标辐射能量情况下 RSS 定位方法的 RMSE 与传感器节点位置误差的关系

7.8　本章小结

针对水声传感器网络目标定位问题，本章提出了基于 RSS 的目标定位方法，这种方法适合于能量有限、结构简单的传感器网络。在假设声音在水声信道中传播模式为球面扩展的基础上，构建了能量衰减模型，并将定位问题分为：目标辐射能量已知的协作目标定位问题、目标辐射能量未知的非协作目标定位问题。本章的贡献如下。

（1）针对目标辐射能量已知的协作目标定位问题，提出了三种基于 SDP 的目标定位方法，主要包括：两种二阶锥规划目标定位方法和一种基于极小极大化逼近的 SDP 目标定位方法。两种二阶锥规划目标定位方法通过对不同的等式约束进行 SDP 松弛得到不同的凸约束；基于极小极大化逼近的 SDP 目标定位方法作为原始的 MLE 的一种逼近，适用于非高斯分布的 RSS 量测噪声或者噪声统计特性未知情形下的目标定位。

（2）针对目标辐射能量未知的非协作目标定位问题，构建了基于 SDP 的 Two-step 目标定位模型（SDP-TS），利用 SDP 方法将非凸的逼近最大似然估计问题转换为凸优化问题。结合提出的 SDP-TS 方法，提出了两种低运算复杂度的 SDP 目标定位方法：基于极小极大化准则的 SDP 目标定位方法（MMA-TS）和基于范数逼近的 SDP 目标定位方法（NA-TS），这两种方法在保证定位精度的同时，具有较小的运算复杂度。

（3）扩展了文献 [116] 提出的基于 SDP 的未知目标辐射能量和位置联合估计方法（JE），提出了基于极小极大化准则的 SDP 联合目标定位方法（MMA-JE）和基于范数逼近的 SDP 联合目标定位方法（NA-JE），这两种方法在保证定位精度的同时，具有较小的运算复杂度。

（4）分别推导了目标辐射能量已知和未知条件下，基于 RSS 的目标定位问题的 Cramer-Rao 下界（CRLB）。

（5）从理论上分析了本章所提出的方法，主要包括与其他方法对比和运算复杂度分析，结果表明：基于极小极大化准则的 SDP 目标定位方法和基于范数逼近的 SDP 目标定位方法具有较小的运算复杂度。

（6）通过蒙特卡罗仿真实验分析了不同的 RSS 定位方法的性能，仿真结果表明：对于目标辐射能量已知的目标定位问题，本章提出的二阶锥规划目标定位方法能够很好地给出目标位置估计，低目标辐射能量信噪比下定位性能优于现有的 RSS 定位方法，而相比于现有的 RSS 定位方法，本章提出的 MMA 方法的定位性能稍有下降；对于目标辐射能量未知的目标定位问题，本章提出的基于 MMA、NA 的目标定位方法在传感器节点数目较多、采样点数较大的情况下定位性能优于现有的 RSS 定位方法。同时，分析了不同 RSS 定位方法对传感器节点位置误差的鲁棒性，仿真结果表明：本章提出的 SDP-TS 目标定位方法在节点位置误差较大时定位性能最优。

第 8 章　水声传感器网络目标定位系统

8.1　引言

为了验证 UASN 目标定位方法的可行性和有效性，作者所在课题组于 2014 年设计完成了六节点的水声通信网络系统，节点实物图如图 8.1所示。在该通信网络系统中实现了 TDMA、ALOHA 和时隙 ALOHA 等网络协议，并完成了基于距离量测的节点自定位方法 [135]。

(a) 6个水声传感器节点

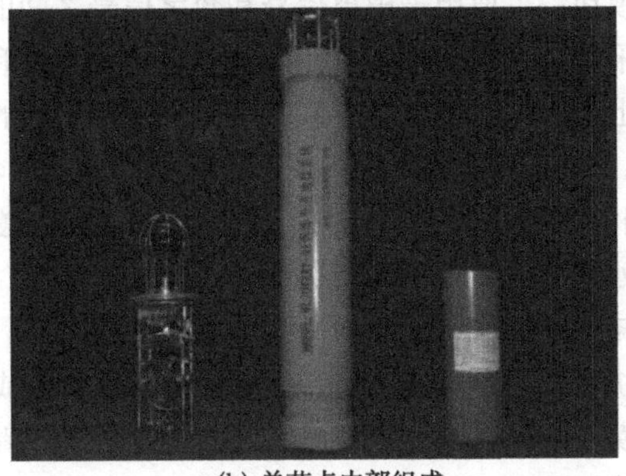

(b) 单节点内部组成

图 8.1　水声通信网络系统节点实物图

该水声通信网络系统的设计及实现表明：UASN 中节点间通信、水声组网协议等通信网络系统的关键功能已经实现，已经基本具备了水声传感器节点自组织网的能力。但是，由于该系统主要用于检验水声通信组网技术的能力，因此其仅是目标定位系统的基础。在此基础上，本章设计了 UASN 硬件系统，分别在西北工业大学重点实验室消声水池、河南省丹江口水库开展了模拟实验。实验旨在验证，第 4 章基于 TOA 的目标定位方法、第 5 章基于 TDOA 的目标定位方法和第 7 章基于 RSS 的目标定位方法的可行性和有效性，为后续产品研制、海试奠定基础。

8.2 水声传感器网络硬件系统

UASN 系统是由传感器节点和融合中心组成的，在一定的优化控制协议下，任意一个传感器节点都可以成为融合中心，因此在设计硬件系统过程中，不加区分地将融合中心称作节点，设计满足任务需求的节点即可。UASN 中节点的任务主要有：① 节点间通信；② 目标检测、目标定位。针对节点的这两种应用需求，设计了硬件系统方案，如图 8.2所示。硬件系统主要由接收换能器阵或换能器、信号调理模块、数据采集发送模块、双 CPU 信号处理模块、节点间通信模块、电源模块等组成。各个模块的基本功能及组成如下。

- 接收换能器阵或换能器：主要用于目标检测、目标定位应用中单节点的目标检测和目标定位。在设计过程中，依据节点自身结构特点及应用需求，可以选择线列阵、十字阵、体积阵等。
- 信号调理模块：主要用于微弱信号放大、大信号的压缩，以及信号的滤波等，由滤波器、自动增益控制器、放大器、匹配电路等组成。
- 数据采集发送模块：主要用于模拟信号和数字信号之间的相互转换，目标感知时用于信号采集，节点间通信时用于通信，由 ADC 和 DAC 组成。
- 双 CPU 信号处理模块：主要用于单节点目标感知方法的实现，以及节点通信时编码调制、解调解码等。该模块由 DSP 和微控制器 MSP430 组成双 CPU，这种结构能够在全速工作时，利用 DSP 处理速度快、数据吞吐率高的优点实时地处理接收到的多通道数据；在其他状态下，通过 MSP430 的控制降低系统功耗。
- 节点间通信模块：主要用于 UASN 中节点间相互通信或节点与融合中心间相互通信。该模块由收发合置换能器、收发切换控制电路、功率放大器、信号预处理模块等组成。
- 电源模块：主要用于各个子模块的供电，各个模块供电使能控制端由主 CPU

MSP430 控制。在 “Sleep/Wake” 工作机制下，当数据需要实时处理时，系统各个模块均处于工作状态，此时功耗达到最大值，数据处理完毕后，主 CPU 通过控制电源模块使各个子模块掉电，系统进入微功耗模式。这种 Sleep-Wake-Sleep 模式大大降低了系统整体功耗，延长了 UASN 中节点的工作时间[136]。

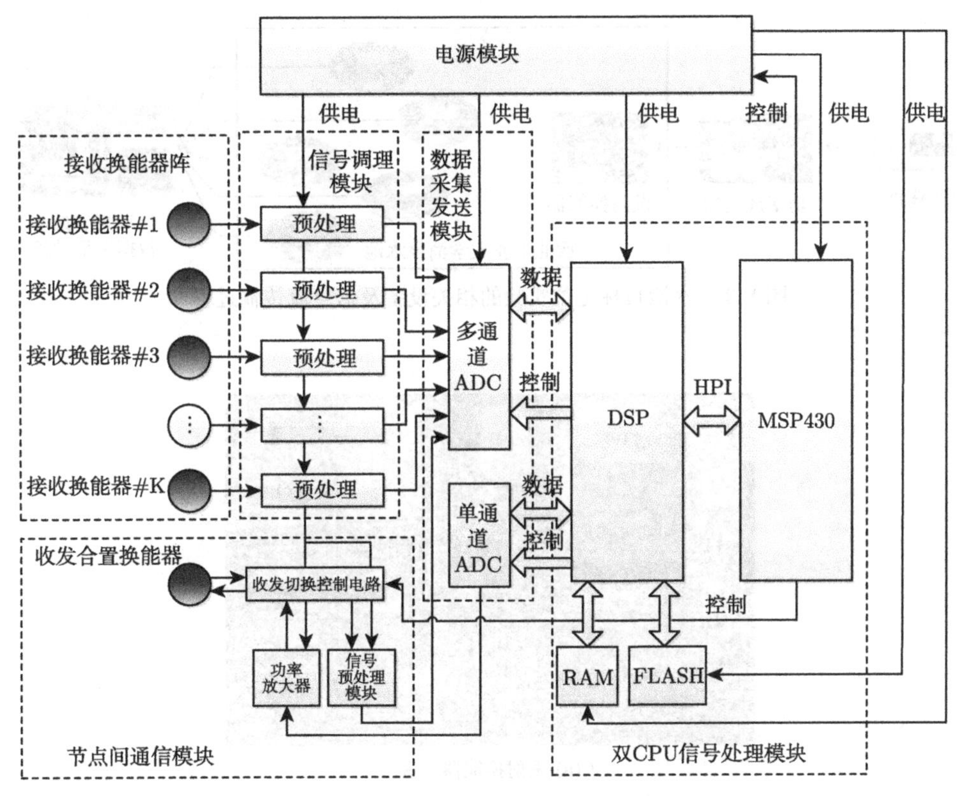

图 8.2 UASN 中节点硬件系统框图

在现有的六节点水声通信网络系统的基础上，搭载接收换能器阵和信号调理模块，即可完成 UASN 系统的构建。本书重点研究目标定位方法，因此在开展实验研究时，构建单节点目标定位系统，在线地获取数据，离线地处理数据，旨在检验本书提出的目标定位方法的可行性和有效性。

8.3 目标定位实验

8.3.1 实验系统构建

水池目标定位实验的相关设备及信号流传输过程如图 8.3所示，发射换能器发射脉冲信号，N 个接收传感器随机地布放在消声水池中，数据采集设备同步地录取经过滤波放大后的信号。基于 TOA 的目标定位、基于 TDOA 的目标定位和基于 RSS 的目标定位三种方法实验中的发射信号均采用单频脉冲方式。水池实验现场如图 8.4所示。

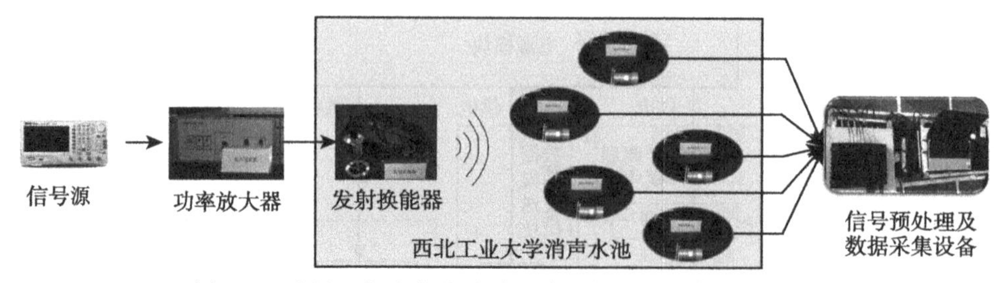

图 8.3　水池目标定位实验的相关设备及信号流传输过程

(a) 发射换能器入水

(b) 接收传感器入水

(c) 信号预处理及数据采集设备

图 8.4　水池实验现场

8.3.2　实验结果分析

1. 基于 TOA 的目标定位结果分析

在本部分内容中，为了验证我们提出的基于 TOA 的目标定位方法的性能，我们在位于陕西省西安市的西北工业大学的消声水池（20m×8m×7m）中利用水声传感器网络进行了外场实验。我们在水中布放一个信号源，该信号源通过线性功率放大器辐射 $f_0 = 10\text{kHz}$ 的正弦信号。原始信号首先通过 BEIDAIHE-16000 设备进行滤波，其通带范围为 $9 \sim 13\text{kHz}$。同时，我们使用 16 通道的 LTT-180/182 设备采集原始信号。水下目标和信号预处理及数据采集设备的布放如图 8.5所示。水中共部署有 $N = 8$ 个接收传感器，并且在布放前先测量其具体位置。水下目标和 8 个接收传感器的布放情况如图 8.6所示。图 8.7显示了 8 个接收传感器接收到的原始信号波形，从中可以清楚地看到各接收传感器之间的时间差。原始 TOA 量测是通过与本地的正弦信号互相关而得出的。

图 8.5　消声水池中的水下目标（图中圆圈所示）和信号预处理及数据采集设备

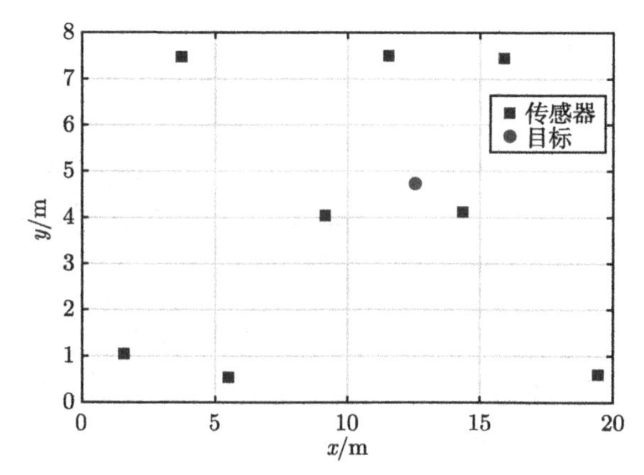

图 8.6　消声水池中节点的布放情况

（目标和各个传感器的深度都是 2m）

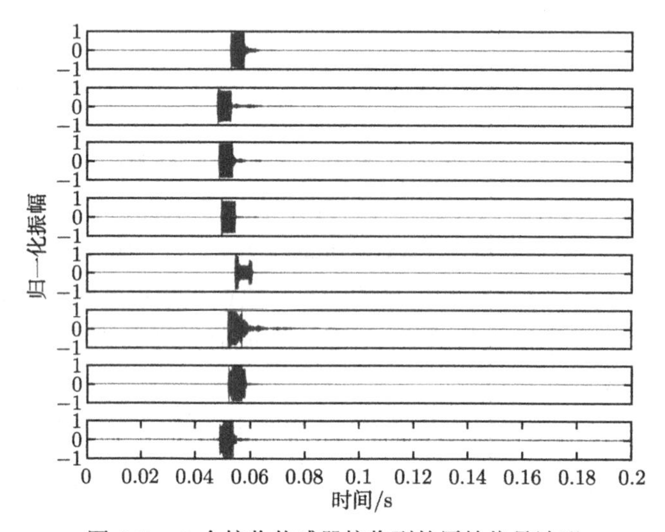

图 8.7　8 个接收传感器接收到的原始信号波形

为了验证不同的基于 TOA 的目标定位方法的性能，我们根据图 8.7中所示的传感器接收到的原始信号得到不同方法的 RMSE，其结果如图 8.8所示。其中，我们提出的方法（图中表示为 Proposed method）与 ML-Init-1 和 ML-Init-2 方法均考虑了量化位数 m 并分别将其设置为 4、6、8 和 10。而且，将信道的 BER（P_{e}）分别取为 10^{-5}、10^{-4}、10^{-3} 和 10^{-2}。注意到 ML-Init-1 和 ML-Init-2 方法的 RMSE 在不同的 BER 取值上均没有显著变化，因此我们只标记了其中一个的结果。同时，还对比了基于原始 TOA 量测的 Two step Xu 和 MMA Xu 方法。

从图 8.8来看，不存在量化性能损失和各个传感器与融合中心之间非理想性通信的 Two step Xu 方法性能优于其他方法。与仿真实验的结果相似，ML-Init-1 和 ML-Init-2 方法都陷入了局部最优值。随着信道 BER 的增加，我们提出的方法性能出现下降。当量化位数大于 8 同时 $P_e = 10^{-5}$ 时，我们提出的方法的性能接近 Two step Xu 方法。

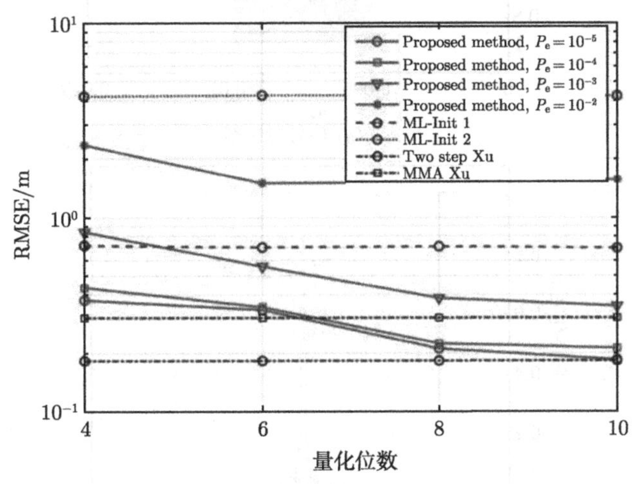

图 8.8 基于 TOA 的目标定位方法实验结果

从外场实验的结果中，可以观察到我们提出的基于量化 TOA 的 SDP 目标定位方法的性能与基于原始 TOA 的 Two step 目标定位方法具有可比性，且对于目标位于凸包内部和凸包外部这两种情况，我们提出的方法都可以有效地估计出目标位置；与 MMA 方法相比，我们提出的方法显示出强大的定位性能。而对于基于量化 TOA 量测的原始 ML 优化问题，在没有适当初始点的情况下，求解器很容易陷入局部最优值。

2. 基于 TDOA 的目标定位结果分析

本部分内容的主要目的是通过水池实验验证我们提出的基于 TDOA 的目标定位方法的有效性及可行性。基于 TDOA 的目标定位实验的相关设备及信号传输过程如图 8.3所示，定位系统由 N 个水声传感器节点和岸上的一个融合中心（上位机）组成，布放于消声水池的发射换能器发射单频矩阵脉冲来模拟主动声探测中的目标发射信号，发射信号时域形式和频域形式如图 8.9所示，信号频率为 10kHz，信号持续时间为 5 ms，N 个水声传感器节点随机地布放于消声水池内。

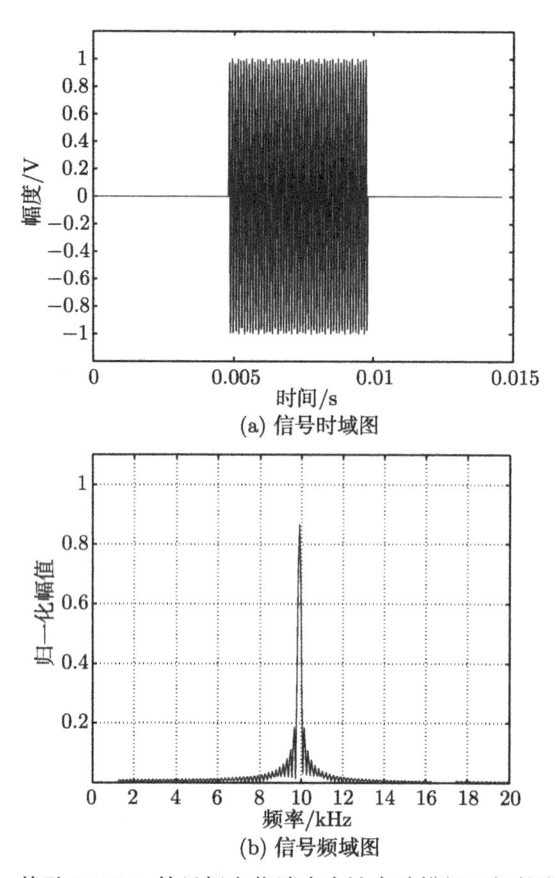

(a) 信号时域图

(b) 信号频域图

图 8.9 基于 TDOA 的目标定位消声水池实验模拟目标的发送波形

第一次实验中 UASN 各个节点和模拟目标在消声水池中的位置如图 8.10所

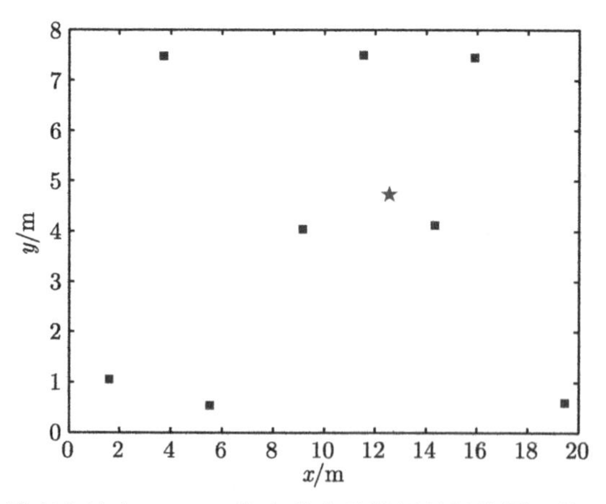

图 8.10 消声水池中 UASN 各个节点及模拟目标位置（第一次实验）

示，图中“■”表示水声传感器节点，“★”表示模拟目标，各个节点和模拟目标均入水 2 m。各个节点接收到的时域信号如图 8.11所示，图中可见模拟目标反射的信号到达各个节点的时间不同，基于 TDOA 的目标定位方法就是利用这些不同的到达时间参数估计出模拟目标位置的。从图 8.11 中还可以看出，由于传感器节点自身接收灵敏度以及距模拟目标距离的不同，不同传感器节点接收到的信号在波形幅度、信噪比以及波形上存在一定的差异。通过计算，$N=8$ 个水声传感器节点坐标以及接收到的信号的信噪比如表 8.1所示。

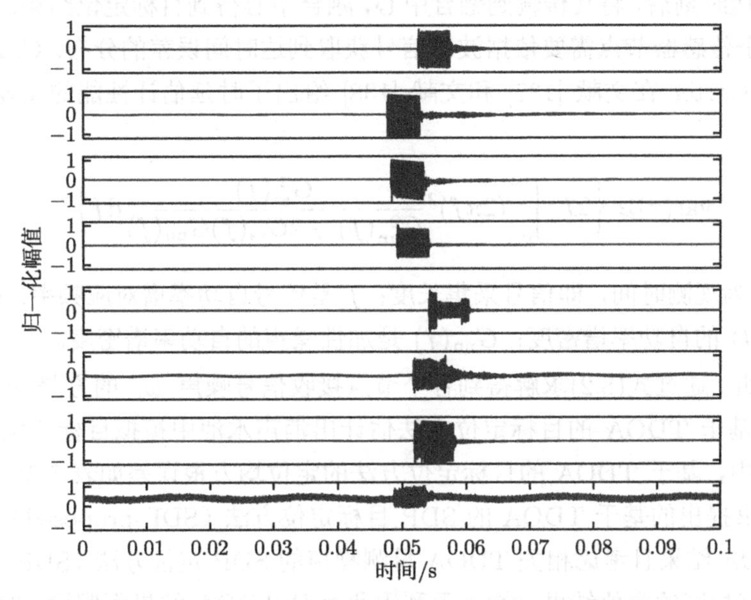

图 8.11 消声水池中 UASN 各个节点接收到的时域信号

表 8.1 $N=8$ **个水声传感器节点坐标以及接收到的信号的信噪比（第一次实验）**

节点	#1	#2	#3	#4
坐标	(3.72,7.48,−2)	(14.35,4.12,−2)	(11.54,7.5,−2)	(15.9,7.45,−2)
SNR/dB	50.2	44.9	55.9	58.9
节点	#5	#6	#7	#8
坐标	(1.6,1.05,−2)	(19.45,0.6,−2)	(5.5,0.54,−2)	(9.15,4.04,−2)
SNR/dB	36.9	25.0	50.1	11.4

第 5 章提出的基于 TDOA 的目标定位方法是建立在信号到达时间模型 [见式 (5.1)] 基础上的，并假设信号到达时间 $t_i(i=1,\cdots,N)$ 的误差 ω_i 服从高斯分布，即 $\omega_i \sim N(0,\eta_i^2)$，而在实际应用中，各个传感器节点直接获取的是信号波

形的采样，如图 8.11所示，因此通过互相关法得到信号到达各个传感器节点的时刻，即将第 i 个节点采集到的信号 $r_i(t+\tau_i)$ 与一个充分已知的发射信号 $s(t)$ 进行相关运算：

$$\begin{aligned} R_{rs}^{i}(\tau_i) &= E\left[s(t)\cdot r_i(t+\tau_i)\right] \\ &= E\left[s(t)\cdot(s(t+\tau_i)+n(t))\right] \end{aligned} \tag{8.1}$$

其中，$E(\cdot)$ 表示期望，$n(t)$ 为均值为 0、与 $s(t)$ 不相关的噪声。各个传感器节点得到信号到达时刻后，将其传输到融合中心，融合中心得到目标定位结果。在求解过程中，各个传感器节点需要依据波形信号获取到达时间误差的分布。C. H. Knapp 和 G. C. Carter 在文献 [137] 和文献 [138] 给出了时延估计性能的 Cramer-Rao 下界：

$$\mathrm{var}(\tau) \geqslant \left\{2T_s\int_0^{\infty}(2\pi f)^2\frac{G_{\mathrm{ss}}^2(f)}{G_{\mathrm{nn}}^2(f)+2G_{\mathrm{ss}}(f)G_{\mathrm{nn}}(f)}\mathrm{d}f\right\}^{-1} \tag{8.2}$$

其中，T_s 为观测时间，即信号采集长度；f 是信号自功率谱对应频率；$G_{\mathrm{ss}}(f)$ 是源信号 $s(t)$ 的自功率谱密度；$G_{\mathrm{nn}}(f)$ 是加性噪声的自功率谱密度。

基于此，通过式(8.2)求解得到各个节点接收信号噪声 ω_i 的方差 η_i，进而利用提出的基于 TDOA 的目标定位方法估计出消声水池中模拟目标的位置。在第一次实验中，基于 TDOA 的目标定位方法的定位均方根误差如表 8.2所示。可以看出，本书提出的基于 TDOA 的 SDP 目标定位方法（SDP-proposed）和利用所有对 TDOA 结果且考虑相关 TDOA 量测噪声的 SDP 定位方法（SDP-proposed, AM）具有相同的定位结果，均优于利用所有对 TDOA 结果而假设 TDOA 量测噪声独立的 SDP 定位方法（SDP, AM）；具有最低运算复杂度的基于 TDOA 的 MMA 定位方法（MMA）定位效果最差。

表 8.2　基于 TDOA 的目标定位方法的定位均方根误差（第一次实验）

定位方法	SDP-proposed	SDP-proposed, AM	SDP, AM	MMA
RMSE/m	0.1026	0.1026	0.1509	2.1766

第二次实验中 UASN 各个节点和模拟目标在消声水池中的位置如图 8.12所示，图中“■”表示水声传感器节点，“★”表示模拟目标，各个节点接收到的时域信号如图 8.13所示，通过计算得到的各个节点坐标以及接收到的信号的信噪比如表 8.3所示。

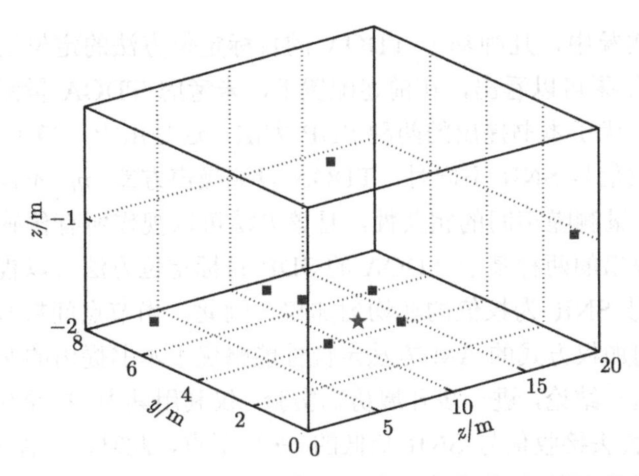

图 8.12 消声水池 UASN 中各个节点及模拟目标位置（第二次实验）

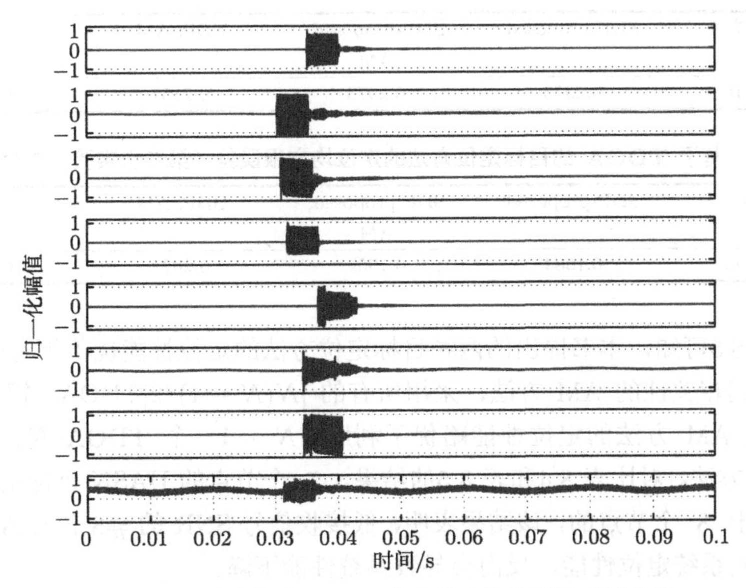

图 8.13 消声水池中 UASN 各个节点接收到的时域信号

表 8.3 $N = 8$ 个水声传感器节点坐标以及接收到的信号的信噪比（第二次实验）

节点	#1	#2	#3	#4
坐标	(3.72,7.48,−2)	(14.35,4.12,−2)	(11.54,7.5,−2)	(15.9,7.45,−1)
SNR/dB	48.6	43.5	56.0	60.2
节点	#5	#6	#7	#8
坐标	(1.6,1.05,−1)	(19.45,0.6,−1)	(5.5,0.54,−1)	(9.15,4.04,−2)
SNR/dB	40.9	24.7	49.0	11.5

在第二次实验中，几种基于 TDOA 的目标定位方法的定位均方根误差如表 8.4所示，由该结果可以看出，在前述配置下，未考虑 TDOA 量测噪声相关性的 AM 方法性能略优于本书提出的两种 SDP 方法，这是由于：当 UASN 中水声传感器节点的接收信号 SNR 不同时，TDOA 量测噪声方差 η_i 不同，AM 方法没有考虑 TDOA 量测噪声间的相关性，且该方法可以视作所有传感器节点的均匀加权，而本书提出的两种基于 TDOA 的 SDP 目标定位方法可以视作以各个传感器节点接收信号 SNR 为权值的非均匀加权，因此，当节点间接收信号 SNR 差异较大时，均匀加权方式的 AM 方法定位性能略优于本书提出的两种目标定位方法。为了验证这一结论，进一步开展仿真实验，仅利用其中 7 个传感器节点，即 $i=1,\cdots,7$，舍去接收信号 SNR 最低的 #8 节点，此时，几种基于 TDOA 的目标定位方法的定位均方根误差如表 8.5所示。

表 8.4　基于 TDOA 的目标定位方法的定位均方根误差（第二次实验，8 个节点）

定位方法	SDP-proposed	SDP-proposed, AM	SDP, AM	MMA
RMSE/m	0.2973	0.2973	0.2157	0.4917

表 8.5　基于 TDOA 的目标定位方法的定位均方根误差（第二次实验，7 个节点）

定位方法	SDP-proposed	SDP-proposed, AM	SDP, AM	MMA
RMSE/m	0.1584	0.1569	0.2023	0.4917

从表 8.5可知，本书提出的两种目标定位方法的定位性能优于不考虑 TDOA 量测噪声间相关性的 AM 方法，采用所有的 $[N(N-1)/2]$TDOA 量测的 SDP-Proposed, AM 方法的定位性能略优于利用 $N-1$ 个 TDOA 量测的 SDP-Proposed 方法。对比表 8.4和表 8.5的结果，7 个节点的 UASN 目标定位系统定位性能优于 8 个节点的，该结果表明，低接收信号 SNR 的 #8 传感器节点的引入不会提高系统定位性能，反而会导致系统性能下降。

3. 基于 RSS 的目标定位结果分析

第 7 章声信号能量衰减模型式(7.4)是以能量衰减因子 $\alpha=2$ 为基础的，这是因为对于水声信号传输，能量衰减对应声能量传播损失，当声波在海水中以球面波传播时，$\alpha=2$；当声波在浅海海水中以柱面波传播，或信号在全反射海底和全反射海面组成的理想波导中传播时，$\alpha=1$。能量衰减因子与界面条件、声速分布等有关。为了测试消声水池的能量衰减因子 α，实验中依据不同距离处测得的水声传感器接收到的能量数据拟合能量衰减模型，结果如图 8.14 所示。图中，“*”

画线由观测功率绘成，实线为非线性最小二乘拟合曲线，可以得到，消声水池能量衰减模型中的衰减因子 $\alpha = 1.5719$。

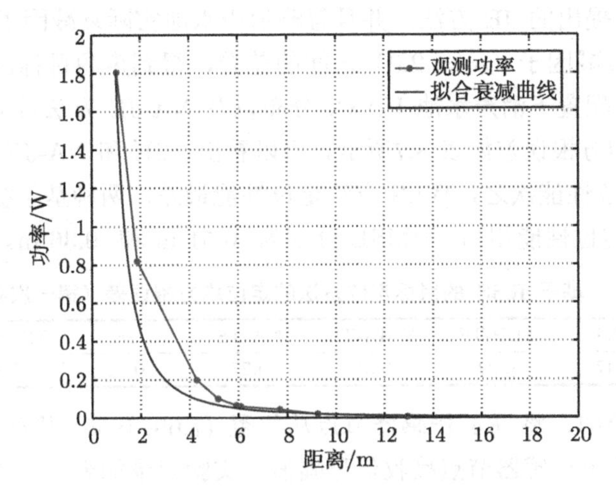

图 8.14　消声水池能量衰减模型拟合曲线

表 8.6　第一次目标定位实验记录

传感器序号	发送信号频率 10kHz，入水深度均为 2m，目标位于 (16.31,3.89)	
	传感器节点坐标	接收信号幅值/V
#1	(16.31,2.86)	3.800
#2	(14.53,3.33)	2.560
#3	(11.20,0.56)	0.696
#4	(7.69,0.55)	0.404
#5	(12.51,7.40)	0.896

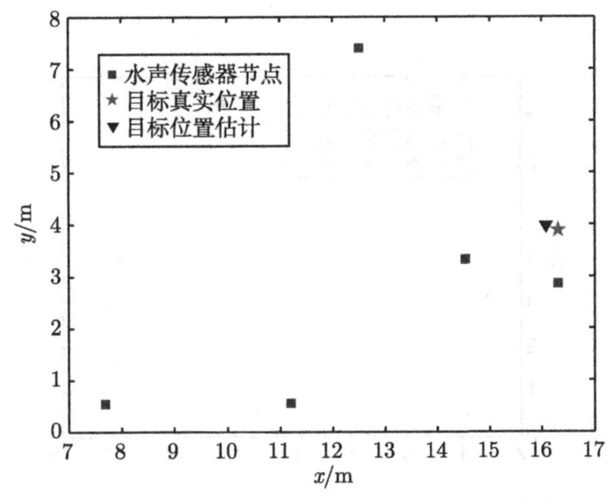

图 8.15　消声水池 UASN 分布及 NA-JE 方法目标定位结果（第一次实验）

表 8.6给出了基于 RSS 的目标定位消声水池实验的实验记录，在此基础上，采用本书提出的 SDP-TS、MMA-TS、NA-TS、MMA-JE、NA-JE 目标定位方法，以及文献 [116] 提出的 JE 方法，并且忽略消声水池实际衰减因子（$\alpha = 1.5719$）与模型假设的衰减因子（$\alpha = 2.0$）之间的差异，得到声源目标的位置估计。图 8.15给出了这种配置下消声水池 UASN 分布以及 NA-JE 方法目标定位结果，几种方法的定位均方根误差如表 8.7所示。可以看出，JE 和 NA-JE 方法性能最优，NA-TS 方法定位性能次之，WLS 方法定位性能最差，两种基于极小极大化准则的 MMA 方法定位性能相当，RMSE 分别为 0.51 m 和 0.36 m。

表 8.7　基于 RSS 的目标定位方法的定位均方根误差（第一次实验）

定位方法	WLS	SDP-TS	MMA-TS	NA-TS	JE	MMA-JE	NA-JE
RMSE/m	67.47	0.29	0.51	0.27	0.23	0.36	0.24

第二次实验中，将 #4 传感器节点从位置 (7.69, 0.55) 移动到 (3.81, 0.55) 后，再次记录各个传感器节点接收信号幅值，实验记录如表 8.8 所示，相应的消声水池 UASN 分布以及 NA-JE 方法目标定位结果如图 8.16所示，几种方法的定

表 8.8　第二次目标定位实验记录

传感器序号	发送信号频率 10kHz，入水深度均为 2m，目标位于 (16.31,3.89)	
	传感器节点坐标	接收信号幅值/V
#1	(16.31,2.86)	3.800
#2	(14.53,3.33)	2.560
#3	(11.20,0.56)	0.696
#4	(3.81,0.55)	0.218
#5	(12.51,7.40)	0.896

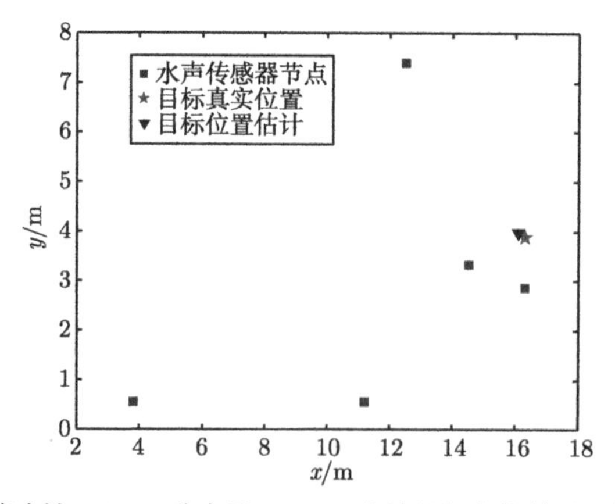

图 8.16　消声水池 UASN 分布及 NA-JE 方法目标定位结果（第二次实验）

位均方根误差如表 8.9所示。可以看出，在前述配置下，JE、NA-JE 方法定位性能最优，NA-TS 和 SDP-TS 方法定位性能相当，与第一次实验结果相同，WLS 方法定位性能最差。

表 8.9 基于 RSS 的目标定位方法的定位均方根误差（第二次实验）

定位方法	WLS	SDP-TS	MMA-TS	NA-TS	JE	MMA-JE	NA-JE
RMSE/m	67.42	0.37	0.84	0.33	0.23	0.60	0.23

第三次实验中，将 #3 传感器节点从位置 (11.20,0.56) 移动到 (18.75,7.42)，将 #5 传感器节点从位置 (12.51,7.40) 移动到 (10.44,3.16)，再次记录各个传感器节点接收信号幅值，如表 8.10所示，相应的消声水池 UASN 分布以及 NA-JE 方法目标定位结果如图 8.17所示，几种方法的定位均方根误差如表 8.11所示。可以看出，本书提出的 MMA-TS 定位方法在前述配置下定位精度最高，均方根误差仅为 0.04 m，NA-TS 方法定位性能次之，SDP-TS、JE、MMA-JE 和 NA-JE 方法定位性能相当。

表 8.10 第三次目标定位实验记录

传感器序号	发送信号频率 10kHz，入水深度均为 2m，目标位于 (16.31,3.89)	
	传感器节点坐标	接收信号幅值/V
#1	(16.31,2.86)	3.800
#2	(14.53,3.33)	2.560
#3	(18.75,7.42)	1.260
#4	(3.81,0.55)	0.218
#5	(10.44,3.16)	0.728

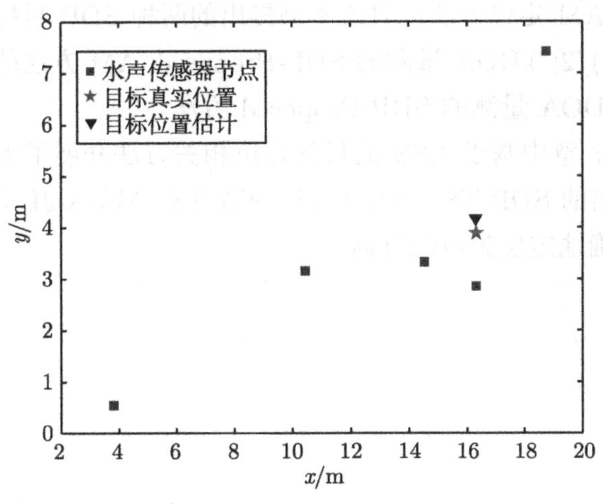

图 8.17 消声水池 UASN 分布及 NA-JE 方法目标定位结果（第三次实验）

表 8.11 基于 RSS 的目标定位方法的定位均方根误差（第三次实验）

定位方法	WLS	SDP-TS	MMA-TS	NA-TS	JE	MMA-JE	NA-JE
RMSE/m	68.98	0.38	0.04	0.19	0.30	0.31	0.28

对比三次消声水池实验结果，可以发现：即使实际定位环境中能量衰减因子 $\alpha = 1.5719$ 与第 7 章中假设的 $\alpha = 2.0$ 存在差异，本书提出的 SDP-TS、MMA-TS、NA-TS、MMA-JE 以及 NA-JE 目标定位方法仍然能够准确地定位到声源目标；在相同传感器节点数目条件下，当 UASN 拓扑结构不同时，定位结果也不相同。

8.4 本章小结

本章设计了 UASN 目标定位系统，并开展了相关实验研究，以验证本书提出的目标定位方法的有效性及可行性。针对第 4 章、第 5 章、第 7 章提出的基于 TOA、TDOA 和 RSS 的目标定位相关方法开展了水池实验。本章贡献如下。

（1）设计了 UASN 硬件系统，为后续 UASN 系统的工程化打下了坚实的基础。

（2）针对第 4 章中基于 TOA 的目标定位相关方法开展了水池实验，实验结果表明：在目标位于凸包内部和凸包外部的两种情况下，本书提出的基于量化 TOA 的 SDP 目标定位方法都可以有效地估计出目标位置；与 MMA 方法相比，该方法显示出强大的定位性能。

（3）针对第 5 章中基于 TDOA 的目标定位相关方法开展了水池实验，实验结果表明：本书提出的两种 SDP 目标定位方法定位性能优于不考虑 TDOA 量测噪声间相关性的 AM 定位方法；对比本书提出的两种 SDP 目标定位方法，采用所有的 $[N(N-1)/2]$ TDOA 量测的 SDP-Proposed, AM 方法的定位性能略优于利用 $N-1$ 个 TDOA 量测的 SDP-Proposed 方法。

（4）针对第 7 章中基于 RSS 的目标定位相关方法开展了水池实验，实验结果表明：本书提出的 SDP-TS、MMA-TS、NA-TS、MMA-JE 以及 NA-JE 目标定位方法能够准确地定位到声源目标。

第 9 章　超宽带传感器网络目标定位系统

9.1　引言

超宽带（Ultra Wide Band，UWB）技术是一种无载波通信技术。UWB 技术不使用载波，而是使用短的能量脉冲序列，其通过在较宽的频谱上传送极低功率的信号，能实现数百 Mbit/s 至 2Gbit/s 的数据传输速率，而且具有穿透力强、功耗低、抗干扰效果好、安全性高、空间容量大、定位精确等诸多优点。因此，UWB 定位系统得到了广泛应用，例如智能行李箱、智能儿童车定位，工厂集装箱、货物定位，运动员、超市人员、矿井人员定位，以及在博物馆里更有效地帮助访客了解展品信息和观看展览，等等。本章使用的 UWB 模块是温州市研创物联网科技有限公司所生产的 Mini4sPlus 定位系统，该系统最大的优势在于体积小、射程远，单个定位模块的尺寸为 47mm×26mm，最大通信距离为 500m，测距误差小于 10m。本章设计了 UWB 硬件系统，旨在验证第 6 章中基于 TOF 的目标定位方法的可行性和有效性。

9.2　UWB 硬件系统

UWB 模块 Mini4sPlus 采用“底板 + 模块”的架构，以 STM32F103T8U6 单片机为主控芯片，外围电路包括电源模块、LED 指示模块、锂电池管理模块、LIS3DH 加速度传感器等。Mini4sPlus 既可以作为基站，也可以作为标签，通过 USB 指令进行功能切换。该 UWB 模块示意图如图 9.1所示。具体设计参数如下：

- PCB：四层板-环氧树脂
- 供电接口：micro-USB（5.0V）/接线柱
- 通信接口：micro-USB（5.0V）/串口（3.3V TTL）
- 下载接口：SWD （VCC SDIO SCK GND）
- 主控制器：STM32F103T8U6（36pin）
- 外部晶振：8MHz
- PCB 尺寸：47mm × 26mm

- 通信速率：110kbit/s、850kbit/s、6.8Mbit/s
- 工作频率：3.7GHz、4.2GHz
- 工作频道：6
- 发射功率：−23dBm/MHz
- 最大包长：1023B
- 通信距离：500m（无遮挡）@ SMA 天线 110K
- 数据抖动：典型 ±10cm，一般遮挡 ±30cm

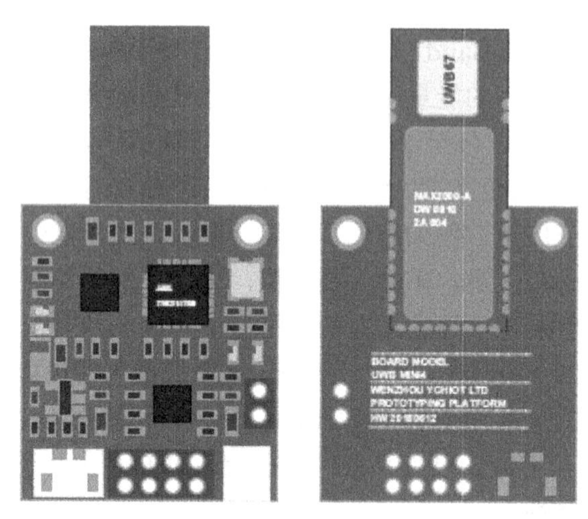

图 9.1　UWB 模块示意图

UWB 模块实物图如图 9.2所示。

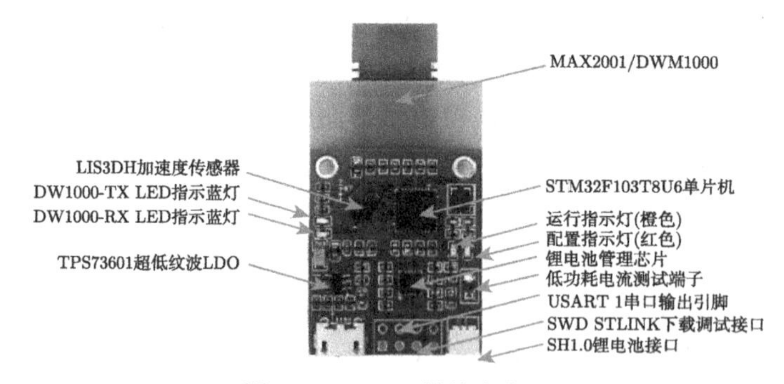

图 9.2　UWB 模块实物图

9.3　基于 UWB 硬件系统的定位方法实现

UWB 定位系统使用双向飞行时间法进行测距，并通过三边测量法实现对目标的定位。

UWB 定位系统的测距原理：双向飞行时间法（Two Way Time of Flight，TW-TOF）。各个模块从启动开始即会生成一条独立的时间戳，模块 A 的发射机在其时间戳上的 T_{a1} 时刻发射请求性质的脉冲信号，模块 B 在 T_{b1} 时刻收到模块 A 发射的脉冲信号，在 T_{b2} 时刻发射一个响应性质的脉冲信号，被模块 A 在自己的时间戳 T_{a2} 时刻接收。由此可以计算出脉冲信号在两个模块之间的飞行时间，从而确定飞行距离 S。其计算公式为：$S = C \times [(T_{a2} - T_{a1}) - (T_{b2} - T_{b1})]/2$（$C$ 为光速）。

UWB 定位系统的定位原理：三边测量法（Trilateration）。三边测量法的原理如下。以三个节点 A、B、C 为圆心作圆，圆心坐标分别为 (X_a, Y_a)、(X_b, Y_b)、(X_c, Y_c)，这三个圆相交于一点 D，交点 D 即为目标节点的位置估计，节点 A、B、C 即为参考节点，与交点 D 的距离分别为 d_a、d_b、d_c。假设交点 D 的坐标为 (X, Y)，则有下式成立：

$$\begin{cases} \sqrt{(X - X_a)^2 + (Y - Y_a)^2} = d_a \\ \sqrt{(X - X_b)^2 + (Y - Y_b)^2} = d_b \\ \sqrt{(X - X_c)^2 + (Y - Y_c)^2} = d_c \end{cases} \tag{9.1}$$

由上式可得交点 D 的坐标：

$$\begin{pmatrix} X \\ Y \end{pmatrix} = \begin{pmatrix} 2(X_a - X_c) & 2(Y_a - Y_c) \\ 2(X_b - X_c) & 2(Y_b - Y_c) \end{pmatrix}^{-1} \begin{pmatrix} X_a^2 - X_c^2 + Y_a^2 - Y_c^2 + d_c^2 - d_a^2 \\ X_a^2 - X_c^2 + Y_b^2 - Y_c^2 + d_c^2 - d_b^2 \end{pmatrix} \tag{9.2}$$

三边测量法的缺陷：由于各个节点的硬件和功耗不尽相同，所测出的距离不可能是理想值，从而导致上面的三个圆未必刚好交于一点，在实际中，肯定是相交成一个小区域，因此利用此方法计算出来的 (X, Y) 坐标值存在一定的误差。这样就需要通过一定的方法来估计一个相对理想的位置，作为当前目标坐标的最优解。

9.4 目标协同定位实验

9.4.1 实验系统构建

在本节中，为了验证本节提出的基于 TOF 的目标定位方法的性能，我们使用上述的 UWB 模块进行了外场实验，UWB 模块可以提供节点之间的距离量测。在实验中，我们只获取节点间的距离的实测数据，而使用我们提出的定位方法来估计目标位置。实验在西北工业大学友谊校区新图书馆前的小广场进行，真实的定位环境如图 9.3所示。所有 UWB 模块都固定在离地面 1.5 m 高的架子上，这使它们保持在同一平面上。我们使用 4 个锚节点来定位 2 个未知目标节点，锚节点和目标节点的分布如图 9.4所示。我们共收集了 608 组距离量测。

图 9.3　真实的定位环境

9.4.2 实验结果分析

为了验证目标定位方法的定位性能，我们使用实际距离量测获得不同方法的 RMSE。由于本书提出的方法与用于对比的方法都考虑了节点位置误差，而这在陆地环境中很难模拟，所以我们首先生成节点位置误差数据，然后将它们添加到真实的锚节点位置中来模拟节点位置的不确定性。在实验中，我们将锚节点位置误差的标准差 σ_{x} 从 0.2 变化到 0.8。从图 9.5可以看出，随着锚节点位置误差标准差的增加，三种方法都表现出性能下降，这与仿真结果一致。本书提出的方法（Proposed-RSDP）和已有的 SDP 方法（SDP Lui）都优于 SOCP 方法（SOCP Shirazi），且本书方法性能更好，仅当锚节点位置误差的标准差很高时，本书提出的方法的性能才接近于 SDP Lui 方法。

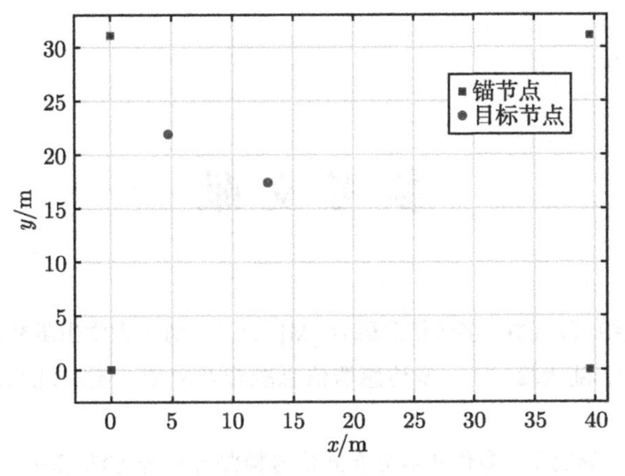

图 9.4　锚节点与目标节点的分布

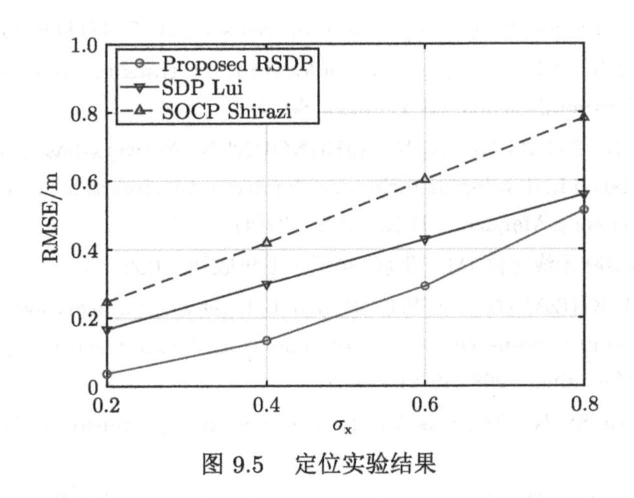

图 9.5　定位实验结果

9.5　本章小结

本章主要介绍了基于 UWB 的定位模块与定位系统，并利用该系统实现了陆地定位，分析了定位结果。我们首先介绍了 UWB 定位系统的硬件组成及其技术指标，其次介绍了 UWB 定位系统的测距与定位原理，最后利用 UWB 定位系统进行了第 6 章基于 TOF 的目标协同定位方法的外场实验，通过实验结果可以看出，我们所提出的基于 TOF 的目标协同定位方法具有良好的定位性能。

参考文献

[1] 韩崇昭, 朱洪艳, 段战胜. 多源信息融合 [M]. 北京: 清华大学出版社, 2010.

[2] 何友, 王国宏, 陆大绘, 等. 多传感器信息融合及应用 [M]. 北京: 电子工业出版社, 2000.

[3] 刘向阳, 许稼, 彭应宁. 多传感器分布式信号检测理论与方法 [M]. 北京: 国防工业出版社, 2017.

[4] FRESNO J M, ROBLES G, MARTÍNEZ-TARIFA J M, et al. Survey on the performance of source localization algorithms[J]. Sensors, 2017, 17(11): 2666.

[5] LOWELL J R. Military applications of localization, tracking, and targeting[J]. IEEE Wireless Communications, 2011, 18(2): 60-65.

[6] SAYED A H, TARIGHAT A, KHAJEHNOURI N. Network-based wireless location: challenges faced in developing techniques for accurate wireless location information[J]. Signal Processing Magazine, IEEE, 2005, 22(4): 24-40.

[7] 范平志. 蜂窝网无线定位 [M]. 北京: 电子工业出版社, 2002.

[8] REED J H, KRIZMAN K J, WOERNER B D, et al. An overview of the challenges and progress in meeting the e-911 requirement for location service[J]. IEEE Communications Magazine, 1998, 36(4): 30-37.

[9] COY P, CROSS N. 21 ideas for the 21st century[J]. Business Week, 1999(3664): 78-91.

[10] SHENG X, HU Y H. Maximum likelihood multiple-source localization using acoustic energy measurements with wireless sensor networks[J]. IEEE Transactions on Signal Processing, 2005, 53(1): 44-53.

[11] BEKKERMAN I, TABRIKIAN J. Target detection and localization using MIMO radars and sonars[J]. IEEE Transactions on Signal Processing, 2006, 54(10): 3873-3883.

[12] GODRICH H, HAIMOVICH A M, BLUM R S. Target localization accuracy gain in MIMO radar-based systems[J]. IEEE Transactions on Information Theory, 2010, 56 (6): 2783-2803.

[13] BUEHRER R M, WYMEERSCH H, VAGHEFI R M. Collaborative sensor network localization: Algorithms and practical issues[J]. Proceedings of the IEEE, 2018, 106 (6): 1089-1114.

[14] NIU R, VEMPATY A, VARSHNEY P K. Received-signal-strength-based localization in wireless sensor networks[J]. Proceedings of the IEEE, 2018, 106(7): 1166-1182.

[15] NGUYEN T L T, SEPTIER F, RAJAONA H, et al. A bayesian perspective on multiple source localization in wireless sensor networks[J]. IEEE Transactions on Signal Processing, 2016, 64(7): 1684-1699.

[16] 孙美秋. 基于传感器网络的分布式自适应目标跟踪算法研究 [D]. 成都: 电子科技大学, 2022.

[17] ZHONG S, WEI X, HE Z. Adaptive direct position determination of emitters based on time differences of arrival[C]//IEEE China Summit & International Conference on Signal & Information Processing. IEEE, 2013.

[18] XIA W, LIU W. Distributed adaptive direct position determination of emitters in sensor networks[J]. Signal Processing, 2016, 123: 100-111.

[19] POURHOMAYOUN M, FOWLER M L. Distributed computation for direct position determination emitter location[J]. IEEE Transactions on Aerospace and Electronic Systems, 2014, 50(4): 2878-2889.

[20] MA F, LIU Z M, GUO F. Distributed direct position determination[J]. IEEE Transactions on Vehicular Technology, 2020, 69(11): 14007-14012.

[21] CATTIVELLI F S, SAYED A H. Diffusion lms strategies for distributed estimation[J]. IEEE transactions on signal processing, 2009, 58(3): 1035-1048.

[22] CATTIVELLI F S, LOPES C G, SAYED A H. Diffusion recursive least-squares for distributed estimation over adaptive networks[J]. IEEE Transactions on Signal Processing, 2008, 56(5): 1865-1877.

[23] XU S, DE LAMARE R C. Distributed conjugate gradient strategies for distributed estimation over sensor networks[J]. 2012.

[24] DENIS B, PIERROT J B, ABOU-RJEILY C. Joint distributed synchronization and positioning in UWB Ad Hoc networks using TOA[J]. IEEE Transactions on Microwave Theory & Techniques, 2006, 54(4): 1896-1911.

[25] SRIRANGARAJAN S, TEWFIK A H, LUO Z Q. Distributed sensor network localization using SOCP relaxation[J]. IEEE Transactions on Wireless Communications, 2008, 7(12): 4886-4895.

[26] NADDAFZADEH-SHIRAZI G, SHENOUDA M B, LAMPE L. Second order cone programming for sensor network localization with anchor position uncertainty[J]. IEEE transactions on wireless communications, 2013, 13(2): 749-763.

[27] MA Y, SHI X. Maximum likelihood source localization in UWSN using acoustic energy[C]//2010 6th International Conference on Wireless Communications Networking and Mobile Computing. IEEE, 2010: 1-4.

[28] KUSSAT N H, CHADWELL C D, ZIMMERMAN R. Absolute positioning of an autonomous underwater vehicle using GPS and acoustic measurements[J]. IEEE Journal of Oceanic Engineering, 2005, 30(1): 153-164.

[29] HUANG Y, BENESTY J, ELKO G W. Passive acoustic source localization for video camera steering[C]//2000 IEEE International Conference on Acoustics, Speech, and Signal Processing. IEEE, 2000: II909-II912.

[30] WILLIAMS S M, FRAMPTON K D, AMUNDSON I, et al. Decentralized acoustic source localization in a distributed sensor network[J]. Applied Acoustics, 2006, 67 (10): 996-1008.

[31] MEESOOKHO C, MITRA U, NARAYANAN S. On energy-based acoustic source localization for sensor networks[J]. IEEE Transactions on Signal Processing, 2008, 56 (1): 365-377.

[32] LI D, HU Y H. Least square solutions of energy based acoustic source localization problems[C]//2004 International Conference on Parallel Processing Workshops. IEEE, 2004: 443-446.

[33] YONGSHENG Y, HAIYAN W, XUAN W. A novel least-square method of source localization based on acoustic energy measurements for UWSN[C]//2011 IEEE International Conference on Signal Processing, Communications and Computing. IEEE, 2011: 1-5.

[34] CHEUNG K W, SO H C, MA W K, et al. Received signal strength based mobile positioning via constrained weighted least squares[C]//Acoustics, Speech, and Signal Processing, 2003. Proceedings. (ICASSP '03). 2003 IEEE International Conference on. IEEE, 2003: 137-140.

[35] DIAMANT R, LAMPE L. Underwater localization with time-synchronization and propagation speed uncertainties[J]. IEEE Transactions on Mobile Computing, 2012, 12(7): 1257-1269.

[36] RUI L, HO K. Elliptic localization: Performance study and optimum receiver placement[J]. IEEE Transactions on Signal Processing, 2014a, 62(18): 4673-4688.

[37] CHAN Y T, HO K. A simple and efficient estimator for hyperbolic location[J]. IEEE Transactions on signal processing, 1994, 42(8): 1905-1915.

[38] LIN L, SO H C, CHAN F K, et al. A new constrained weighted least squares algorithm for TDOA-based localization[J]. Signal Processing, 2013, 93(11): 2872-2878.

[39] BECK A, STOICA P, LI J. Exact and approximate solutions of source localization problems[J]. IEEE Transactions on Signal Processing, 2008, 56(5): 1770-1778.

[40] CHEUNG K W, SO H C, MA W K, et al. A constrained least squares approach to mobile positioning: algorithms and optimality[J]. EURASIP journal on applied signal processing, 2006: 150.

[41] QU X, XIE L. An efficient convex constrained weighted least squares source localization algorithm based on TDOA measurements[J]. Signal Processing, 2016, 119: 142-152.

[42] MARKOVSKY I, VAN HUFFEL S. Overview of total least-squares methods[J]. Signal processing, 2007, 87(10): 2283-2302.

[43] XU E, DING Z, DASGUPTA S. Reduced complexity semidefinite relaxation algorithms for source localization based on time difference of arrival[J]. IEEE Transactions on Mobile Computing, 2011a, 10(9): 1276-1282.

[44] XU E, DING Z, DASGUPTA S. Source localization in wireless sensor networks from signal time-of-arrival measurements[J]. IEEE Transactions on Signal Processing, 2011b, 59(6): 2887-2897.

[45] YANG K, GANG W, LUO Z Q. Efficient convex relaxation methods for robust target localization by a sensor network using time differences of arrivals[J]. IEEE Transactions on Signal Processing, 2009, 57(7): 2775-2784.

[46] MENG C, DING Z, DASGUPTA S. A semidefinite programming approach to source localization in wireless sensor networks[J]. Signal Processing Letters, IEEE, 2008, 15: 253-256.

[47] CHAN Y T, HANG H Y C, CHING P C. Exact and approximate maximum likelihood localization algorithms[J]. IEEE Transactions on Vehicular Technology, 2006a, 55(1): 10-16.

[48] HE T, HUANG C, BLUM B M, et al. Range-free localization schemes for large scale sensor networks[C]//Proceedings of the 9th annual international conference on Mobile computing and networking. ACM, 2003: 81-95.

[49] CHEUNG K W, MA W K, SO H C. Accurate approximation algorithm for TOA-based maximum likelihood mobile location using semidefinite programming[C]//2004 IEEE International Conference on Acoustics, Speech, and Signal Processing. IEEE, 2004: 145-148.

[50] SHEN H, DING Z, DASGUPTA S, et al. Multiple source localization in wireless sensor networks based on time of arrival measurement[J]. IEEE Transactions on Signal Processing, 2014, 62(8): 1938-1949.

[51] WANG G, CHEN H. An importance sampling method for TDOA-based source localization[J]. IEEE Transactions on Wireless Communications, 2011, 10(5): 1560-1568.

[52] HUANG B, XIE L, YANG Z. TDOA-based source localization with distance-dependent noises[J]. IEEE Transactions on Wireless Communications, 2015, 14(1): 468-480.

[53] RUI L, HO K. Bias analysis of maximum likelihood target location estimator[J]. IEEE Transactions on Aerospace and Electronic Systems, 2014b, 50(4): 2679-2693.

[54] VAGHEFI R M, BUEHRER R M. Asynchronous time-of-arrival-based source localization.[C]//2013 IEEE International Conference on Acoustics, Speech and Signal Processing. IEEE, 2013: 4086-4090.

[55] NIAZ M T, KHAN A A, SHAFI I. Passive source localization in a randomly distributed wireless sensor networks[J]. International Journal of Computer Applications, 2011, 24(6).

[56] TAFF L. Target localization from bearings-only observations[J]. IEEE Transactions on Aerospace and Electronic Systems, 1997, 33(1): 2-10.

[57] KAPLAN L M, LE Q, MOLNÁR P. Maximum likelihood methods for bearings-only target localization[C]//2001 IEEE International Conference on Acoustics, Speech, and Signal Processing. IEEE, 2001: 3001-3004.

[58] 徐加杰. 基于水声传感网络的水下目标定位算法研究及应用 [D]. 秦皇岛: 燕山大学, 2019.

[59] 刘钊. 基于水下传感网的被动定位算法研究 [D]. 南京: 南京理工大学, 2012.

[60] 王云. 浅海水下目标被动定位技术研究 [D]. 郑州: 战略支援部队信息工程大学, 2018.

[61] LUI K W K, MA W K, SO H C, et al. Semi-definite programming algorithms for sensor network node localization with uncertainties in anchor positions and/or propagation speed[J]. IEEE Transactions on Signal Processing, 2008, 57(2): 752-763.

[62] ZOU Y, WAN Q. Asynchronous time-of-arrival-based source localization with sensor position uncertainties[J]. IEEE Communications Letters, 2016, 20(9): 1860-1863.

[63] ZOU Y, LIU H. TDOA localization with unknown signal propagation speed and sensor position errors[J]. IEEE Communications Letters, 2020a, 24(5): 1024-1027.

[64] YAN Y, YANG G, WANG H, et al. Robust multiple sensor localization via semidefinite relaxation in wireless sensor networks with anchor position uncertainty[J]. Measurement, 2022.

[65] 王领, 申晓红, 康玉柱, 等. 水声传感器网络信号到达时间差目标定位的最小二乘法估计性能 [J]. 兵工学报, 2020, 41(3): 542-551.

[66] 高婧洁, 申晓红, 王海燕, 等. 噪声向量模值最小的水声网络 TDOA 目标定位方法 [J]. 哈尔滨工程大学学报, 2016, 37(4): 544-549.

[67] YAN Y, WANG H, SHEN X, et al. TDOA-based source collaborative localization via semidefinite relaxation in sensor networks[J]. International Journal of Distributed Sensor Networks, 2015, 11(9): 530-555.

[68] Sayed A H, Tarighat A, Khajehnouri N. Network-based wireless location: challenges faced in developing techniques for accurate wireless location information[J]. IEEE Signal Processing Magazine, 2005, 22(4): 24-40.

[69] GAO S, ZHANG F, WANG G. NLOS error mitigation for TOA-based source localization with unknown transmission time[J]. IEEE Sensors Journal, 2017, 17(12): 3605-3606.

[70] MAZRAANI R, SAEZ M, GOVONI L, et al. Experimental results of a combined TDOA/TOF technique for UWB based localization systems[C]//2017 IEEE International Conference on Communications Workshops (ICC Workshops). IEEE, 2017: 1043-1048.

[71] WANG T, DING H, XIONG H, et al. A compensated multi-anchors TOF-based localization algorithm for asynchronous wireless sensor networks[J]. IEEE Access, 2019, 7: 64162-64176.

[72] GAO F, GUO L, LI H, et al. Quantizer design for distributed GLRT detection of weak signal in wireless sensor networks[J]. IEEE Transactions on Wireless Communications, 2015, 14(4): 2032-2042.

[73] LI Z, CHUNG P J, MULGREW B. Distributed target localization using quantized received signal strength[J]. Signal Processing, 2017, 134: 214-223.

[74] QIAN P, GUO Y, LI N, et al. Variational bayesian inference-based multiple target localization in WSNs with quantized received signal strength[J]. IEEE Access, 2019, 7: 60228-60241.

[75] OZDEMIR O, NIU R, VARSHNEY P K. Channel aware target localization in wireless sensor networks[C]//2007 10th International Conference on Information Fusion. IEEE, 2007: 1-7.

[76] OZDEMIR O, NIU R, VARSHNEY P K. Tracking in wireless sensor networks using particle filtering: Physical layer considerations[J]. IEEE Transactions on Signal Processing, 2009a, 57(5): 1987-1999.

[77] YANG X, NIU R, MASAZADE E, et al. Channel-aware tracking in multi-hop wireless sensor networks with quantized measurements[J]. IEEE Transactions on Aerospace and Electronic Systems, 2013a, 49(4): 2353-2368.

[78] OZDEMIR O, NIU R, VARSHNEY P K. Channel aware target localization with quantized data in wireless sensor networks[J]. IEEE Transactions on Signal Processing, 2009b, 57(3): 1190-1202.

[79] GRANT M, BOYD S. CVX: Matlab software for disciplined convex programming, version 2.1[EB/OL]. 2014. http://cvxr.com/cvx.

[80] GRANT M, BOYD S. Graph implementations for nonsmooth convex programs[M]// BLONDEL V, BOYD S, KIMURA H. Lecture Notes in Control and Information Sciences: Recent Advances in Learning and Control. Springer-Verlag Limited, 2008: 95-110.

[81] YANG G, YAN Y, WANG H, et al. Improved robust TOA-based source localization with individual constraint of sensor location uncertainty[J]. Signal Processing, 2022, 196: 108504.

[82] BOYD S, VANDENBERGHE L. Convex optimization[M]. Cambridge university press, 2004.

[83] HO K. Bias reduction for an explicit solution of source localization using TDOA[J]. IEEE Transactions on Signal Processing, 2012, 60(5): 2101-2114.

[84] LUI K W K, CHAN F K W, SO H C. Semidefinite programming approach for range-difference based source localization[J]. IEEE Transactions on Signal Processing, 2009, 57(4): 1630-1633.

[85] AL-JAZZAR S, CAFFERY JR J. ML and Bayesian TOA location estimators for NLOS environments[C]//Vehicular Technology Conference, IEEE 56th: volume 2. IEEE, 2002a: 1178-1181.

[86] AL-JAZZAR S, CAFFERY JR J, YOU H R. A scattering model based approach to NLOS mitigation in TOA location systems[C]//Vehicular Technology Conference, IEEE 55th: volume 2. IEEE, 2002b: 861-865.

[87] YANG Y, ZHAO Y, KYAS M. A statistics-based least squares (SLS) method for non-line-of-sight error of indoor localization[C]//Wireless Communications and Networking Conference (WCNC). IEEE, 2013b: 2299-2304.

[88] CHAN Y T, TSUI W Y, SO H C, et al. Time-of-arrival based localization under NLOS conditions[J]. IEEE Transactions on Vehicular Technology, 2006b, 55(1): 17-24.

[89] QI Y, KOBAYASHI H, SUDA H. Analysis of wireless geolocation in a non-line-of-sight environment[J]. IEEE Transactions on Wireless Communications, 2006, 5(3): 672-681.

[90] VENKATESH S, BUEHRER R M. A linear programming approach to NLOS error mitigation in sensor networks[C]//Proceedings of the 5th international conference on Information processing in sensor networks. ACM, 2006: 301-308.

[91] VENKATESH S, BUEHRER R M. NLOS mitigation using linear programming in ultrawideband location-aware networks[J]. IEEE Transactions on Vehicular Technology, 2007, 56(5): 3182-3198.

[92] CHEN H, WANG G, WANG Z, et al. Non-line-of-sight node localization based on semi-definite programming in wireless sensor networks[J]. IEEE Transactions on Wireless Communications, 2012, 11(1): 108-116.

[93] VAGHEFI R M, BUEHRER R M. Cooperative sensor localization with NLOS mitigation using semidefinite programming[C]//2012 9th Workshop on Positioning Navigation and Communication (WPNC). IEEE, 2012: 13-18.

[94] GUVENC I, CHONG C C, WATANABE F. NLOS identification and mitigation for UWB localization systems[C]//Wireless Communications and Networking Conference. IEEE, 2007: 1571-1576.

[95] YIN F, FRITSCHE C, GUSTAFSSON F, et al. EM-and JMAP-ML based joint estimation algorithms for robust wireless geolocation in mixed LOS/NLOS environments[J]. IEEE Transactions on Signal Processing, 2014, 62(1): 168-182.

[96] YIN F, FRITSCHE C, GUSTAFSSON F, et al. TOA-based robust wireless geolocation and Cramér-Rao lower bound analysis in harsh LOS/NLOS environments[J]. IEEE Transactions on Signal Processing, 2013, 61(9): 2243-2255.

[97] WYMEERSCH H, MARANÒ S, GIFFORD W M, et al. A machine learning approach to ranging error mitigation for UWB localization[J]. IEEE Transactions on Communications, 2012, 60(6): 1719-1728.

[98] CASAS R, MARCO A, GUERRERO J, et al. Robust estimator for non-line-of-sight error mitigation in indoor localization[J]. EURASIP Journal on Applied Signal Processing, 2006: 156-156.

[99] YU K, GUO Y J. Improved positioning algorithms for nonline-of-sight environments[J]. IEEE Transactions on Vehicular Technology, 2008, 57(4): 2342-2353.

[100] SEOW C K, TAN S Y. Non-line-of-sight localization in multipath environments[J]. IEEE Transactions on Mobile Computing, 2008, 7(5): 647-660.

[101] GÜVENÇ İ, CHONG C C. A survey on TOA based wireless localization and NLOS mitigation techniques[J]. Communications Surveys & Tutorials, IEEE, 2009, 11(3): 107-124.

[102] KHODJAEV J, PARK Y, MALIK A S. Survey of NLOS identification and error mitigation problems in UWB-based positioning algorithms for dense environments[J]. annals of telecommunications-annales des télécommunications, 2010, 65(5-6): 301-311.

[103] STURM J F. Using SeDuMi 1.02, a MATLAB toolbox for optimization over symmetric cones[J]. Optimization methods and software, 1999, 11(1-4): 625-653.

[104] RABBACHIN A, OPPERMANN I, DENIS B. ML time-of-arrival estimation based on low complexity UWB energy detection[C]//The 2006 IEEE International Conference on Ultra-Wideband. IEEE, 2006: 599-604.

[105] YU K, GUO Y J. Statistical NLOS identification based on AOA, TOA, and signal strength[J]. IEEE Transactions on Vehicular Technology, 2009, 58(1): 274-286.

[106] Yan Y, Yang G, Wang H, et al. Semidefinite relaxation for source localization with quantized TOA measurements and transmission uncertainty in sensor networks[J]. IEEE Transactions on Communications, 2021, 69(2): 1201-1213.

[107] WANG T, XIONG H, DING H, et al. TDOA-based joint synchronization and localization algorithm for asynchronous wireless sensor networks[J]. IEEE Transactions on Communications, 2020, 68(5): 3107-3124.

[108] LE T K, HO D K C. Algebraic complete solution for joint source and sensor localization using time of flight measurements[J]. IEEE Transactions on Signal Processing, 2020, 68: 1853-1869.

[109] NADDAFZADEH-SHIRAZI G, SHENOUDA M B, LAMPE L. Second order cone programming for sensor network localization with anchor position uncertainty[J]. IEEE Transactions on Wireless Communications, 2014, 13(2): 749-763.

[110] ZOU Y, LIU H. Semidefinite programming methods for alleviating clock synchronization bias and sensor position errors in TDOA localization[J]. IEEE Signal Processing Letters, 2020b, 27: 241-245.

[111] YOUSEFI S, VAGHEFI R M, CHANG X W, et al. Sensor localization in NLOS environments with anchor uncertainty and unknown clock parameters[C]//2015 IEEE International Conference on Communication Workshop (ICCW). IEEE, 2015: 742-747.

[112] EHSAN M S, KUBIN G. Playout delay calculations based on truncated gaussians for internet telephony[C]//International Conference on Information. IEEE, 2010.

[113] LI D, HU Y H. Energy-based collaborative source localization using acoustic microsensor array[J]. EURASIP Journal on Applied Signal Processing, 2003: 321-337.

[114] BLATT D, HERO A O. Energy-based sensor network source localization via projection onto convex sets[J]. IEEE Transactions on Signal Processing, 2006, 54(9): 3614-3619.

[115] HO K, SUN M. An accurate algebraic closed-form solution for energy-based source localization[J]. IEEE Transactions on Audio, Speech, and Language Processing, 2007, 15(8): 2542-2550.

[116] WANG G. A semidefinite relaxation method for energy-based source localization in sensor networks[J]. IEEE Transactions on Vehicular Technology, 2011, 60(5): 2293-2301.

[117] WANG G, LI Y, WANG R. New semidefinite relaxation method for acoustic energy-based source localization[J]. Sensors Journal, IEEE, 2013, 13(5): 1514-1521.

[118] LOHRASBIPEYDEH H, GULLIVER A, AMINDAVAR H. A minimax SDP method for energy based source localization with unknown transmit power[J]. Wireless Communications Letters, IEEE, 2014, 3(4): 433-436.

[119] VAGHEFI R M, GHOLAMI M R, BUEHRER R M, et al. Cooperative received signal strength-based sensor localization with unknown transmit powers[J]. IEEE Transactions on Signal Processing, 2013b, 61(6): 1389-1403.

[120] GOEMANS M X, WILLIAMSON D P. Improved approximation algorithms for maximum cut and satisfiability problem using semi-definite programming[J]. Journal of the ACM, 1995, 42(6): 1115-1145.

[121] WU S X, MA W K, SO A M C. Physical-layer multicasting by stochastic transmit beamforming and alamouti space-time coding[J]. IEEE Transactions on Signal Processing, 2013, 61(17): 4230-4245.

[122] SO A M C, YE Y. Theory of semidefinite programming for sensor network localization[J]. Mathematical Programming, 2007, 109(2-3): 367-384.

[123] WANG Z, ZHENG S, YE Y, et al. Further relaxations of the semidefinite programming approach to sensor network localization[J]. SIAM Journal on Optimization, 2008, 19(2): 655-673.

[124] CHAN T H, MA W K, CHI C Y, et al. A convex analysis framework for blind separation of non-negative sources[J]. IEEE Transactions on Signal Processing, 2008, 56(10): 5120-5134.

[125] FU X, MA W K, HUANG K, et al. Blind separation of quasi-stationary sources: Exploiting convex geometry in covariance domain[J]. IEEE Transactions on Signal Processing, 2015, 63(9): 2306-2320.

[126] MA W K, DAVIDSON T N, WONG K M, et al. Quasi-maximum-likelihood multiuser detection using semi-definite relaxation with application to synchronous cdma[J]. IEEE Transactions on Signal Processing, 2002, 50(4): 912-922.

[127] STEINGRIMSSON B, LUO Z Q, WONG K M. Soft quasi-maximum-likelihood detection for multiple-antenna wireless channels[J]. IEEE Transactions on Signal Processing, 2003, 51(11): 2710-2719.

[128] MA W K, SU C C, JALDÉN J, et al. The equivalence of semidefinite relaxation MIMO detectors for higher-order QAM[J]. IEEE Journal of Selected Topics in Signal Processing, 2009, 3(6): 1038-1052.

[129] LUO Z Q, MA W K, SO A M C, et al. Semidefinite relaxation of quadratic optimization problems[J]. Signal Processing Magazine, IEEE, 2010, 27(3): 20-34.

[130] TOH K C, TODD M J, TÜTÜNCÜ R H. On the implementation and usage of SDPT3–A matlab software package for semidefinite-quadratic-linear programming, version 4.0[M]//Handbook on semidefinite, conic and polynomial optimization. Springer, 2012: 715-754.

[131] VANDENBERGHE L, BOYD S. Semidefinite programming[J]. SIAM review, 1996, 38(1): 49-95.

[132] GRANT M, BOYD S. CVX: Matlab software for disciplined convex programming, version 1.21 (2011)[J]. Available: http: //cvxr. com/cvx, 2010.

[133] LAGARIAS J C, REEDS J A, WRIGHT M H, et al. Convergence properties of the nelder–mead simplex method in low dimensions[J]. SIAM Journal on optimization, 1998, 9(1): 112-147.

[134] OUYANG R W, WONG A S, LEA C T. Received signal strength-based wireless localization via semidefinite programming: Noncooperative and cooperative schemes[J]. IEEE Transactions on Vehicular Technology, 2010, 59(3): 1307-1318.

[135] 房伟. 水下通信网络及其自定位的系统设计与实现 [D]. 西安: 西北工业大学, 2015.

[136] 闫永胜, 王海燕, 白峻, 等. 基于 HPI 接口的双 CPU 水中目标探测平台设计 [J]. Application of Electronic Technique, 2011, 37(9): 145-148.

[137] KNAPP C H, CARTER G. The generalized correlation method for estimation of time delay[J]. IEEE Transactions on Acoustics Speech and Signal Processing, 1976, ASSP- 24(4): 320-327.

[138] CARTER G C. Time delay estimation for passive sonar signal processing[J]. IEEE Transactions on Acoustics Speech and Signal Processing, 1981, 29(3): 463-470.

缩 略 词

GPS	Global Positioning System, 全球定位系统
GNSS	Global Navigation Satellite System, 全球卫星导航系统
WSN	Wireless Sensor Networks, 无线传感器网络
UASN	Underwater Acoustic Sensor Networks, 水声传感器网络
UWB	Ultra Wide Band，超宽带
TOA	Time of Arrival, 到达时间
TDOA	Time Differential of Arrival, 到达时间差
RSS	Received Signal Strength, 接收信号强度
AOA	Angle of Arrival, 到达角度
TOF	Time of fly, 飞行时间
LP	Linear Programming, 线性规划
SDP	Semidefinite Programming, 半正定规划
SOCP	Second-Order Cone Programming, 二阶锥规划
LS	Least Squares, 最小二乘
LSE	Least Squares Estimation, 最小二乘估计
ML	Maximum Likelihood, 最大似然
MLE	Maximum Likelihood Estimation, 最大似然估计
OLS	Ordinary Least Squares, 一般最小二乘
CLS	Constrained Least Squares, 约束最小二乘
TLS	Total Least Squares, 总体最小二乘
WLS	Weighted Least Squares, 加权最小二乘
AWLS	Asymptotic Weighted Least Squares, 渐近加权最小二乘
AML	Asymptotic Maximum Likelihood, 渐近最大似然
CRLB	Cramer-Rao Lower Bound, 克拉美–罗下界
RCRLB	Square Root of Cramer-Rao Lower Bound，平方根克拉美–罗下界
MSE	Mean Square Error, 均方误差
RMSE	Root Mean Square Error, 均方根误差
MVU	Minimum Variance Unbiased, 最小方差无偏
BLUE	Best Linear Unbiased Estimator, 最佳线性无偏估计
PDF	Probability Density Function, 概率密度函数
CLT	Central Limit Theorem, 中心极限定理

MC	Monte Carlo, 蒙特卡罗
SNR	Singal Noise Ratio, 信噪比
DP	Direct Path, 直达路径
NDP	Non-Direct Path, 非直达路径
NLOS	Non-Line Of Sight, 非视距
BER	Bit Error Rate, 误比特率
BSC	Binary Symmetric Channels, 二进制对称信道
TWR	Two Way Ranging，双向测距
SDS-TWR	Symmetrical Double-Sided Two Way Ranging，对称双面双向测距
ML-T	ML with true source location, 以目标真实位置为初始值的 ML 方法
ML-F	ML with a point far from the true source location, 以远离目标真实位置的值为初始值的 ML 方法
AM	with All Measurements, 利用所有量测
JE	Joint Estimation, 联合估计
TS	Two-Step, 分层 (两步)
MMA	Min-Max Approximation, 极小极大化逼近
NA	Norm Approximation, 范数逼近
SDP-TS	TS-based Semidefinite Programming，基于两步估计的半正定规划
SDP-JE	JE-based Semidefinite Programming，基于联合估计的半正定规划
MMA-TS	TS-based Min-Max Approximation, 基于两步估计的极小极大化逼近
NA-TS	TS-based Norm Approximation, 基于两步估计的范数逼近
MMA-JE	JE-based Min-Max Approximation, 基于联合估计的极小极大化逼近
NA-JE	JE-based Norm Approximation, 基于联合估计的范数逼近

符　　号

（黑色加粗字体表示矢量或矩阵，其他的都是标量。）

$\stackrel{\text{def}}{=}$	定义为
$\lVert\cdot\rVert$	范数
$\mathbb{R}$	实数集
$\mathbb{R}_+, \mathbb{R}_{++}$	非负、正实数集
$\mathbb{R}^n$	实 n 维向量集
$\mathbb{R}^{m\times n}$	实 $m\times n$ 矩阵集
$\mathbb{R}_+^n, \mathbb{R}_{++}^n$	实半正定、正定 $n\times n$ 矩阵集
$\mathbb{S}^n$	对称 $n\times n$ 矩阵集
$\mathbb{S}_+^n, \mathbb{S}_{++}^n$	对称半正定、正定 $n\times n$ 矩阵集
$\boldsymbol{I}_n$	$n\times n$ 维单位矩阵
$\mathbf{0}_{m\times n}$	$m\times n$ 维零矩阵
$\mathrm{dom} f$	函数 f 的定义域
$\mathrm{epi} f$	函数 f 的上境图
∇f	函数 f 的梯度
$\nabla^2 f$	函数 f 的 Hessian 矩阵
$\inf f$	函数 f 的下确界
$\sup f$	函数 f 的上确界
$\min f$	函数 f 的最小值
$\max f$	函数 f 的最大值
$\underset{t}{\mathrm{argmin}}\, f(t)$	函数 $f(t)$ 取到最小值时的参数 t
$\underset{t}{\mathrm{argmax}}\, f(t)$	函数 $f(t)$ 取到最大值时的参数 t
$\boldsymbol{A}^{\mathrm{T}}$	矩阵 $\boldsymbol{A}$ 的转置
$\boldsymbol{A}^{-1}$	矩阵 $\boldsymbol{A}$ 的逆
$\mathrm{Tr}(\boldsymbol{A})$	矩阵 $\boldsymbol{A}$ 的迹
$\det(\boldsymbol{A})$	矩阵 $\boldsymbol{A}$ 的行列式
$\boldsymbol{A}\succeq\mathbf{0}$	矩阵 $\boldsymbol{A}$ 为半正定矩阵
$\boldsymbol{A}\succ\mathbf{0}$	矩阵 $\boldsymbol{A}$ 为对称正定矩阵
$\boldsymbol{A}\preceq\boldsymbol{B}$	对称矩阵 $\boldsymbol{A}$ 和 $\boldsymbol{B}$ 之间的矩阵不等式
$\boldsymbol{x}\preceq\boldsymbol{y}$	向量 $\boldsymbol{x}$ 和 $\boldsymbol{y}$ 之间的分量不等式

$\boldsymbol{x} \prec \boldsymbol{y}$	向量 $\boldsymbol{x}$ 和 $\boldsymbol{y}$ 之间的严格分量不等式
$\hat{\theta}$	θ 的估计量
θ^*	θ 的最优值
$E(\theta)$	θ 的期望值
$\text{var}(\theta)$	θ 的方差
$\boldsymbol{I}(\boldsymbol{\theta})$	矢量 $\boldsymbol{\theta}$ 的 Fisher 信息矩阵
$[\boldsymbol{I}]_{ii}$	矩阵 $\boldsymbol{I}$ 的第 i 行 i 列元素
$[\boldsymbol{I}]_{ij}$	矩阵 $\boldsymbol{I}$ 的第 i 行 j 列元素
$p(\boldsymbol{x};\boldsymbol{\theta})$	具有参数 $\boldsymbol{\theta}$ 的 $\boldsymbol{x}$ 的 PDF
$p(\boldsymbol{x}\vert\boldsymbol{\theta})$	$\boldsymbol{\theta}$ 为真的条件下以 $\boldsymbol{x}$ 为参数的条件 PDF
$p(\boldsymbol{y}\vert\boldsymbol{x};\boldsymbol{\theta})$	$\boldsymbol{x}$ 为真的条件下以 $\boldsymbol{\theta}$ 为参数的 $\boldsymbol{y}$ 的条件 PDF
$\text{diag}(\cdots)$	在主对角线上具有元素 $\cdots$ 的对角矩阵
$\text{blkdiag}(\cdots)$	在主对角线上具有矩阵 $\cdots$ 的分块对角矩阵
$Q(\cdot)$	标准高斯分布的互补分布函数
$\phi(\cdot)$	标准高斯分布的概率密度函数
$\Phi(\cdot)$	标准高斯分布的分布函数
$\mathcal{N}(\mu,\sigma^2)$	均值为 μ、方差为 σ^2 的正态分布
$\mathcal{N}(\boldsymbol{\theta},\boldsymbol{I}^{-1}(\boldsymbol{\theta}))$	均值为 $\boldsymbol{\theta}$、协方差矩阵为 Fisher 信息矩阵 $\boldsymbol{I}^{-1}(\boldsymbol{\theta})$ 的多维正态分布